现代数学基础

45

古典几何学

GUDIAN JIHEXUE

■ 项武义 王申怀 潘养廉

高等教育出版社·北京

图书在版编目（CIP）数据

古典几何学 / 项武义，王申怀，潘养廉著 . -- 北京 ：高等教育出版社，2014. 5（2021.9重印）

ISBN 978-7-04-039502-0

Ⅰ. ①古… Ⅱ. ①项… ②王… ③潘… Ⅲ. ①古典微分几何 Ⅳ. ① O186.11

中国版本图书馆 CIP 数据核字（2014）第 063772 号

策划编辑 王丽萍　责任编辑 李华英　封面设计 张 楠　版式设计 马敬茹
责任校对 李大鹏　责任印制 刘思涵

出版发行 高等教育出版社
社　　址 北京市西城区德外大街4号
邮政编码 100120
印　　刷 唐山市润丰印务有限公司
开　　本 787mm × 1092mm 1/16
印　　张 12
字　　数 220 千字
购书热线 010-58581118
咨询电话 400-810-0598
网　　址 http://www.hep.edu.cn
　　　　 http://www.hep.com.cn
网上订购 http://www.landraco.com
　　　　 http://www.landraco.com.cn
版　　次 2014 年 5 月第 1 版
印　　次 2021 年 9 月第 2 次印刷
定　　价 39.00 元

物 料 号 39502-00

引言

几何学是研究“**空间**”的学科。概括地讲, 空间之中最原始、最基本的概念是“**位置**”; 而空间本身也就是由所有可能的位置组成的总体。在几何学的讨论中, 我们用“**点**”标记位置, 换句话说, 空间就是位置的抽象化。再者, “**线**”就是“路径”的抽象化, 联结两点 A, B 的“**直线段**” AB, 则是 A, B 两点之间的唯一最短路径的抽象化。它们是空间中最简单、最基本的几何图形; 它们提供了空间这个集的基本结构。

举目四望, 你就可以看到各种各样的形体。对于那些较为简单、基本的几何形体作一番观察、分析, 也就不难认识许多几何量与几何性质。自古以来, 世界各古代文明古国, 如中国、埃及、巴比伦、玛雅等, 都经过实验观察与分析综合, 掌握了一套可观的空间知识。例如, 我国古代很早就发现了重要的勾股定理, 并且建立了一套简易测量的知识。在西方文明中, 几何学的研究起源于古埃及与巴比伦, 而在古希腊获得长足的进步。Euclid 所著的《Elements》, 流传至今, 可以说是希腊几何学的一部集大成的代表作。此书于明代由传教士带到中国, 徐光启将它译成中文, 取名为《几何原本》, 这也是中文里“几何学”这个名词的起源。

几何学是一门源远流长、多彩多姿的学科, 在人类的理性文明中, 它是当之无愧的老大哥; 数千年来, 不论是在思想领域的突破上, 还是在科学方法论的创建上, 几何学总扮演着“开路先锋”的角色, 从古典的欧氏几何、解析几何、球面几何、非欧几何、射影几何一直到近代的 Riemann 几何、代数几何、复几何、辛 (sympletic) 几何、代数拓扑学、微分拓扑学等都是这样。直到现在, 几何学仍然是一门方兴未艾、蓬勃发展的学科, 依然保有它那种“少壮派”的冲劲与活力。在整个数学体系中, 几何一直是个重要的主角。在大学数学课程中, 几何学当然也是一组主要的基础课。

1983 年 5 月我在上海复旦大学工作访问，能有机会和国内三四十位大学几何教研室同人共聚一堂，就我国大学几何学教学的革新工作，多次商讨，大家都觉得在大学的数学课程中，设置一门精简而且采用近代观点的 "古典几何学" 是十分必要的。我受大家的委托，试编这样的一本《古典几何学》，以供我国某些大学及早试教之用。古典几何学的历史悠久、题材丰富，如欧氏几何、解析几何、射影几何、非欧几何等在知识上、思想上和方法论上都各有精到的建树与特色，而且也都是整个近代数学一个不可缺少的基础与活力源泉。我觉得在大学里的一门 "古典几何学" 课程，其要点在于突出它们的几何思想和在方法论上的创见，而且应该采取近代观点，对于各种古典几何体系进行比较分析与全局探讨。基于上述想法，我于 1983 年在国内工作访问期间编写了本书的初稿，并由复旦大学铅印成讲义，王申怀、潘养廉两位同志曾以此为教材分别在北京大学和复旦大学数学系多次试教过。现在出版的这本书就是在这样的基础上，经过重新修改并增补了一些习题而写成的。虽然如此，书中粗糙、错漏之处，例题、习题之短缺仍在所难免，一切有赖于试教中由师生多所改错指正、逐步完善它吧。

项武义

1985 年 8 月

目录

第一章　实验几何学

任何一门科学都离不开实验，都不外乎实事求是地去认识和反映现实世界的本质并且用来解决问题. 几何学这门源远流长、多彩多姿的学科在它的胚胎时期就与人类的生产实践活动有着密切的联系，这一段时期的几何学我们称为**实验几何学**. 它的中心课题是：通过对现实世界 (空间) 的各种物体 (几何图形) 的形状、性质以及它们之间的相互关系 (位置) 的实验观察、分析综合，确立空间的基本概念，把握空间的基本性质. 它也是后面几章要讲到的推理几何学中用来推理、研究其他空间性质和解决各种几何问题的依据与基础. 从方法论的观点来看，实验几何学就是从一些直觉直观的现象中通过实验分析发现事物内在的本质和联系，发现几何问题，提炼出几何思想，从而去解决问题. 这种治学方法在几何学 (乃至各种科学) 发展的不同层次上都有着重要的作用，即使在人类文化高度发达的今天依然是科学研究中一个不可缺少的法宝.

由于本章的许多知识都是读者在初等几何中熟知的，因此我们的叙述并不追求通常教科书式的系统和顺序，即使对某些概念、定义作比较详细的研讨也只是为了遵循历史的线索，剖析实验几何学方法论上的特点和意义.

第一节　点、直线与平面的相互关系

点、直线与平面是空间中最简单、最常见的基本图像，它们可以说是空间各种图像的组成单元. 本节将对它们的直观内容和相互关联加以分析，从而确定几何学中点、直线、平面这三个基本概念，并且总结关于点、直线、平面之间相互关联的空间基本性质.

一、点与直线

现实空间中万物都有各自的位置, 各得其所. “位置” 是空间中最原始也是最基本的单元, 空间乃是所有位置的总和. 在几何学中, 我们换一种说法: 一个位置就是一个 “**点**”. 所以从概念上来说: 点就是位置的抽象化, 而空间就是点的集合. 例如在一张地图上, 我们以一个个小黑点来标记各地的位置.

再者, 在日常生活中, 我们经常要从一个地方走到另一个地方. 抽象地说, 就是一个 “动点” 从一个点的位置移动到另一个点的位置. 这个动点所经过的路径叫做它的轨迹. 所以, 空间中第二个最原始的基本概念就要算 “**路径**” 了. 在几何学中, 我们用一条 “线段”(通常是曲线段) 来表示路径. 如图 1–1 所示, 设 P, Q 两点分别表示空间相异的两个点; 则联结于 P, Q 两点之间的各种可能路径有很多很多.

话虽如此, 在实际生活中, 我们都希望走 “捷径”, 也就是走最短的路径. 经验告诉我们这条捷径就是联结这两点 P, Q 的 “直线段”. 所以, 直线段又是路径中最简单常用、最基本的一种. 光线的存在明显地启示了联结相异两点 P, Q 的直线段的唯一存在性.

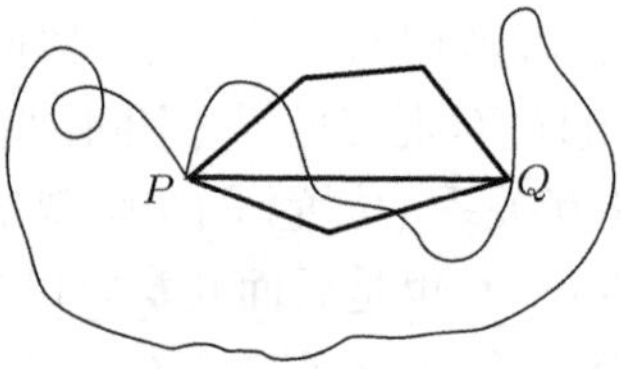

图 1–1

联结 P, Q 两点的直线段用 PQ 表示. 设 S 为其上任意一点, PQ 可以看成是直线段 PS (或 QS) 离开 P (或 Q) 点延伸的结果 (图 1–2). 经验告诉我们, 这种延伸可以无休止地继续, 宇宙之大, 永无尽头. 也就是说, 对于空间相异两点 P, Q, 不但有一条唯一的最短路径 —— “直线段 PQ”, 而且也唯一地确定了一条可以向两端无限延伸的 “直线”. 这就是现实空间的一个基本性质.

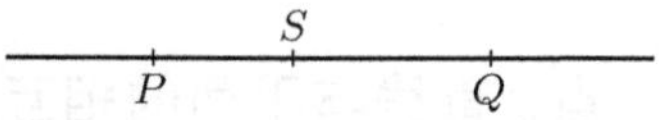

图 1–2

基本性质 1　*空间相异两点唯一决定一条直线, 直线可以无限延伸.*

在描述现实世界的各种不同的空间模式中, 两个相异点之间的最短路径的存在唯一性仍是需要考虑的最基本问题之一. 这个时候的最短路径叫做“**测地线**”. 例如, 在二维球面 S^2 这个空间模式中, 两点之间的最短路径就是联结这两点的大圆劣弧. 关于这一点, 我们将在第六章中详述.

二、长度的度量

直线段 PQ 是联结空间中两相异点 P, Q 的所有路径之最短者, 换言之, 一个人以同样的速度沿不同的路径从 P 走到 Q 以沿直线段 PQ 走所花的时间为最少. 所以, 一条路径的长和短可以用数量来刻画, 这个数量就是“**长度**”.

比较两地的远近, 自然只要比较它们相应的直线段长度. 所以比较路径长短中最基本者是比较直线段的长度. 而这种比较可以简便地用一条直线段去“量”另一条直线段的方法来实现. 当许多条线段要加以比较时, 方便的办法是人为地选定一条线段作为“单位长”, 例如“米”就是现今世界各国所约定通用的单位长度. 然后, 要度量一条直线段的长度也就是去求出它和单位长之间的“比值”. 例如比值是 365, 则称该线段的长度为 365 米.

长度是一个常用的基本几何量. 直线段 PQ 的长度叫做 P, Q 两点之间的**距离**. 常记为 $|PQ|$. 显然, 它具有可加性, 即若 S 点在直线段 PQ 上, 则成立 $|PS| + |SQ| = |PQ|$.

在任何实际的度量过程中, 人们总是在规定“误差”的允许范围内求得一条直线段的长度的, 其意义并不是绝对准确到没有一点误差 (这是办不到的); 而是相对地把误差控制在某种足够小的范围 (叫做精确度) 之内. 所以说, 从实用的观点来看长度的度量, 则其要点在于把所要度量的长度量得足够准确.

通常我们习惯于用十进制的小数来表达所量得的长度, 例如 1.23 米, 它精确到小数点后第二位, 即上述长度的度量准确到误差小于 10^{-2} 米的范围之内.

于是在实用上, 任何两条线段的长度之间的比值都将是一个分数! 远在公元前五六世纪, 古希腊的毕达哥拉斯学派就以此作为几何学的一个基本假设, 从而发展了推理几何学.

然而, 从理论的观点来看, 这个结论依然是值得怀疑的, 也就是说, 有下述长度度量的基本问题: 任给两条直线段 a, b, 它们的长度的比值是否总是一个分数? 换句话说, 对于任何给定的两条线段 a, b, 是否总有一条适当的直线段 u, 使得 a, b 恰好都是 u 的整数倍 (亦即 $a = mu, b = nu, a : b = m/n$)? 这种直线段 u, 如果存在的话, 就叫做 a, b 的一个“公尺度”, 而 a, b 叫做“可公度”的. 上述基本问题的另一个说法是, 是否任何两条线段都是可公度的?

这个问题, 在人类文明高度发达的今天看来是十分自然的, 在人类理性文明的早期却是了不起的想法. 它可以说是人类文明史上第一个纯理论性的问题: 因为它只有在绝对没有误差的设想之下才有意义, 而任何实际的度量 (由于总有误差) 都不能得出否定的结论, 因此它也是一个只能用纯理论的方法解决的问题.

在毕达哥拉斯死后不久, 其弟子希伯斯证明了下述数学史上的重大发现:

一个正五边形的边长和对角线长之间的比值不可能是个分数! 而且一个正方形的边长和对角线长之间的比值也不可能是个分数!

我们将在第二章中再详细说明这一段重要的发现史并且讨论它在整个数学发展史上的深远意义.

三、直线与平面

在各种线段中, 以**直线段**为最简单也最基本. 同样地, 空间在二维层次 (各种 "面") 上最简单最基本的图形就是 "**平面**". 它的直观形象是常见的, 例如一面墙壁、一块黑板、一张桌面都是平面的一部分. 检验一个面是否为平面的常用方法是: 拿一根直尺在所要检验的面上各处比放, 看一看是否总可以密合. 换言之, 平面就是一个到处平直的面. 把上述常用的检验法加以抽象化, 那么平面就是具有下列基本性质的二维图形:

基本性质 2 当平面包含相异两点 P, Q 时, 则它必包含整条直线 PQ.

由于直线无限可延伸, 平面自然是可以向四方无限延长的. 常见和常用的 "平面" 都是上述几何学的平面的一部分, 亦即是上述平面的局部的具体化.

基本性质 3 不共线三点定一平面.

从经验我们知道基本性质 3 是真的, 下面让我们来具体地描述一下空间给定的不共线三点怎样唯一决定一个平面:

设 A, B, C 是空间中不共线 (即不在同一直线上) 的三点. 如图 1–3 所示, 联结直线 AB, BC, CA 就得出三条相异的直线.

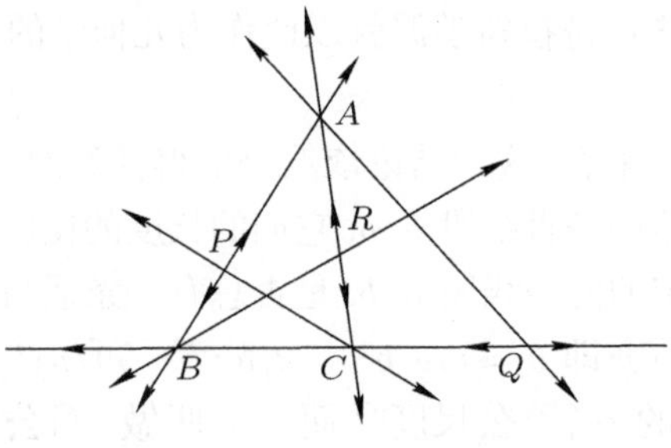

图 1–3

设 P, Q, R 分别是直线 AB, BC, CA 上的任意点. 联结 C, P; A, Q; B, R, 即得直线 CP, AQ, BR. 再设想 P, Q, R 分别在直线 AB, BC, CA 上滑动, 则

上述三条直线分别绕着 C, A, B 点横扫地编织出一个平面. 这就说明了如何由空间中任给的不共线三点 A, B, C 出发, 用两点定一直线的基本作图法可以编织出一个同时包含 A, B, C 的平面. 反之, 设 π 是一个同时包含 A, B, C 的平面, 则不难由基本性质 2 看出 π 一定也完全包含上述作图中所得到的三条直线, 而且可以由它们编织而成. 这也就描述了同时包含 A, B, C 三点的平面的唯一存在性, 即空间不共线三点定一平面.

基本性质 4　*空间中任何两个相交的 (相异) 平面 π_1, π_2, 其交界是一条直线.*

基本性质 4 在直观上是明显的, 它说明空间中两个相异的平面若含有一个公共点则必含有一条公共直线.

一张纸 (平面) 沿着一条折痕 (直线) 用刀裁开就分成两部分, 一条绳子 (直线) 用刀割断 (割口是一个点) 就分成两段, 这些实例反映了点、直线、平面的另一个关联性质. 即

基本性质 5　*(a) 一条直线 l 上的一点 P 把它分成两侧, 其中任一侧叫做以 P 为起点的***射线***. (b) 一个平面 π 上的一条直线 l 把它分成两侧, 每一侧叫做一个***半平面***. (c) 空间中的一个平面 π 把全空间分成两侧, 每一侧叫做一个***半空间***.*

综上所述, 点、直线、平面是空间中最简单最基本的几何形象, 也称基本对象. 由它们可以构成空间中较复杂的几何图形, 例如各种直线形、多面体等, 用它们又可研究许多复杂图形的性质, 例如用割线去研究曲线, 用切平面去研究曲面等. 所以, 它们在几何学中是很重要而又基本的概念. 这些基本对象是从无数直观实例中抽象出来的基本概念, 是一些立足于直观理解的原始概念; 而且它们是相互关联的, 也就是说, 它们要受到被无数直观实例所验明的一些关联性质的制约, 其中最本质的就是上面列举的基本性质 1—5. 这些性质反映了空间基本性质的一个重要方面. 这些性质再加上后面各节中叙述的其他基本性质的确立, 就使人们得以用推理论证的方法替代实验验证的手段, 从而开始从实验几何学迈向推理几何学.

第二节　方向、角度与平行

一、方向、角度与旋转

设想你要从一片平坦的操场 (平面) 上的 A 点走到 B 点 (如图 1–4). 经验告诉你最短路径 (直线段) 的走法是: 由 A 点向 B 点一直走去. 换句话说, 先看准了由 A 射向 B 的 “方向”, 然后保持方向不变一直走. 这里, 方向是十分重要

的. 所谓 "失之毫厘、差之千里" 正是概括了方向的重要性.

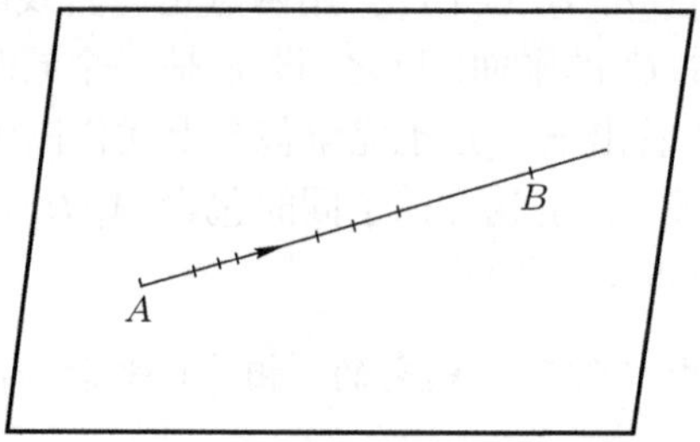

图 1–4

让我们分析一下上述说法的几何意义. A, B 两点决定了一条以 A 为起点的射线 (见第一节), 用 $\overrightarrow{AB}$ 表示, 如果用射线 $\overrightarrow{AB}$ 表示所取的方向, 那么 "保持方向不变一直走" 的意思就是说你的每一步都要落在射线 $\overrightarrow{AB}$ 上, 所以从 A 点出发的一条射线 $\overrightarrow{AB}$ 就表示了 A 点处的一个方向, 若 C 落在射线 $\overrightarrow{AB}$ 上, 则射线 $\overrightarrow{AC}$ 表示的方向与 $\overrightarrow{AB}$ 表示的方向相同. 反之, 给定 A 点处的一个方向, 就唯一决定了从 A 出发的表示这个方向的一条射线. 简言之, 由一点出发的射线与方向是一一对应的. 所以在几何学中, 我们以一条射线来表示一个方向.

一条以 A 点为起点的射线, 可以由起始的任何一小段所唯一确定 (因为整条射线只是那一小段沿着那个方向的无限延伸). 所以自 A 点出发的一个方向, 其实可以用它所对应的那条射线的开头的任何一小段来表达. 这就表明: "方向" 在本质上是一个 "局部性" 的概念.

平面 π 中以同一点 A 出发的两条射线 $\overrightarrow{AB}$ 和 $\overrightarrow{AC}$ 为界的区域 (如图 1–5 所示) 叫做一个**角**. A 是它的顶点. $\overrightarrow{AB}$ 和 $\overrightarrow{AC}$ 是它的两条角边, 常记做 $\angle BAC$, 或简记为 $\angle A$. 它可以被想象成射线 $\overrightarrow{AB}$ 沿着平面 π 绕 A 点旋转到射线 $\overrightarrow{AC}$ 的位置所扫过的区域, 这个区域叫做角区或角的内部. 所以 $\angle BAC$ 的直观内涵是很明确的, 它刻画了射线 $\overrightarrow{AB}$ 和 $\overrightarrow{AC}$ 所表示的两个方向之间的差异.

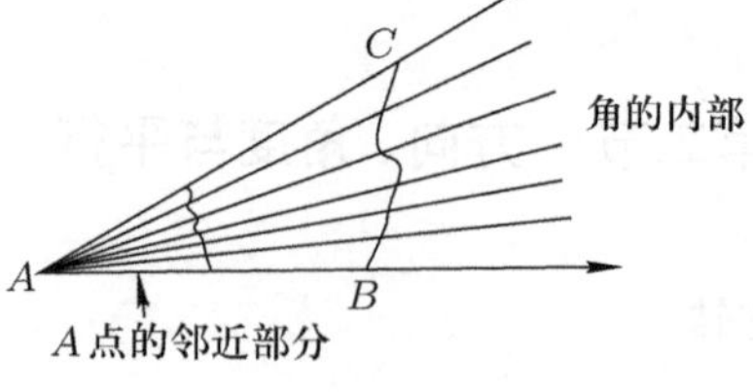

图 1–5

因为方向是一种局部性质, 所以角也是一种局部性质. 换句话说, 一个以 A

为顶点的角已经由它在 A 点邻近的那一小部分完全确定, 如图 1–5 所示.

再者, 角反映了两个方向的差异, 那么又怎样来比较这种差异的大小? 如图 1–6 所示, $\angle BAC$ 和 $\angle B'A'C'$ 分别是以 A 和 A' 为顶点的两个角. 我们如何去比较这两者之间的大小呢? 由经验熟知的方法是: 将 $\angle B'A'C'$ 往 $\angle BAC$ 移动 (例如用一张透明的塑胶片将 $\angle B'A'C'$ 复印下来, 然后移动塑胶片), 使得顶点 A' 和 A 相重合, 成为同样大小的角 $\angle B''AC''$, 然后绕 A 点适当旋转, 使 $\overrightarrow{AB''}$ 与 $\overrightarrow{AB}$ 重合, 这时两者之间有下列三种可能性, 即:

1) $\overrightarrow{AC''}$ 和 $\overrightarrow{AC}$ 重合, 则两角相等;

2) $\overrightarrow{AC''}$ 落在 $\angle BAC$ 的内部, 则 $\angle BAC > \angle B'A'C'$;

3) $\overrightarrow{AC''}$ 落在 $\angle BAC$ 的外部, 则 $\angle BAC < \angle B'A'C'$.

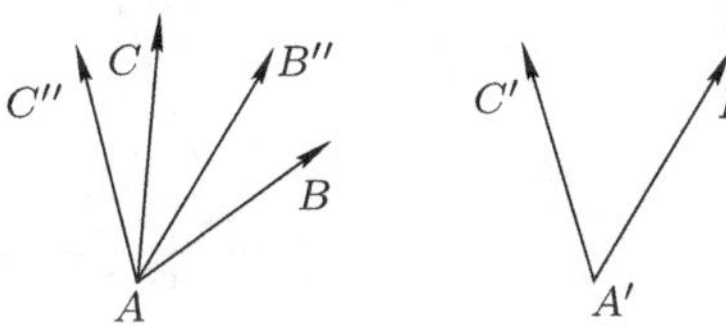

图 1–6

让我们对上述过程作一些数理分析. 上述过程说明我们的空间具有这样的性质, 即: 可以将任意一个角移动和旋转而始终保持它的大小不变. 换一种说法就是

基本性质 6　*对于一个任给平面 π 和 π 上一条射线 $\overrightarrow{AB}$, 在射线 $\overrightarrow{AB}$ 的两侧分别存在唯一的射线 $\overrightarrow{AC}$ 和 $\overrightarrow{AC'}$, 使得*

$$\angle BAC = \angle BAC' = \text{一个给定角}.$$

众所周知, 从这个基本性质出发, 可以自然地定义两个角的和. 再者, 在上述的讨论中可以得出, 一个角 $\angle BAC$ 实际上就是一条以 A 点为起点的射线从 $\overrightarrow{AB}$ 的位置沿着平面旋转到 $\overrightarrow{AC}$ 的位置的 “路径”, 因此自然地像长度一样可以给角以一种度量, 亦即 “角度”.

角的度量和长度的度量的做法基本上是一样的, 我们也是先取定一个单位, 或把它适当分成分单位, 再去和一个要量的角来比较大小. 常用的单位是把一个平角等分成 180 等份, 每等份叫做 1 度 (或写为 1°). 所以平角 $= 180^\circ$, 平角的二等分角叫做直角, 直角 $= 90^\circ$.

因此, 角度就是旋转量多少的度量. 两个角能够相叠合的充要条件就是它们的角度相等.

二、角度与平行

角反映了同一点两个方向之间的差别, 而且差别的大小可以用角度的大小来刻画. 但是在日常生活中, 我们常常要比较两个不同点的方向间的差别. 经验告诉我们, 可以将其中一个方向 "平行移动" (简称 "平移") 到另一个方向的起点来比较. 下面来分析一下这种 "平移" 过程是如何完成的.

分析 (i) 在前面的讨论中我们已经说明, 沿着一个固定方向一直走所经的轨迹就是一条射线. 换句话说, 在一条射线上的各点, 沿着这条射线所指的方向是相同的. 如图 1–7 所示: 在射线上的 A, B, C 各点沿着射线本身所指的方向相同.

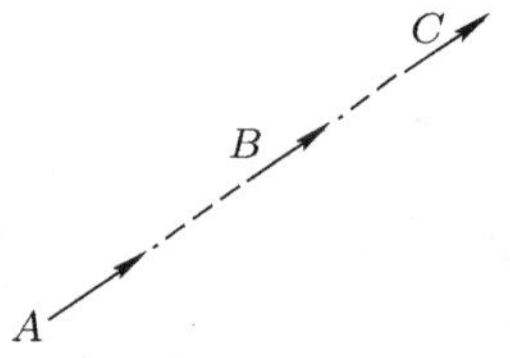

图 1–7

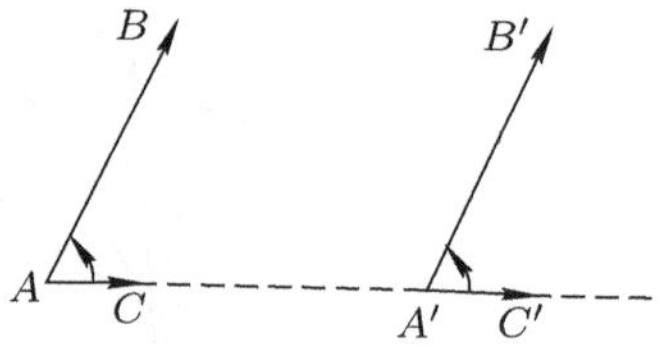

图 1–8

(ii) 在同一平面内, 设射线 $\overrightarrow{AB}$ 和 $\overrightarrow{A'B'}$ 分别表示起点为 A 和 A' 的两个方向. 联结 A, A' 点得射线 $\overrightarrow{AA'}$ (如图 1–8 所示). 由前面的讨论, 即有:

射线 $\overrightarrow{AC}$ 和射线 $\overrightarrow{A'C'}$ 是相同的两个方向;

$\angle CAB$ 度量着射线 $\overrightarrow{AB}$ 和 $\overrightarrow{AC}$ 这两个方向之间的差别;

$\angle C'A'B'$ 度量着射线 $\overrightarrow{A'B'}$ 和 $\overrightarrow{A'C'}$ 这两个方向之间的差别.

假如 $\angle CAB = \angle C'A'B'$, 则很自然地可以认为方向 $\overrightarrow{AB}$ 和 $\overrightarrow{A'B'}$ 相同.

(iii) 综合上面这两种情况, 为了比较同一平面内两个不同点处的两个方向 $\overrightarrow{AB}$ 和 $\overrightarrow{A'B'}$ (如图 1–9 所示), 很自然的方法是: 先将 A, A' 联结得到射线 $\overrightarrow{AA'}$, 然后在 $\overrightarrow{AA'}$ 的 B 点的那一侧内作 $\angle C'A'B'' = \angle CAB$ (由基本性质 6, 这是可以而且唯一的), 这个方向 $\overrightarrow{A'B''}$ 和 $\overrightarrow{AB}$ 相同, 它就是将方向 $\overrightarrow{AB}$ 平行移动到 A' 所得到的方向. 此时若方向 $\overrightarrow{A'B'}$ 与 $\overrightarrow{A'B''}$ 相同, 也即 $\angle C'A'B' = \angle C'A'B'' = \angle CAB$, 自然就认为方向 $\overrightarrow{A'B'}$ 与 $\overrightarrow{AB}$ 相同.

简述之, 我们可以定义两个起点不同的方向之间的相等关系 —— "平行".

平行的定义 射线 $\overrightarrow{AB}$ 和射线 $\overrightarrow{A'B'}$ 所表示的方向互相平行 (记为 $\overrightarrow{AB}//\overrightarrow{A'B'}$) 的条件有两个, 即 $\overrightarrow{AB}$ 和 $\overrightarrow{A'B'}$ 共在一个平面上而且联结射线 $\overrightarrow{AA'}$ 后如图 1–8 所示的同位角相等 (即 $\angle CAB = \angle C'A'B'$). 同样地, 两条直线 l, l' 互相平行 (记为 $l//l'$) 的条件有两个, 即 l 与 l' 共在一个平面上而且它们和另外一条直线 AA' 相割的同位角相等.

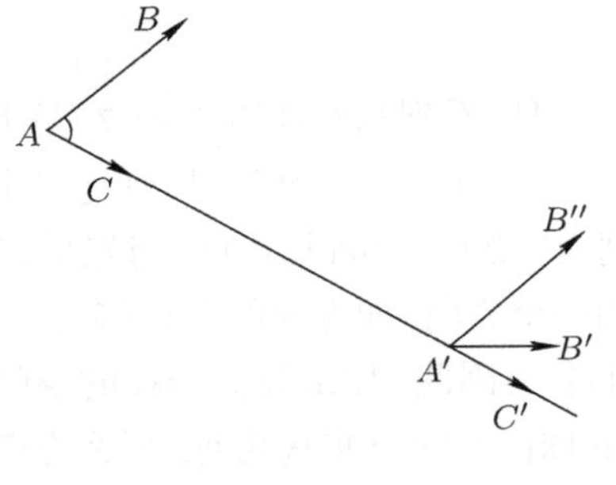

图 1–9

这样一个定义是自然的, 并且在人类的生产实践中被广泛接受和应用, 然而对它的合理性还须作一番数理分析.

让我们考虑图 1–10 所示的情形, 即: 在同一平面内, 方向 $\overrightarrow{A_1B_1}$ 和 $\overrightarrow{A_3B_3}$ 是同一条射线上的方向, 所以是相同的. 而且 $\angle C_1A_1B_1 = \angle C_2A_2B_2$, 所以射线 $\overrightarrow{A_1B_1}$ 和 $\overrightarrow{A_2B_2}$ 的方向是平行的, 因此方向 $\overrightarrow{A_2B_2}$ 与 $\overrightarrow{A_3B_3}$ 也应该平行, 这就是说应该有 $\angle D_2A_2B_2 = \angle D_3A_3B_3$, 于是, 从图 1–10 不难看出 $\triangle A_1A_2A_3$ 的三个内角之和 $\angle 1 + \angle 2 + \angle 3 = \pi$.

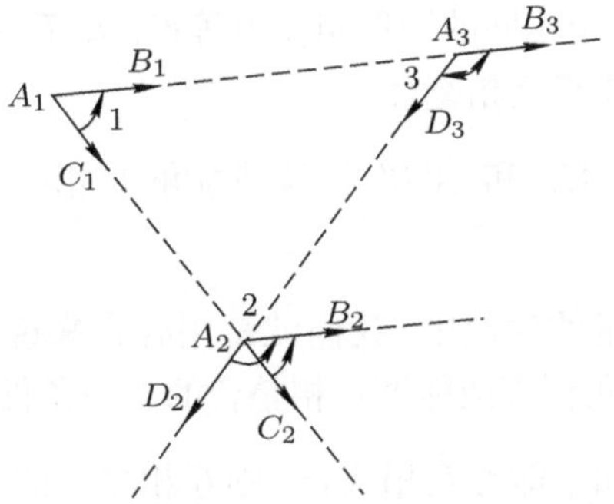

图 1–10

因此, 从上述平行定义的合理性, 也即从 $\overrightarrow{A_1B_1}//\overrightarrow{A_2B_2}$ 及 $\overrightarrow{A_1B_1}//\overrightarrow{A_3B_3} \Longrightarrow \overrightarrow{A_2B_2}//\overrightarrow{A_3B_3}$, 可以导出 "三角形内角和等于一平角"; 反之, 在后者成立的基础上也容易推出上述定义的合理性. 换句话说, 我们的空间具有下述的

基本性质 7　一个三角形的内角和恒等于一平角.

这也等价于 (参见第五章)

基本性质 7′　对于一个平面 π 上的一条直线 l 和线外一点 P, 在 π 上存在着唯一的一条过 P 点而和 l 不相交的直线, 它就是那条过 P 点而和 l 平行的直线.

注 总结以上的分析, 可以看到基本性质 7 或 $7'$ 是上述平行定义合理性的理论基础. 而且这样所确定的方向的平行移动具有绝对平行的意义, 也就是说, 将一个方向 AB 先平移到 A'' 点再平移到 A' 点, 与先平移到 A''' 点再平移到 A' 点, 所得到的是 A' 点的同一个方向, 即方向的平行移动与平移的路径无关, 这种性质反映了空间的 "平直性". 因此, 如果我们选择的空间几何模型不具有基本性质 7, 例如以后将详述的球面几何与非欧几何, 那么方向的平行移动就必须用新的方法来定义, 而且这种平行移动将与平移的路径有关, 也就是说, 这种空间将是 "弯曲" 的. 关于这一点我们将放在第六章中加以讨论. 总之, 由比较两个不同点处的方向而引出的平行移动深刻地反映了空间所具有的一种重要性质: 空间的平直性或非平直性 (曲率).

第三节 恒等、叠合与对称

一、几何图形的恒等与叠合

空间中存在着各种各样的形象. 它们之间最简明的一种比较关系就是恒等关系. 两个形状和大小完全相同的图形叫做恒等形. 要看两个图形是否恒等, 实践检验的法则是看它们能否互相叠合.

例 1 两条直线段 AB 和 $A'B'$ 恒等或能够互相叠合的唯一条件是它们等长.

例 2 在对角的度量的讨论中, 我们就是用叠合来说明两个角的角度是否相等的. 换句话说, 两个角恒等或能够互相叠合的唯一条件是它们的角度相等.

例 3 两个三角形如果能够互相叠合, 则互相叠合的三对边 (称为对应边) 和三对角 (称为对应角) 分别对应相等, 也就是这两个三角形恒等.

除了点、线段外, 最基本的几何图形可以算是三角形了, 例如多角形都可以划分成若干个三角形. 所以让我们进一步分析一下两个三角形能够叠合 (也即恒等) 的条件. 虽然, 两个三角形能够互相叠合则其三条对应边和三个对应角分别相等, 但是, 稍加分析就发现, 三角形的三条边长和三个角并不是互相独立的, 而是具有某种内在联系的. 例如, 在上节中我们就发现了任何三角形的三个内角之和恒等于一平角. 所以, 当两个三角形已经有两个角对应相等时, 则它们的第三个角也一定跟着对应相等. 这就告诉我们, 在两个三角形的三条边和三个角这六个要素之间, 只要有一部分对应相等就可能保证这两个三角形互相叠合. 根据经验可知, 两个三角形只要有两对角和它们的夹边对应相等就能够互相叠合, 即恒

等. 这一点可说明如下:

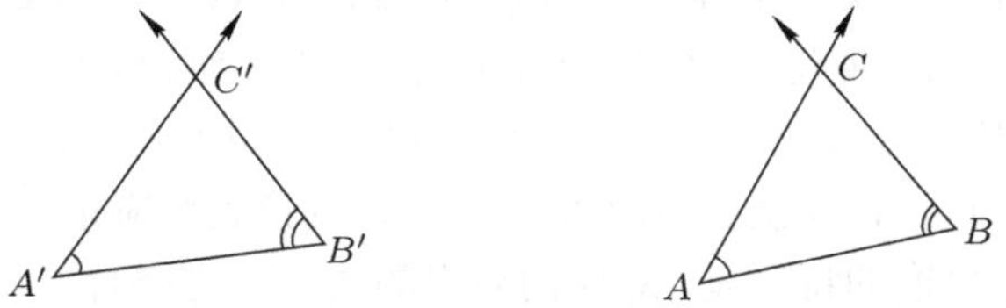

图 1–11

设 $\triangle ABC$ 和 $\triangle A'B'C'$ 中, $AB = A'B'$, $\angle A = \angle A'$, $\angle B = \angle B'$ (图 1–11), 要看一看满足上述三个条件的 $\triangle ABC$ 和 $\triangle A'B'C'$ 能不能互相叠合, 最直截了当的办法就是把 $\triangle A'B'C'$ 从纸上剪下来, 然后搬去试着和 $\triangle ABC$ 叠合. 首先, 因为 $AB = A'B'$, 所以我们可以先把剪下来的 $\triangle A'B'C'$ 的 $A'B'$ 边和 AB 相叠合. 然后再让它像一扇以 AB 为门轴的三角形的门那样转到 $\triangle ABC$ 所在的平面上. 则

因为 $\angle A = \angle A'$, 所以射线 $\overrightarrow{A'C'}$ 和射线 $\overrightarrow{AC}$ 相叠合;
因为 $\angle B = \angle B'$, 所以射线 $\overrightarrow{B'C'}$ 和射线 $\overrightarrow{BC}$ 相叠合.

再由熟知的事实: "相交两线定一点", 就可看出 C' 点必也和 C 点相叠合. 所以当 $\triangle A'B'C'$ 绕着公共轴 $AB = A'B'$ 旋转到 $\angle ABC$ 所在的平面时, 两者完全叠合. 这也说明 "两角与一夹边对应相等" 乃是一种足以保证两个三角形恒等的条件, 常简记为 a.s.a.

同样的方法可以说明两个三角形恒等的另外两个条件, 即: "当两个三角形有两边一夹角对应相等时, 它们恒等", 简记为 s.a.s; "当两个三角形的三条边对应相等时, 它们恒等", 简记为 s.s.s. 这些结论可以从 a.s.a 是恒等条件这个事实加以证明.

综合以上对三角形恒等 (即能够互相叠合) 条件的探讨, 说明我们的空间具有如下的

基本性质 8 (a.s.a) *两个三角形若有两角一夹边对应相等, 则它们恒等.*

或等价地,

基本性质 8′ (s.a.s) *两个三角形若有两边一夹角对应相等, 则它们恒等.*

二、空间的对称性与均匀性

前面所讨论的图形的恒等与叠合, 在本质上和空间的对称性和均匀性密切相关, 下面让我们对此作一些数理分析.

同一空间 (或平面) 中两个恒等图形的叠合过程其实就是空间 (或平面) 到自身的一个点与点的 “变换”, 也称为 “对应”. 例如图 1–11 中 $\triangle A'B'C'$ 与 $\triangle ABC$ 的叠合过程所表示的变换将 A' 变换到对应点 A, B' 变换到对应点 B, C' 变换到对应点 C; 线段 $A'B'$ 变换到对应线段 $AB, B'C'$ 变换到对应线段 $BC, A'C'$ 变换到对应线段 AC; 而 $\angle A'$ 变换到对应角 $\angle A$, $\angle B'$ 变换到对应角 $\angle B, \angle C'$ 变换到对应角 $\angle C$. 这种变换的特征是: 对应两对点的线段一定叠合, 这样的变换称为空间 (或平面) 的一个 “**运动**” 或 “**保长变换**”.

因此, 两个恒等图形必可通过一个运动而互相叠合, 反之, 任何一个图形必与它通过一个运动而得到的图形互相叠合从而恒等.

一个图形与它自身显然是叠合的, 相应的运动称为恒等运动. 由经验知道, 若图形 Ω 能够叠合于 Ω', 则 Ω' 也自然能够叠合于 Ω. 换句话说, 对一个运动存在着另一个运动, 称为它的逆运动, 连续施行这两个运动的效果等于恒等运动, 再者, 若图形 Ω 叠合于 Ω', Ω' 又叠合于 Ω'', 则 Ω' 自然也叠合于 Ω''. 也就是说, 连续施行两个运动的效果仍是一个运动, 上述的讨论说明: 空间 (或平面) 的运动的全体构成一个群. 这个群称为运动群或保长变换群. 上述的讨论也说明: 空间 (或平面) 的运动群完全确定了图形的恒等变形, 即: 空间 (或平面) 的两个图形是恒等形的唯一条件是一个图形可由另一个图形通过一个运动而得到. 其实, 这样一个变换群的作用远不止这一点, 它对空间的几何性质起着控制主导的作用, 完全决定了空间的几何性质, 这就是 F. Klein 在 “Erlangen 纲领” 中提出的著名观点, 我们将在以后各章中再加以详尽论述.

既然如此, 我们自然就要讨论一下何种变换是一个运动. 熟知的事实是: 平移、旋转都是运动. 然而, 进一步的分析显示了它们都可以由关于直线 (或平面) 的反射对称组合而成. 让我们作如下分析.

(一) 平面的对称性

一张平直的纸可以沿着一条分割它的直线段折叠起来. 从几何的观点来看: 一张平直的纸是一个平面的局部, 而上述熟知的事实也就是: “一个平面可以沿着其上任一直线折叠起来” (如图 1–12). 上述基本性质的另一个说法是: “一个平面对于其上任一直线都是反射对称的”, 这叫做平面的对称性. 平面的对称性的另一种表达方式如图 1–13 所示: 设 l 是平面 π 上给定的一条直线, 则分居直线 l 异侧的点可以一对一地配对 (如图 1–13 中的 $A, A'; B, B'$ 和 C, C'), 叫做对于 l 互相对称的点. 这样一种将点 A 变到它关于 l 对称的点 A' 的变换, 称为关于 l 的反射对称. 不难看出, A, A' 对于 l 互相 (反射) 对称的充要条件就是 AA' 被 l 所垂直平分; 而在上面所说的折叠之下, 对称点偶互相叠合. 再者, 分居直线 l 异侧. 完全由互相对称的点所集成的图形 (如上图所示的 $\triangle ABC$ 和 $\triangle A'B'C'$) 叫做关于 l 的对称形. 显然, 互相 (反射) 对称的图形是恒等的, 因为它们在对 l

的折叠之下相叠合. 所以关于直线的反射对称是一个运动.

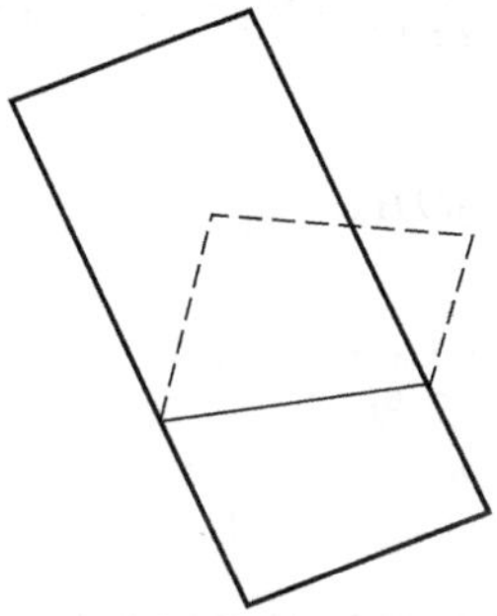

图 1–12

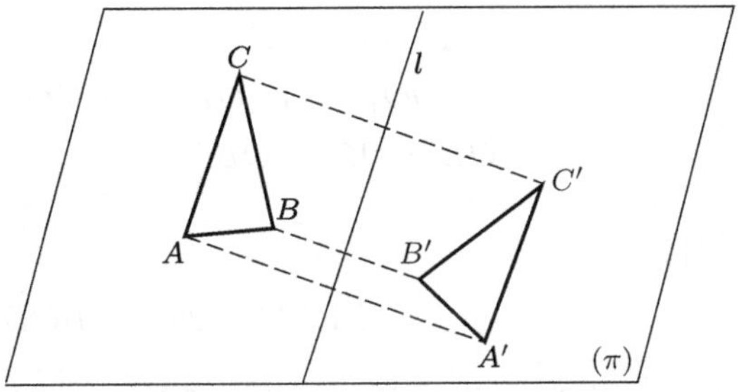

图 1–13

(二) 平面对称的组合

设 l_1, l_2 是平面 π 上的两条直线. 我们可以试着把它关于 l_1, l_2 的两个反射对称组合起来, 看看其效果怎样.

例 4　设 l_1 和 l_2 互相平行而且 l_1, l_2 之间的垂直距离是 h (如图 1–14 所示). 对于任给一点 A, 我们可以先对 l_1 求其对称点 A'. 然后再对 l_2 求 A' 的对称点 A''. 由对称点的特性, 即有

$$AA' \text{ 被 } l_1 \text{ 垂直平分;}$$
$$A'A'' \text{ 被 } l_2 \text{ 垂直平分.}$$

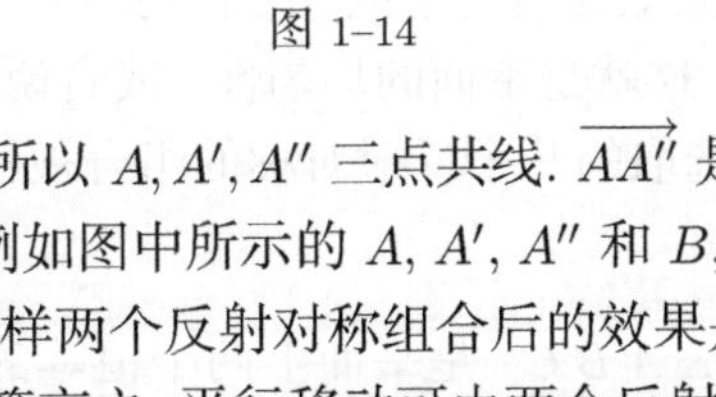

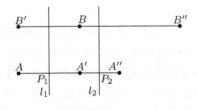

图 1–14

因为 l_1 和 l_2 是平行的, 所以 A, A', A'' 三点共线. $\overrightarrow{AA''}$ 是一条长度为 $2h$、方向和 l_1, l_2 垂直的有向线段 (例如图中所示的 A, A', A'' 和 B, B', B'' 两种情况). 也就是说, 关于 l_1 和 l_2 的这样两个反射对称组合后的效果是将每一点向和 l_1, l_2 垂直的方向平行移动 $2h$. 简言之, 平行移动可由两个反射对称组合而成.

例 5　设 l_1, l_2 相交于 O 点, 其夹角为 θ (如图 1–15 所示). 同样地, 对于 A, B 两点我们分别先去求它们关于 l_1 的对称点 A', B', 然后再去求 A', B' 关于 l_2

的对称点 A'', B'', 不难看出

$$\begin{aligned}&\angle AOP_1=\angle P_1OA', \quad \angle A'OP_2=\angle P_2OA'',\\&OA=OA'=OA'';\\&\angle BOQ_1=\angle Q_1OB', \quad \angle B'OQ_2=\angle Q_2OB'',\\&OB=OB'=OB''.\end{aligned}$$

所以有

$$\angle AOA''=2\theta, \quad \angle BOB''=2\theta.$$

也就是说, 关于 l_1 和 l_2 的这样两个反射对称相组合后的效果是对于其交点 O 旋转 2θ 度. 简言之, 旋转也可由反射对称组合而成.

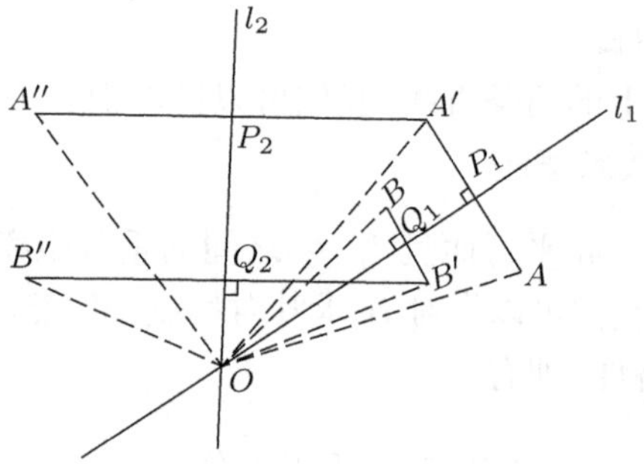

图 1–15

(三) 平面的均匀性

如上所述, 平面上对于任给的一条直线的反射对称保持了各平面图形之间的 "恒等性", 即互相反射对称的图形必然是恒等的. 因此, 反射对称是平面上的一个运动. 前面例 4、例 5 又说明反射对称的组合可以产生其他的运动 (如平移、旋转). 其实, 进一步的分析也可以说明平面上的任何一个运动都是若干个反射对称的组合. 换句话说, 平面上任何两个恒等形都可以在适当地选取的几个反射对称的组合之下互相对应. 这就是平面的均匀性. 或者说, 平面上任何一个图形可从一个位置经过适当地选取的几个反射对称的组合被恒等地移到任意指定的位置.

例 6 设 $\triangle ABC$ 和 $\triangle A'B'C'$ 是平面上两个恒等的三角形. 我们可以先用一个平移把 $\triangle ABC$ 移到 $\triangle A_1B_1C_1$, 使得 A_1 点和 A' 点重合. 然后再用以 $A_1=A'$ 点为定点的旋转, 把 $\triangle A_1B_1C_1$ 转到 $\triangle A_2B_2C_2$, 使得 A_2B_2 和 $A'B'$ 重合, 则 $\triangle A_2B_2C_2$ 和 $\triangle A'B'C'$ 只有两种关系, 即当 $\triangle A_2B_2C_2$ 和 $\triangle A'B'C'$ 居于

直线 $A'B'$ 的同侧时, 它们业已完全重合; 当它们分居于直线 $A'B'$ 的异侧时, 它们是关于直线 $A'B'$ 互相对称的 (如图 1–16(b)、(c)).

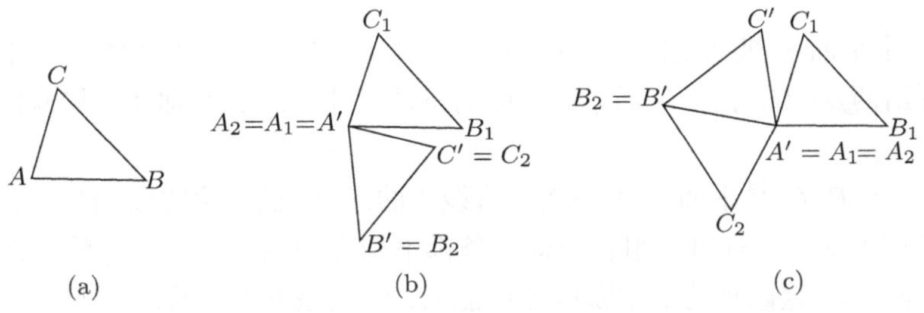

图 1–16

(四) 空间的对称性和均匀性

当你面对着一片平滑的镜面时, 镜面的反射产生了常见的光学效果, 即对应于镜面前方的每一点, 在镜面后方出现一个像点. 从几何学的观点来分析, 上述常见的实例也就是 "空间的对称性" 的局部具体表现, 即 "空间对于任一给定的平面是反射对称的!" 空间对称性的几何描述方式如下: 对于给定平面 π, 空间中分居 π 的异侧的点可以一对一地配成互相对称的点偶 (如图 1–17 中的 A, A'), 使得互相对称的点偶的连线恒被 π 所垂直平分. 这样将 A 对应到 A' 的变换叫做关于平面 π 的反射对称. 如果把关于平面 π_1 和 π_2 的两个反射对称组合起来, 读者不难看出它的效果等于空间的一个平移或一个以 π_1 和 π_2 的交线为轴的旋转. 进一步的分析表明, 从平面的均匀性可以推出空间的均匀性: 空间中任何两个恒等形都可以在适当地选取的几个反射对称的组合之下互相对应.

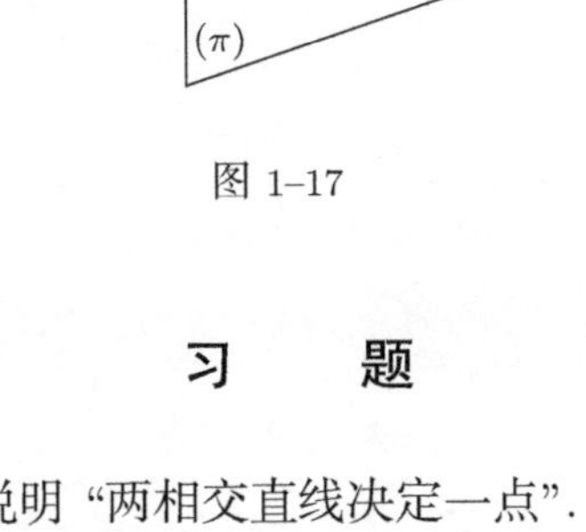

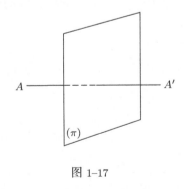

图 1–17

习　题

1. 试从基本性质 1 说明 "两相交直线决定一点".

2. 试说明在圆柱面上两点间的“最短线”是什么线?

3. 你能证明“一个正方形的边长和对角线长之间的比值不可能是个分数”吗?

4. 一个平面 π 被面上的一条直线 l 分割成两侧. 设 A, B 是平面 π 上不属于 l 的任给两点. 试问 A, B 居于 l 同侧的条件是什么? A, B 居于 l 异侧的条件是什么?

5. 设 A, B, C 是平面 π 上不属于直线 l 的三点. 试讨论线段 AB, BC, CA 和 l 相交或不交的各种可能组合. (即三条都不相交, 只有一条相交, 恰有两条相交, 三条都相交, 这四种情形中哪些是可能的? 哪些是不可能的?) 并且想一想它和基本性质 5(b) 的关系.

6. 设 A, B, C 是空间中不属于平面 π 上的三点. 试讨论线段 AB, BC, CA 和平面 π 的交截关系的各种可能组合, 并说明它和基本性质 5(c) 的关系.

7. 试说明“相异的两条平行线 l, l' 不可能相交”.

8. 试说明三角形恒等的另外两个条件, 即“s.a.s”和“s.s.s”.

第二章　推理几何的演进与欧氏体系

到了公元前约 7 世纪时, 几何知识的探讨方法, 在古希腊开始由实验归纳逐步改为推理演绎. 古希腊文明继承了古埃及和古巴比伦文明在实验几何学上的知识, 进而运用逻辑推理的办法, 把几何学的研究推进到高度系统化、理论化的境界, 使得人们对于空间的认识和理解在深度上、广度上都大大前进了一步. 古希腊的推理几何学可以说是整个人类文明发展史上的里程碑, 是全人类文明遗产中妙用无穷的瑰宝.

在实验几何学阶段, 主要的研究方法是实验归纳法, 也就是通过直接的观察和分析, 运用实验归纳来获得对空间的一些最基本性质的了解; 而在推理几何学阶段, 主要的研究方法是演绎法, 也就是借助于一些空间的最基本的性质, 运用分析、演绎的逻辑推理方法来论证推导空间的其他许多性质. 从认识论的观点来看, 推理几何学基于实验几何学; 前者是运用逻辑推理方法, 大力扩张后者所得之战果的有效途径.

Euclid 创造性地、精心地整理了古希腊推理几何学的成就, 写成了《几何原本》这本巨著, 确立了欧氏几何体系.《几何原本》是对几何知识的第一次科学的总结, 创后世演绎法治学的典范, 是一部承前启后的杰作.《几何原本》的问世也开启了人们对几何基础的研究, 这种研究在两千多年以后即 19 世纪初才打破了欧氏体系的一统天下, 最后导致了非欧几何的诞生, 开辟了近代几何的新天地.

中学阶段的初等几何教程大体上已包含了古希腊推理几何的主要结果. 本章将从方法论和认识论的观点, 对于古希腊推理几何学的发展史作一简明扼要的介绍.

第一节　萌芽时期 —— 恒等形的研究与应用

上一章所讨论的实验几何学是我们对于空间的形象与性质进行研究的基础, 它用实践检验的方法使我们认清了一系列简明扼要的空间基本概念和基本性质. 当然, 只要我们肯继续下工夫去观察、分析, 去实验、发掘, 自然还会不断地归纳、总结出新的性质, 认识到新的现象. 但是, 这样一种纯实验方法显然具有很大的局限性. 例如, 要研究平面上多边形内角和的问题, 如果用实验求证的方法, 那么, 当给定 n 的具体数值时, 总可验证得到 "n 边形的内角和 $= (n-2)$ 个平角". 这样做既十分费时而且至多也只能归纳总结到 "n 边形的内角和 $= (n-2)$ 个平角" 这样一个猜想, 但是却无法验证上述普遍性的公式. 然而, 读者不难从 "任何三角形的三个内角之和恒等于一个平角" 这一基本性质出发, 用推理论证的方法很快证明上述普遍公式. 再者, 由于实验误差的存在, 有些问题是根本无法用纯实验方法作出正确解答的, 例如前面提到的线段可公度问题. 因此, 随着人类文明的发展, 尤其是古希腊哲学的发展, 一种新的研究方法 —— 演绎法便应运而生. 演绎法的基本想法就是用推理论证去分析各种性质之间的逻辑关系, 把许多其他性质或问题归于那些已经由实验确立的基本性质去加以证明或解答. 古希腊文明可以说是演绎法的创始者, 而古希腊的推理几何学就是这种科研方法的最早应用. 推理几何学的萌芽时期约在公元前六七世纪, 当时著名的几何学家首推赛尔斯和毕达哥拉斯, 在这一段时间所研究的中心课题是恒等形. 下面对于恒等形的讨论, 也许可以对这一段几何学的发展, 有一个概括的了解.

一、三角形恒等的条件

用叠合检验的方法去研究两个三角形的恒等可以发现下述几种恒等条件:

(i) 两边一夹角对应相等 (s.a.s);

(ii) 两角一夹边对应相等 (a.s.a);

(iii) 三边对应相等 (s.s.s).

但是从叠合检验的观点来看, s.s.s 这个恒等条件可就不那么明显, 所以很自然地我们会以 s.a.s 或 a.s.a 为基础, 设法去证明 s.s.s.

分析 1　要证明 s.s.s 是恒等条件, 我们就需要从三角形的边相等推证其角相等. 在这一方面, 常用的事实就是下述等腰三角形定理.

定理 1　*设 $\triangle ABC$ 为等腰三角形, 即 $AB = AC$, 则其两底角必相等, 即 $\angle B = \angle C$.*

证明　作顶角 $\angle A$ 的平分线, 设它交底边 BC 于 D 点 (如图 2–1), 则 $\triangle ABD$ 和 $\triangle ACD$ 就有两边一夹角对应相等 (即 $AB = AC$, $AD = AD$, $\angle BAD =$

$\angle CAD$). 由 s.a.s 得知它们恒等, 所以其对应角 $\angle B$ 和 $\angle C$ 相等.

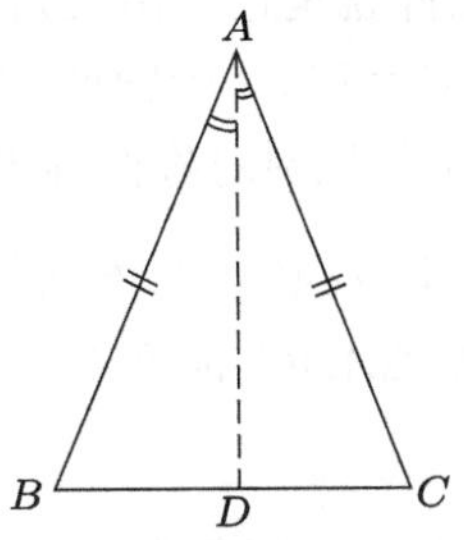

图 2–1

现在让我们用定理 1 作为工具, 来证明 s.s.s.

定理 2 (s.s.s)　$\triangle ABC$ 和 $\triangle A'B'C'$ 的三边对应相等时, 两者恒等.

证明　设 AB 是三边中较长者 (至少和其他两边等长). 我们可以在 AB 的不含 C 点的一侧作 $\angle BAC'' = \angle B'A'C'$, 并使 $AC'' = A'C'$ (如图 2–2). 于是 $\triangle AC''B$ 和 $\triangle A'B'C'$ 恒等 (s.a.s), 所以 $BC'' = B'C'$. 现在由假设条件得出 $\triangle CAC''$ 和 $\triangle CBC''$ 都是等腰三角形. 由定理 1 即得

$$\angle 1 = \angle 2, \quad \angle 1' = \angle 2'.$$

所以

$$\angle C = \angle 1 + \angle 1' = \angle 2 + \angle 2' = \angle C''.$$

又由 s.a.s 推出 $\triangle ABC$ 与 $\triangle ABC''$ 恒等. 因此, $\triangle ABC$ 和 $\triangle A'B'C'$ 恒等.

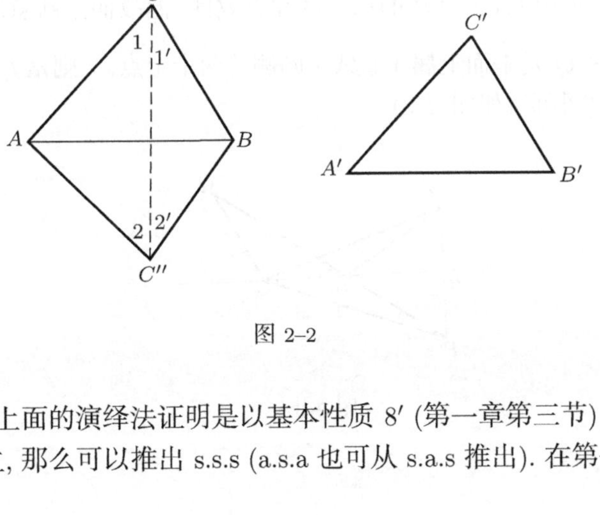

图 2–2

分析 2　上面的演绎法证明是以基本性质 8′ (第一章第三节) 为基础的, 即假定 s.a.s 成立, 那么可以推出 s.s.s (a.s.a 也可从 s.a.s 推出). 在第一章第三节的

讨论中，我们已经从叠合检验的观点说明了 s.a.s 等价于平面的反射对称性，也就是说，两个图形恒等的唯一条件就是存在由反射对称组合而生成的运动群中的一个运动将其中的一个图形对应到另一个图形. 其实，这种等价性是可以用演绎法证明的. 这里，我们给出一个从反射对称性推出 s.a.s 的证明.

定理 3 (s.a.s) *设* $\triangle ABC$ *和* $\triangle A'B'C'$ *有两边一夹角对应相等，即* $AB = A'B'$, $AC = A'C'$, $\angle A = \angle A'$, *则* $\triangle ABC$ *和* $\triangle A'B'C'$ *恒等，即还有* $BC = B'C'$, $\angle B = \angle B'$ *和* $\angle C = \angle C'$.

证明 由于 $\angle A = \angle A'$, 因此存在着若干个反射对称的组合使 $\angle A'$ 对应到 $\angle A$, 此时射线 $\overrightarrow{A'B'}$ 对应到射线 $\overrightarrow{AB}$, $\overrightarrow{A'C'}$ 对应到 $\overrightarrow{AC}$, 而由于反射对称是保长的，所以 B' 对应到 B, C' 对应到 C, 由此又可得到线段 $B'C'$ 对应到 BC, 即 $BC = B'C'$, 因而 $\angle B = \angle B'$, $\angle C = \angle C'$.

分析 3 由上述的等价性说明可以用反射对称性代换基本性质 8 (或 8′), 以此为基础，完全可以由反射对称性决定 s.a.s, a.s.a 以及 s.s.s 等恒等条件. 这个事实为我们提供了下述耐人寻味的启示：反射对称性在图形的恒等性质 (或称不变性质) 的研究中起着控制全局的作用，是一个妙用无穷的法宝. 因此，对于具有相同的反射对称性的空间模型，我们可以充分利用它们之间的这一个 "大同" 来统一研究它们的几何性质. 这就是在后面第六章中对于欧氏、球面、非欧三种古典几何统一处理的基本想法的来源.

二、 恒等形的应用举例

演绎法应用于恒等形的研究是推理几何萌芽时期的中心课题，其主要结果大致已包含在中学阶段所学的初等几何中. 牛刀小试，几何学即生机勃发，焕然一新. 这里再择两例以证演绎法的深刻性和有效性，温故而达新意.

例 1 设 P, Q 是平面上属于直线 l 同侧的两个定点，x 则是 l 上的动点. 试求 $Px + xQ$ 的极小值 (如图 2–3).

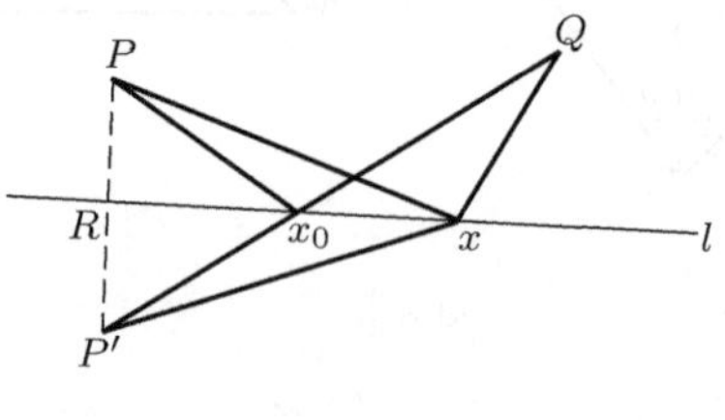

图 2–3

解 令 P' 是 P 点关于直线 l 的反射对称点, 即 PP' 被 l 所垂直平分, 其中点为 R, 且设线段 $P'Q$ 与直线 l 交于 x_0 点 (如图 2–3), 则容易看出 $\triangle PRx$ 和 $\triangle P'Rx$ 恒等 (s.a.s), 所以 $Px = P'x$,

$$Px + xQ = P'x + xQ \geqslant P'Q = P'x_0 + x_0Q = Px_0 + x_0Q,$$

而且 "=" 只有在 $x = x_0$ 时才可能成立, 这就说明了欲求的 $Px + xQ$ 的极小值是

$$Px_0 + x_0Q = P'x_0 + x_0Q = P'Q.$$

例 2 设 $\triangle PQR$ 的三个内角都小于 120°, X 是该三角形内部的动点. 试求 $PX + QX + RX$ 的极小位置 (如图 2–4).

分析 这个问题的解答不是一目了然的, 即使运用解析几何结合微积分中计算极值的方法去求解, 所涉及的计算也是相当繁复的. 但是下面我们将用一个巧妙的转换作出简洁的解答. 当然, 这种巧妙的转换并不是很容易想到的, 举这个例子的目的就是要让读者欣赏一下推理论证的妙用 (必须指出: 下述证明和结果显然超出了古希腊几何学的知识领域).

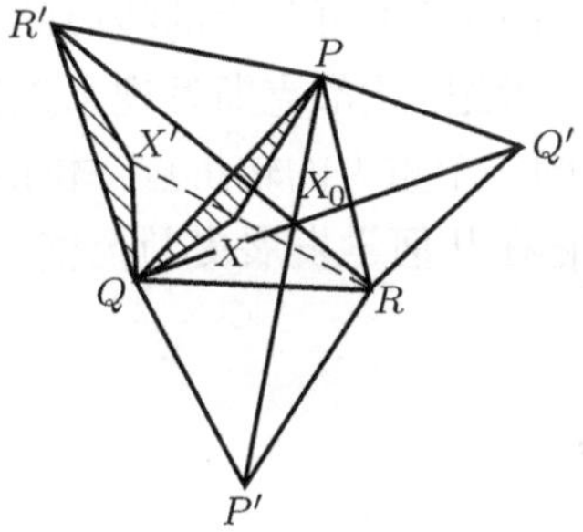

图 2–4

解 设 X 是 $\triangle PQR$ 内部的任意一点, 解决问题的巧妙想法是把图中用斜线标示的 $\triangle QPX$ 绕 Q 点作 60° 的旋转, 转到 $\triangle QR'X'$ 的位置. 则 $\triangle QR'P$ 和 $\triangle QX'X$ 都是顶角为 60° 的等腰三角形, 所以都是正三角形, 即三边等长. 所以

$$\begin{aligned} PX + QX + XR &= R'X' + QX' + XR \\ &= R'X' + X'X + XR \text{ (是一条由 } R' \text{ 到 } R \text{ 的折线路径的总长).} \end{aligned}$$

当 $X = X_0$ 在 $R'R$ 上, $PX + QX + RX$ 才可能极小. 同理也可以推论 X 的极小位置 X_0 也必须在 $P'P$ 和 $Q'Q$ 上. 所以, 所求的极小位置 X_0 必定就是 $R'R$,

$P'P$ 和 $Q'Q$ 这三条线段的公共交点, 其中 $\triangle PQR'$, $\triangle PRQ'$ 和 $\triangle QRP'$ 分别是以三边为底的正三角形.

第二节 拓展时期 —— 从恒等到相似

古希腊对于推理几何学的研究, 到了公元前 6 世纪末, 已逐渐由恒等形的研究推进到相似形的探讨. 什么是相似形呢? 直观的说法是: 两个形状相同, 但是大小不一定相同的图形叫做彼此相似. 例如, 当一个物体正对着你逐渐由远而近时, 对于你的视觉来说, 它的形状不变, 但是大小就逐渐由小变大了. 这种现象的几何说法是, 该物体由远而近时, 它在你的视网膜上所成的像的形状不变, 但是大小逐渐放大. 这就是相似形常见的实例. 又如一张照片的放大或缩小, 放电影时底片上的形象和它映射到银幕上的形象, 都是彼此相似的; 一张测量图或地图, 基本上也是把测得的各地位置和道路等资料缩小成相似形, 抽象地记录在图纸上. 其实, 测量学的基本原理就是这一时期中古希腊推理几何所奠定基础的相似形基本定理.

这一时期的推理几何经受了严峻的考验. 初始, 毕达哥拉斯学派主观地论断: 任何两条线段都是可公度的. 在此基础上证明了相似形基本定理并获得了一系列的结果. 接着, 希伯斯证明了两条不可公度的线段的存在, 引起了几何理论基础上的空前危机. 过了近半个世纪, 欧都克斯发现了逼近法, 重新扶正了推理几何的基石. 所以, 这是几何学的一个重大的转折点. 本节将以此历史为线索, 从方法论和认识论的观点, 阐明它在几何学发展史乃至整个人类理性文明史上的重要意义.

一、相似三角形的研究

如同在前面一节中所指出的, 演绎法的特点是: 在所要研究的事物或现象中, 对各种各样的性质或问题, 用逻辑推理的方法把它们归结为一系列简要的基本性质去论证或解决. 因此, 越是简单、基本的性质越是重要. 在相似形的研究中, 首先研究的就是最简单、最基本的相似三角形.

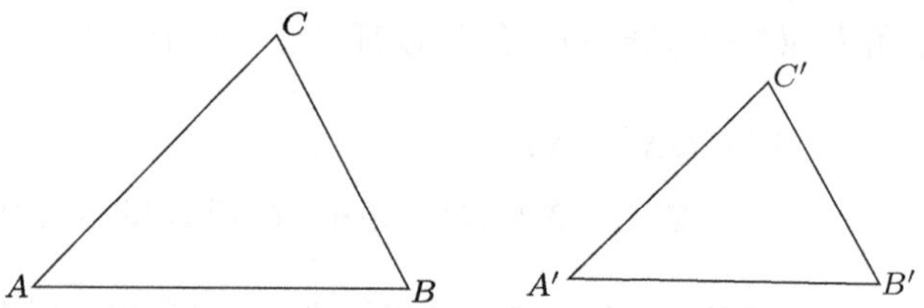

图 2–5

若两个三角形 $\triangle ABC$ 和 $\triangle A'B'C'$ 相似 (如图 2–5), 则其对应角相等, 其对应边成比例, 即

$$\angle A=\angle A',\quad \angle B=\angle B',\quad \angle C=\angle C',$$
$$\frac{AB}{A'B'}=\frac{AC}{A'C'}=\frac{BC}{B'C'}=k\ (\text{比例常数}).$$

像第一节中对于恒等三角形的研究一样, 我们要探讨两个三角形相似的各种最经济的条件. 例如, 从直观来看, 当两个三角形中有两个内角对应相等时, 它们就“应该”相似了. 我们怎么去证明上述“设想”呢? 让我们先看一个特殊的情况.

引理　设 $\triangle ABC$ 和 $\triangle A'B'C'$ 的三个内角对应相等, 而且

$$AB=nA'B'\quad (n\ \text{为正整数}),$$

则 $AC=nA'C'$, $BC=nB'C'$ (亦即 $\triangle ABC$ 和 $\triangle A'B'C'$ 相似).

证明　我们将对 n 用归纳法证明. 对于 $n=1$, 由 a.s.a 得知 $\triangle ABC$ 和 $\triangle A'B'C'$ 恒等, 所以引理成立. 现在我们要由引理对于 $n\leqslant k$ 都成立这个归纳假设出发去证明 $n=k+1$ 时引理也成立.

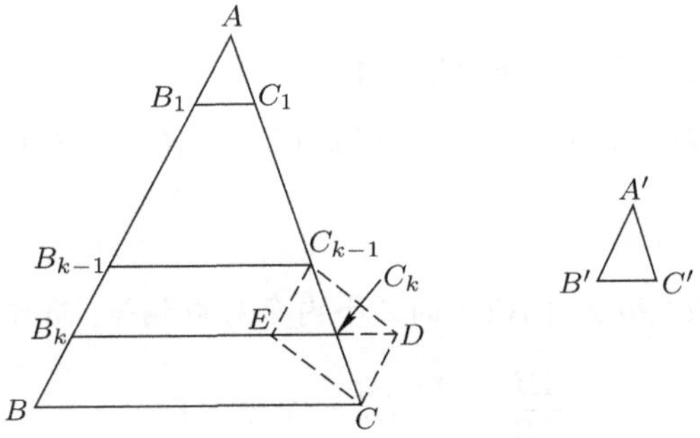

图 2–6

在 AB 上取 $AB_1=A'B'$, 作 $\angle AB_1C_1=\angle B'$ (如图 2–6). 则 $\triangle AB_1C_1$ 与 $\triangle A'B'C'$ 恒等 (a.s.a). 所以 $AC_1=A'C'$, $B_1C_1=B'C'$, 亦即可以把证明归于 $\triangle ABC$ 和 $\triangle AB_1C_1$. 由于同位角 $\angle AB_1C_1=\angle B$, 可知 $B_1C_1//BC$. 在 AB 上取 B_{k-1} 和 B_k 点, 使得

$$AB_{k-1}=(k-1)AB_1,$$
$$AB_k=kAB_1.$$

过 B_{k-1} 和 B_k 分别作 BC 的平行线, 分别交 AC 于 C_{k-1} 和 C_k 点, 并延长 B_kC_k 到 D, 取 $B_kD=BC$. 我们可以把假设引理在 $n=k-1$, k 成立的情况用

到 $\triangle AB_{k-1}C_{k-1}$ 和 $\triangle AB_kC_k$ 上, 即可得出

$$AC_{k-1}=(k-1)AC_1,\quad B_{k-1}C_{k-1}=(k-1)B_1C_1,$$
$$AC_k=kAC_1,\quad B_kC_k=kB_1C_1.$$

再过 C_{k-1} 作 AB 的平行线, 交 B_kC_k 于 E 点, 则又有

$$C_{k-1}C_k=AC_k-AC_{k-1}=kAC_1-(k-1)AC_1=AC_1,$$
$$B_kE=B_{k-1}C_{k-1}=(k-1)B_1C_1\ (\text{平行四边形对边相等}),$$
$$EC_k=B_kC_k-B_kE=B_kC_k-B_{k-1}C_{k-1}=B_1C_1.$$

又因为由作图, B_kD 和 BC 平行且等长, 所以四边形 B_kBCD 是平行四边形, 即得 DC 和 B_kB 平行且等长, 所以也和 $C_{k-1}E$ 平行且等长, 从而 $C_{k-1}ECD$ 是平行四边形. 所以它的对角线互相平分, 这就证明了

$$C_kC=C_{k-1}C_k=AC_1,\quad C_kD=EC_k=B_1C_1.$$

所以

$$AC=AC_k+C_kC=kAC_1+AC_1=(k+1)AC_1,$$
$$BC=B_kD=B_kC_k+C_kD=kB_1C_1+B_1C_1=(k+1)B_1C_1.$$

这就证明了引理.

推论　设 $\triangle ABC$ 和 $\triangle A'B'C'$ 的三个内角对应相等, 而且

$$\frac{AB}{A'B'}=\frac{m}{n}\ (\text{是一个分数}),$$

则

$$\frac{AC}{A'C'}=\frac{BC}{B'C'}=\frac{m}{n}.$$

证明　如图 2–7 所示, 在 AB 上取一段 AB_1 使得

$$AB=mAB_1,$$

在 $A'B'$ 上取一段 $A'B_1'$ 使得 $A'B'=nA'B_1'$. 然后分别作 $B_1C_1//BC$, $B_1'C_1'//B'C'$. 由假设 $\dfrac{AB}{A'B'}=\dfrac{m}{n}$, 我们可以看出 $AB_1=A'B_1'$, 而且由作图有 $\triangle AB_1C_1$ 和 $\triangle A'B_1'C_1'$ 的三个内角对应相等. 所以 $\triangle AB_1C_1$ 和 $\triangle A'B_1'C_1'$ 恒等, 即

$$AC_1=A'C_1',\quad B_1C_1=B_1'C_1'.$$

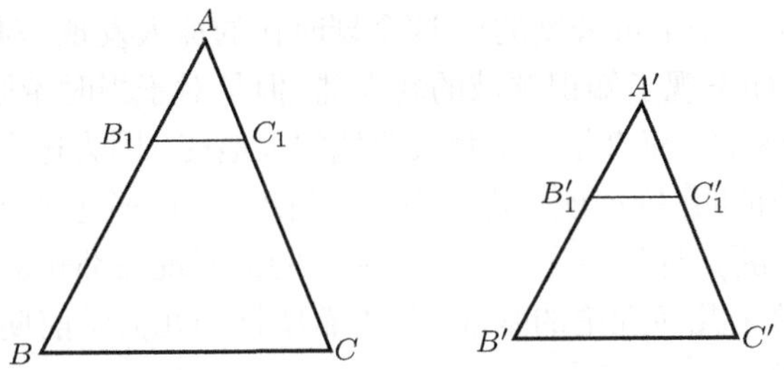

图 2–7

再用引理, 即得

$$AC = mAC_1, \quad BC = mB_1C_1$$

以及

$$A'C' = nA'C'_1, \quad B'C' = nB'_1C'_1.$$

所以

$$\frac{AC}{A'C'} = \frac{m}{n}, \quad \frac{BC}{B'C'} = \frac{m}{n}.$$

历史的回顾 约在公元前六七世纪, 毕达哥拉斯学派在几何学的研究上, 主观地断定: 任何两条直线段都是可公度的. 那就是说, 对于任给两条线段 a, b, 总可以找到另一条适当的线段 u, 使得 a, b 的长度都恰为 u 的整数倍, 即 $a = mu$, $b = nu$, 或 $\frac{a}{b} = \frac{m}{n}$ (是一个分数). 以上述论断作为论证的基础, 毕达哥拉斯学派对许多有基本重要性的几何事实给出了 "证明". 大概他们也就是采用上面引理与推理的论证, 加上一开始就论断任何两条线段之间的比值都是分数, 因此就认为已经严格证明了在相似形的研究上的基本定理, 即

相似形基本定理 设 $\triangle ABC$ 和 $\triangle A'B'C'$ 的三个内角对应相等, 则其对应边成比例, 即

$$\frac{AB}{A'B'} = \frac{AC}{A'C'} = \frac{BC}{B'C'},$$

亦即它们是相似形.

另外一个例子是, 他们也基于上述可公度的论断, 对于求面积的基本公式: "长方形的面积 = 长 × 宽" 给出了 "证明". 由此可见, "可公度性普遍成立" 的论断乃是当年毕氏学派在推理几何学中的理论基础.

但是到了公元前 5 世纪中期, 毕氏的门人希伯斯坚持以实事求是的态度去钻研 "可公度性是否普遍成立" 这个基本问题. 这是一个只有在绝对没有误差的情况下才有意义的问题, 它是数学史上第一次提出的纯理论性问题, 希伯斯发现并证明了一个正五边形的边长和对角线长是不可公度的 (随后他又证明正方形的边长和对角线长也是不可公度的). 这个划时代的惊人发现, 对于全人类的文明来说, 其意义有如发现了知识领域的新大陆, 但是对于当时希腊 (特别是毕氏学派) 的几何理论来说, 简直是一个翻天覆地的大地震. 因为这个发现和他所给的那个清晰严格的证明, 雄辩地否定了当时几何理论的一个重要基础 (即可公度性普遍成立这个论断). 种种原先以为业已完全的证明现在都知道是不完全的了! 从而动摇了当时整个几何理论的基础, 给古希腊推理几何学前期的理论带来了空前的危机和挑战.

二、 希伯斯的发现和证明

要实事求是地去研究可公度性是否普遍成立这个度量的基本问题, 必须有一个切实可行的办法去检验两个给定线段 a, b 是否可公度. 下面让我们先讨论一下辗转丈量检验法.

分析 (i) 设 a, b 是可公度的, 即存在一个适当的公尺度 u, 使得 $a = mu$, $b = nu, m, n$ 为整数. 令 d 是 mn 的最大公约数, 则 du 就是同时能够整量 a, b 的最长公尺度.

(ii) 可以用辗转丈量法去求上述两条线段 a, b 的最长公尺度, 其实际过程如下:

设 a 是 a, b 中较短者, 我们可以用 a 去丈量 b; 若 a 恰能整量 b, 则 a 本身就是 a, b 的最长公尺度, 不然, 即得一比 a 短的余段 r_1, 使 $b = q_1a + r_1$ (q_1 是整数); 再用余段 r_1 去丈量 a, 若能整量 a, 则 r_1 就是 a, b 的最长公尺度, 不然, 则又得一余段 r_2, 即 $a = q_2r_1 + r_2$ (q_2 是整数, r_2 比 r_1 短). 然后再用 r_2 去丈量 $r_1, \cdots$, 如此辗转丈量. 设 r_k 恰能整量 r_{k-1}, 则 r_k 就是 a, b 的最长公尺度.

(iii) 也许读者会问, 会不会有那么两条线段 a, b, 使得上述辗转丈量永远不能休止 (亦即永远不可能得到 r_k 恰能整量 r_{k-1})? 假如这种辗转丈量永无止境的情况真的发生, 那么究竟有什么意义呢? 上述问题的答案是: 这种辗转丈量无止无休的情况是会发生的, 其意义就是 a, b 这样两条线段不可公度! 下面就让我们来介绍远在公元前四五百年, 希伯斯发现的这种实例和他的论证吧.

希伯斯的发现 设 a, b 分别是一个正五边形的边长和对角线长, 则 a, b 不可公度!

证明 (我们证明用 a, b 来做上述辗转丈量是永远不可能有整量的情况出现的. 下述大致上就是希伯斯的原始证明.) 如图 2–8 所示, $ABCDE$ 是一个正五边形, 它的五条边长都是 a, 它的五条对角线长都是 b.

(i) 由内角和公式得知正五边形的五个内角都等于 $108°$. $\triangle ABC$ 是等腰的, 而且 $\angle ABC = 108°$, 所以 $\angle BAC = \angle BCA = 36°$, 同理 $\angle CBD = \angle CDB = 36°$,

由此不难计算得

$$\angle ABF = \angle ABC - \angle DBC = 108^\circ - 36^\circ = 72^\circ,$$

$$\angle BFC = 180^\circ - \angle FBC - \angle FCB = 180^\circ - 36^\circ - 36^\circ = 108^\circ,$$

$$\angle AFB = 180^\circ - 108^\circ = 72^\circ.$$

所以 $\triangle AFB$ 和 $\triangle FBC$ 都是等腰三角形.

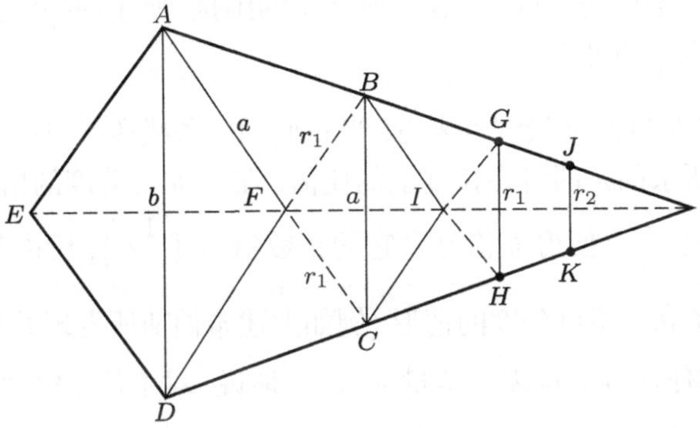

图 2–8

(ii) 从上面的分析, $AF = AB = a$, 所以

$$FC = AC - AF = b - a = r_1$$

就是用 a 去丈量 b 所得的余段 r_1, $b = a + r_1$. 将 AB 延长并取 $BG = r_1$, 也将 DC 延长并取 $CH = r_1$, 联结 G, H, 则显然由作图有: 五边形 $BGHCF$ 的五个内角都是 108°, 而且 $FB = BG = FC = CH = r_1$; 图形关于直线 EF 成对称形. 显然它是一个较小的正五边形. 它的对角线长是 a, 它的边长恰是上述余段 r_1.

(iii) 想一想, 当我们再用 r_1 去丈量 a 时, 岂不依然是用一个正五边形的边长去丈量它的对角线长 (只不过这个正五边形比原先的要小一号罢了). 所以本质上是重复地再进行一次同样的几何作图, 同理可知 $a = r_1 + r_2$, 而 r_1, r_2 又是另一个更小的正五边形 (如图所示的 $GJKHI$) 的对角线长和边长.

(iv) 总结上面的讨论, 就不难看出我们对 a, b 做辗转丈量时, 每一次所做的都是用一个正五边形的边长去丈量它的对角线, 所以当然不可能出现整量的情形. 换句话说, 对于 a, b 的辗转丈量是永无止境的, 这就证明了 a, b 是不可公度的!

希伯斯还用类似的证法证明了正方形的边长与对角线长也是不可公度的 (读者试自证之). 这些发现不仅推翻了 “可公度性普遍成立” 的主观论断, 从而引起了推理几何的危机, 而且使人类认识到科学研究的严肃性, 进而认识到对几何基础进行理论上的深入探讨的重要性.

三、欧都克斯的逼近法

如何来解救推理几何学上由希伯斯的发现引起的这个空前的危机? 这是对当时每一位几何学家的严厉挑战! 大约经过了近半个世纪的苦斗, 古希腊的几何学家终于克服了 "不可公度量" 的存在所产生的困扰, 所用的办法就是我们在下面将要讨论的欧都克斯逼近法.

分析 (i) 从长度的度量观点来看, 当我们用一条线段 a 去 "度量" 另一条线段 b 时, 我们所求的是两者在长度上的比值. 在 a, b 可公度的情形, 就是存在 a 的一个适当等分 $\frac{1}{n}a$, 使得 b 恰好是它的整数倍 $m\left(\frac{1}{n}a\right)$, 所以其比值是一个分数 $\frac{m}{n}$. 反之, 在 a, b 不可公度的情形 (例如上述希伯斯所发现并且证明了的两个实例), 则 a 的任何等分都无法整量 b. 换句话说, 对于任给整数 n, 当我们试用 $\frac{1}{n}a$ 去丈量 b 时, 总是产生 b 比 $\frac{1}{n}a$ 的某一整数倍还要长些但是比下一个整数倍却又要短些的情况, 亦即存在一相应的整数 m, 使得

$$m\left(\frac{1}{n}a\right) < b < (m+1)\left(\frac{1}{n}a\right).$$

也即 b, a 在长度上的比值 $\frac{b}{a}$ 介于 $\frac{m}{n}$ 和 $\frac{m+1}{n}$ 之间, 即

$$\frac{m}{n} < \frac{b}{a} < \frac{m+1}{n}.$$

(ii) 在 a, b 不可公度的情形, $\frac{b}{a}$ 虽然不是一个分数, 但当我们把 n 逐步加大时, 也就可以逐步地求 $\frac{b}{a}$ 的左、右夹逼分数近似值, 其误差愈来愈小. 从另一方面来看, 因为 $\frac{b}{a}$ 本身根本不是分数, 所以上述误差虽然可以小到任意小, 却永远不会等于 0. 用近似的说法: 比值 $\frac{b}{a}$ 虽然不是分数, 但是它可以被分数无限地逼近 (亦即逼近到误差任意小的程度).

(iii) 在 a, b 不可公度的情形, 比值 $\frac{b}{a}$ 虽然不是分数, 但是它和一个给定的分

数 $\frac{p}{q}$ 之间的大小关系是不难用实践加以检验的, 即

当 $pa > qb$ (即 p 段 a 相连要比 q 段 b 相连长) 时, 则 $\frac{p}{q} > \frac{b}{a}$;

当 $pa < qb$ (即 p 段 a 相连要比 q 段 b 相连短) 时, 则 $\frac{p}{q} < \frac{b}{a}$.

总结上述三点的分析, 就有下面的

欧都克斯检定法则　设 $a, b; a', b'$ 是两对直线段, 则 $\frac{b}{a} = \frac{b'}{a'}$ (即两对在长度上的比值相等, 也叫做成比例) 的检定法则是: 对于任意给出的正整数对 p, q,

当 $pa > qb$ 时, 则 pa' 也一定 $> qb'$;
当 $pa = qb$ 时, 则 pa' 也一定 $= qb'$;
当 $pa < qb$ 时, 则 pa' 也一定 $< qb'$.

分析　(i) 上述检定法则对于 $\frac{b}{a}$ 和 $\frac{b'}{a'}$ 都是分数的情形是显然成立的. 它的用处主要在于 $\frac{b}{a}$ 和 $\frac{b'}{a'}$ 不是分数的情形.

(ii) 从数的观点来说, 上述检定法则表明, $\frac{b}{a}$ 和 $\frac{b'}{a'}$ 这两个比值相等的充要条件是: 当把它们和一个任给分数 $\frac{p}{q}$ 相比较时, 其关系是同时比 $\frac{p}{q}$ 小; 或同时和 $\frac{p}{q}$ 相等; 或同时比 $\frac{p}{q}$ 大.

证明　(只讨论不可公度的情形) 对于任给 n (可以非常大), 由前面的分析得知存在关系

$$\frac{m}{n} < \frac{b}{a} < \frac{m+1}{n},$$

由上述检定条件, 也有关系

$$\frac{m}{n} < \frac{b'}{a'} < \frac{m+1}{n}.$$

所以 $\frac{b}{a}$ 和 $\frac{b'}{a'}$ 之间可能有的差别一定小于 $\frac{1}{n}$. 但是上述 n 是可以选得任意大的, 所以 $\frac{1}{n}$ 是可以任意小的. 这就说明了 $\frac{b}{a}$ 和 $\frac{b'}{a'}$ 这两个定数之间的可能差别要小于可以任意小的 $\frac{1}{n}$, 唯一的可能性是两者没有差别, 即 $\frac{b}{a} = \frac{b'}{a'}$.

欧都克斯检定法则的重要性在于可用来作为理论上证明的依据. 下面我们就以相似形基本定理的证明为例, 来初步说明它的用法. 相似形基本定理说, 当

$\triangle ABC$ 和 $\triangle A'B'C'$ 的三个内角对应相等时, 其对应边成比例, 即

$$\frac{AB}{A'B'}=\frac{AC}{A'C'}=\frac{BC}{B'C'}=k,$$

亦即它们相似.

在本节第一段的引理和推论中, 业已对 $A'B'$ 和 AB 可公度的情形给出了上述定理的证明. 现在让我们用欧都克斯检定法则, 把上述定理在 $A'B'$ 和 AB 不可公度的情形的证明用已证明了的可公度的情形来加以推导.

相似形基本定理的补充证明 对于任给分数 $\frac{p}{q}$, 让我们分 $pA'B'<qAB$ 和 $pA'B'>qAB$ 两种情形来论证.

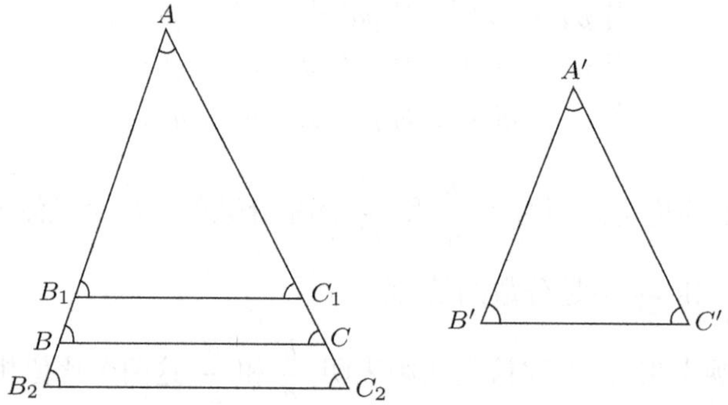

图 2–9

(i) 如图 2–9, 设 $pA'B'<qAB$, 在 AB 上取一段 AB_1 使得 $AB_1=\frac{p}{q}A'B'$. 然后过 B_1 点作 BC 的平行线, 交 AC 于 C_1 点. 则 $\triangle AB_1C_1$ 和 $\triangle A'B'C'$ 的三个角对应相等, 所以由推论 (现在是可公度的情形!) 得知

$$\frac{p}{q}=\frac{AB_1}{A'B'}=\frac{AC_1}{A'C'}=\frac{B_1C_1}{B'C'},$$

由假设 $AB_1<AB$ 不难看出 $AC_1<AC$ 和 $B_1C_1<BC$, 所以

$$\frac{AC}{A'C'}>\frac{AC_1}{A'C'}=\frac{p}{q},\quad \frac{BC}{B'C'}>\frac{B_1C_1}{B'C'}=\frac{p}{q},$$

亦即 $pA'C'<qAC$ 和 $pB'C'<qBC$.

(ii) 设 $pA'B'>qAB$, 在 AB 的延长线上可取一段 AB_2 使得 $AB_2=\frac{p}{q}A'B'$. 然后过 B_2 点作 BC 的平行线交 AC 的延长线于 C_2 点. 同理有 $\triangle AB_2C_2$ 和 $\triangle A'B'C'$ 相似, 即

$$\frac{p}{q}=\frac{AB_2}{A'B'}=\frac{AC_2}{A'C'}=\frac{B_2C_2}{B'C'},$$

再由 $AB_2 > AB$, 不难看出 $AC_2 > AC$, $B_2C_2 > BC$, 所以

$$pA'C' > qAC, \quad pB'C' > qBC.$$

总结 (i)、(ii) 的证明和欧都克斯检定法则, 推论可得

$$\frac{AB}{A'B'} = \frac{AC}{A'C'} = \frac{BC}{B'C'}.$$

由上述证明可看出, 欧都克斯检定法则的重要作用就是能把推理几何学中许多原先 "基于可公度性" 的论证推广到不可公度的情形. 换句话说, 把原先不完全的证明补充得完备无缺, 把原先由于希伯斯的发现而动摇了的理论基础给以扶正, 重新奠定了坚实的几何理论基础. 从方法论上来看, 欧都克斯检定法则实质上是一种逼近法, 包含着极限的思想, 可以看成是近代无理数论的先驱. 它是下面的逼近原理的雏形.

逼近原理　设 a, a' 是两个实数. 假如它们分别被一个递增数列 $\{a_n\}$ 和一个递减数列 $\{b_n\}$ 所左、右夹逼, 而且 $b_n - a_n$ 在 n 增大时可以任意小, 即

$$a_1 \leqslant \cdots \leqslant a_{n-1} \leqslant a_n \leqslant \cdots < a,$$

$$a' < \cdots \leqslant b_n \leqslant b_{n-1} \leqslant \cdots \leqslant b_1,$$

$$(b_n - a_n) \to 0,$$

则 a 必须等于 a'. 换句话说, 上述左、右夹逼数列唯一地确定了介于其间的那个被逼近的实数 a.

应该指出, 欧都克斯实际上比 Archimedes 更早地提出并应用了后来以 Archimedes 命名的 Archimedes 公理 (见下一节). 欧都克斯逼近法的出现标志着古希腊推理几何学已趋于成熟, 它为古希腊推理几何学全盛时期的到来开辟了坦途.

第三节　全 盛 时 期

古希腊的推理几何学在完美地解决了不可公度量的发现所引起的危机后, 于公元前 4 世纪进入了蓬勃发展的全盛时期. 在这段时期内, 推理几何学的研究对象从直线扩充到圆锥曲线, 从平面图形扩展到空间的曲面, 欧都克斯的逼近法被 Archimedes 推广并且灵活地用于各种曲面面积和锥体体积的求积问题, 获得了许多杰出的成果. 限于篇幅, 本节只能择其精要, 略述如下.

一、球、柱和锥

球、柱和锥都是常见的形体. 古希腊几何学者对它们的几何性质有着许多重要的发现.

约在公元前 3 世纪, Archimedes 对当时的科学作出了许多重大的贡献, 而他本人自认为最得意的杰作就是求出并且证明了: 一个半径为 R 的球面面积是 $4\pi R^2$. Archimedes 对这一结果的证明, 从下面叙述的他对锥体体积公式的具有同一风格和方法的证明中不难想见.

Archimedes 是一个既精通理论又善于实验的科学家, 他经常运用实验的方法去探索所要钻研的理论问题, 然后将由此猜想的答案给以严格的证明.

当年 Archimedes 是用实验法先去探索三角锥体的求积公式的, 他用铅皮做了一个三角锥形的容器 (如图 2–10), 再做一个以同样的三角形为底的等高三角柱形容器, 然后用三角锥形的杯子盛满水, 一杯杯往三角柱形的杯子里灌. 他发现倒上三杯恰恰可以把它盛满. 这种实验使他获得了下述经验公式:

$$\begin{aligned}\text{一个锥体的体积} &= \frac{1}{3}\times\text{一个等底等高的柱体体积}\\ &= \frac{1}{3}\times\text{底面积}\times\text{高}.\end{aligned}$$

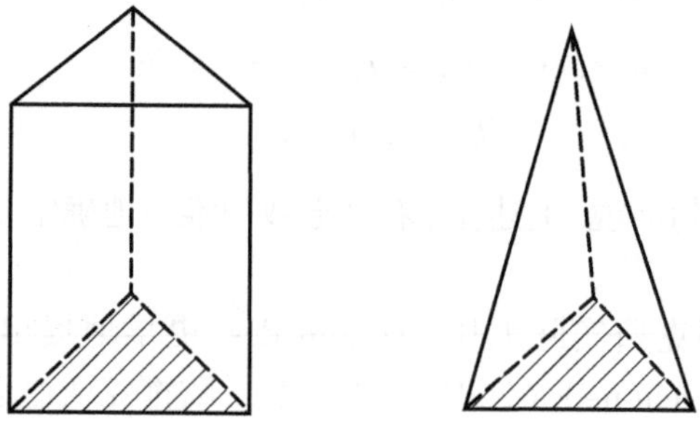

图 2–10

接着, Archimedes 希望用几何学的理论去严格地证明上述经验公式的可靠性. 很自然会试着把三个恒等的三角锥体, 经过适当的有限次切割拼凑, 来组合成一个等底等高的三角柱体. 但是这种尝试是不会成功的 (近代数学可以证明这种有限次切割拼凑的不存在性), 所以 Archimedes 又用上他相当拿手的无限细分逼近法了.

Archimedes 锥体体积公式的证明 设锥体的高为 h, 用 $n-1$ 个相距为 $\frac{h}{n}$ 的平行面把锥体切成一片片厚度为 $\frac{h}{n}$ 的三角台体 (只有第一个是一个锥体), 其中由上往下数 (如图 2–11) 的第 j 个台体的上底为 $\triangle A_{j-1}B_{j-1}C_{j-1}$, 下底为 $\triangle A_jB_jC_j$. 设 $\triangle ABC$ 的面积为 b, 不难由相似形性质推出

$$\triangle A_{j-1}B_{j-1}C_{j-1}\ \text{的面积} = \left(\frac{j-1}{n}\right)^2 b,$$

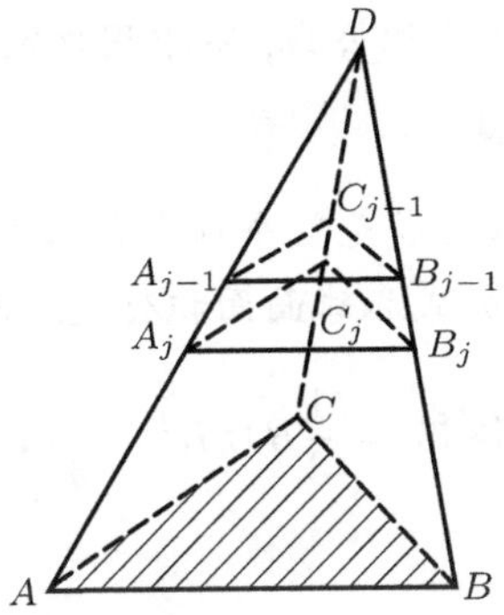

图 2–11

$$\triangle A_jB_jC_j \text{ 的面积} = \left(\frac{j}{n}\right)^2 b.$$

所以就有

$$\begin{aligned}\frac{(j-1)^2}{n^3}bh = \left(\frac{j-1}{n}\right)^2 b\frac{h}{n} &< \text{第 } j \text{ 个台体的体积}\\ &< \left(\frac{j}{n}\right)^2 b\frac{h}{n} = \frac{j^2}{n^3}bh.\end{aligned}$$

将上述不等式逐一相加, 即得

$$\begin{aligned}&\frac{bh}{n^3}[0^2+1^2+2^2+\cdots+(j-1)^2+\cdots+(n-1)^2] < \text{锥体体积}\\ &< \frac{bh}{n^3}(1^2+2^2+\cdots+j^2+\cdots+n^2).\end{aligned}$$

利用平方和的求和公式即得

$$\begin{aligned}&\frac{bh}{3}\left(1-\frac{1}{n}\right)\left(1-\frac{1}{2n}\right) < \text{锥体体积}\\ &< \frac{bh}{3}\left(1+\frac{1}{n}\right)\left(1+\frac{1}{2n}\right).\end{aligned}$$

锥体体积与 $\frac{bh}{3}$ 都是介于 $\frac{bh}{3}\left(1-\frac{1}{n}\right)\left(1-\frac{1}{2n}\right)$ 与 $\frac{bh}{3}(1+n)\left(1+\frac{1}{2n}\right)$ 之间的两个定数, 因为当 n 无限增大时, 上述左、右夹逼数列之差可以任意小, 所以由欧都克斯逼近原理得知两者必相等. 亦即下列公式得证:

$$\text{三角锥体体积} = \frac{1}{3}bh = \frac{1}{3}\times \text{ 底面积 } \times \text{ 高}.$$

推论 1　由上述三角锥体体积公式, 不难用切割相加去推导任何多角锥体体积公式也是 $\frac{1}{3}\times$ 底面积 $\times$ 高.

推论 2　我们可以把球体看成无数个顶点在球心、底面在球面的小锥体的组合, 所以结合上述锥体体积公式和球面面积公式, 即得下述球体体积公式:

$$\text{球体体积} = \frac{1}{3}R4\pi R^2 = \frac{4}{3}\pi R^3.$$

二、圆锥曲线

古希腊的几何学家不但对于圆、球、锥进行研究, 而且还对其他的多种曲线如椭圆、抛物线、双曲线等的性质进行研究并且获得杰出的成果, 其佼佼者当首推公元前 4 世纪的孟奈奇姆和公元前 3 世纪的阿波罗尼. 时隔两千多年, 古希腊的几何学家的那种直观而巧妙的几何思想方法依然光彩照人, 值得后人借鉴. 下面以对这些曲线的最基本性质的推导为例略加说明.

设 l_1, l_2 是相交于 O 点的两条直线, 让 l_2 以 l_1 为轴旋转, 所得的曲面就是一个圆锥面, 再用不过 O 点的平面去切割圆锥面, 所得的曲线叫做**圆锥曲线**, 如图 2–12, 设 l_1 和 l_2 的夹角为 α, 割平面和轴线 l_1 的夹角为 β. 则当 $\beta > \alpha$ 时, 截痕曲线叫做**椭圆**; 当 $\beta = \alpha$ 时, 截痕曲线叫做**抛物线**; 当 $\beta < \alpha$ 时, 截痕曲线分为上下两支, 叫做**双曲线**. 这三类曲线总称为圆锥曲线 (或圆锥截线). 这样就对上述三种曲线有了一种统一的产生办法与处理方式.

现在看一下三种曲线的最基本性质:

(i) 当 $\beta > \alpha$ 时, 如图 2–13, 在圆锥中塞进两个球分别从上、下两方与割平面相切于 F_1 和 F_2 点, 而与圆锥面相切于圆 C_1 和 C_2. 设 P 为截痕上任意一点, 联结直线 OP, 交 C_1, C_2 于 Q_1, Q_2 点, 则有

$$PQ_1 = PF_1, \quad PQ_2 = PF_2 \text{ (切线长相等)},$$

所以

$$PF_1 + PF_2 = Q_1Q_2.$$

再者, 当 P 点在截痕上变动时, Q_1Q_2 的变化就是产生锥面的旋转, 所以当然长度不变, 即 $Q_1Q_2 =$ 定长. 这样就发现了椭圆的几何特性: 椭圆是平面上和两个定点 F_1, F_2 的距离之和等于定长的点的轨迹 (F_1, F_2 叫做它的焦点).

(ii) 当 $\beta < \alpha$ 时, 割平面和圆锥交于上、下两支, 如图 2–14 所示, 我们仍可上、下塞两个切球 (这次它们分居圆锥的上、下两部分), 它们和圆锥分别切于圆 C_1 和 C_2, 和割平面切于 F_1, F_2 点.

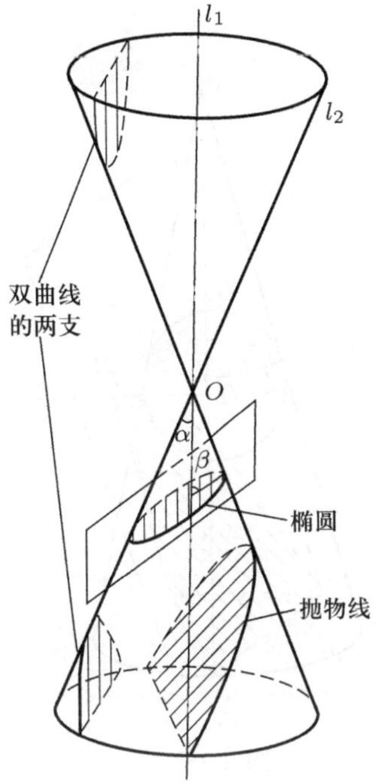

图 2–12

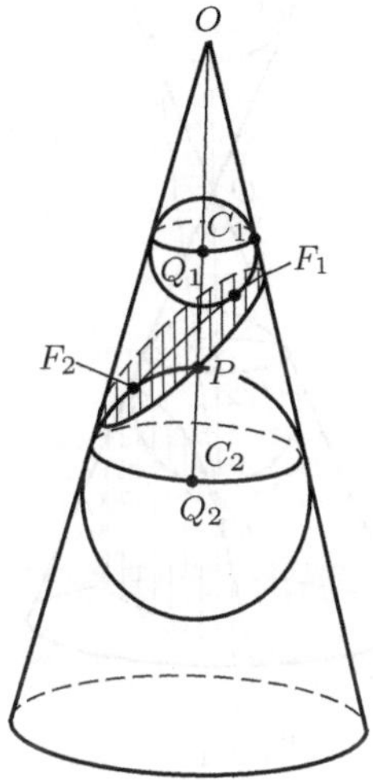

图 2–13

设 P 为截痕上任意一点, 联结直线 OP 分别交 C_1, C_2 于 Q_1, Q_2 点, 则同样地可以得出

$$PF_1 = PQ_1, \quad PF_2 = PQ_2 \text{ (切线长相等)},$$

Q_1Q_2 的长度 (和 P 点的位置无关) 是一个常数, 所以

$$Q_1Q_2 = PQ_1 - PQ_2 = PF_1 - PF_2 = \text{常数}.$$

这样就证明了双曲线的几何特性为: 双曲线是平面上和两个定点的距离之差的绝对值等于常数的点的轨迹 (F_1, F_2 叫做它的焦点).

(iii) 当 $\beta = \alpha$ 时, 割平面和圆锥面交于开口的一支, 如图 2–15, 这时, 我们只能塞一个切球, 它和圆锥相切于圆 C, 和割平面相切于 F 点. 再者, 圆 C 所在的平面和割平面交于一条直线 l, 叫做准线.

设 P 为截痕上的任意一点, 联结 OP 交圆 C 于 Q 点, 再由 P 点向准线 l 作垂线 PR. 由假设, 可以将 PQ 旋转到和 PR 平行的位置 $P'Q'$. 这样, 就不难

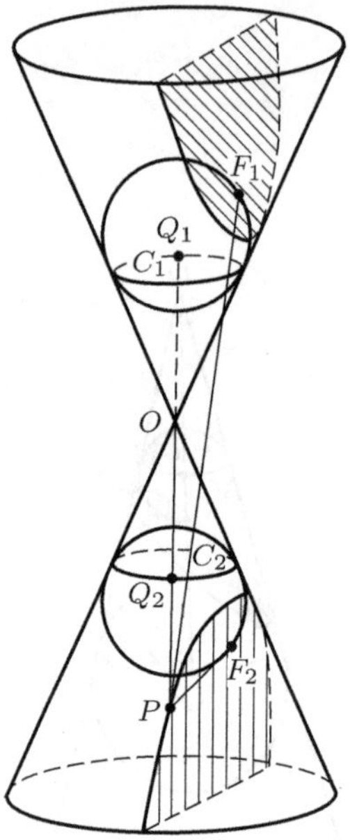

图 2–14

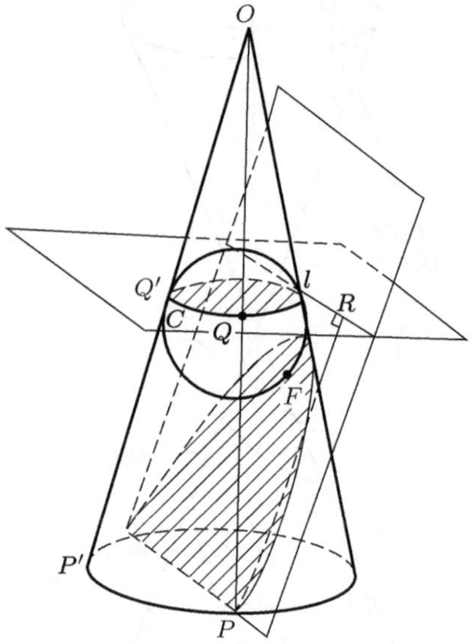

图 2–15

看到

$$PF = PQ \ (\text{切线长相等}),$$
$$PQ = P'Q' \ (\text{旋转、保长}),$$
$$PR = P'Q' \ (\text{平行移动、保长}),$$

所以 $PF = PR = P$ 点到准线的距离.

总结上述讨论, 即得抛物线的几何性质为: 平面上和定点及一定直线距离相等的点的轨迹 (该定点叫做它的焦点, 该定直线叫做它的准线).

三、Euclid 的《几何原本》和 Hilbert 公理系统

Euclid 是亚历山大大学早期的几何学讲座主讲人. 他把当时古希腊在推理几何学上的成就精心整理编组, 写成了一个有系统的演绎几何体系. 全书共有十三卷. 我国最古的译本为明朝万历丁未年 (1607) 由大学士徐光启与天主教徒意大利人 Matteo Ricci 对前六卷的合译本, 取名《几何原本》.

Euclid 在《几何原本》中力图把几何学建筑在一些原始的定义、公设和公理 (也就是基本性质) 的基础上, 然后由这些假设利用逻辑推理 (演绎法) 导出后面的一切定理. 换句话说, 任何一个命题, 不管它多么显而易见, 只要不包含在定

义、公设、公理里就应该证明. 这正是近代公理法的源起. Euclid 所建立的欧氏几何体系统治了几何学长达两千多年. 从 1482 年以来它以各种语言出了 500 版以上.

然而, Euclid 所处的时代毕竟还只是人类文明的初期, 所以限于他所处的时代, Euclid 不可能把以几何学作为根据的基础完美无缺地整理好. 因此《几何原本》的逻辑系统不是很巩固的, 它在好几个地方显示出漏洞来. 正因其如此, 在《几何原本》问世后的两千多年中, 一方面,《几何原本》作为用严格的逻辑来叙述科学的典范, 对整个数学甚至于整个科学起着既深且广的影响; 另一方面, 对于《几何原本》在逻辑上的缺点以及它作为根据的几何基础的批评、整理和研究从未停止过, 我们在第五章中将进一步叙述这一点.

到了 19 世纪上半叶, 非欧几何宣告诞生 (详见第五章), 使得彻底整理几何学全部的逻辑基础成为一个迫切的任务. 到了 19 世纪末, 已经发表了许多这方面的研究. 近代数学各分支的发展和成熟也为对这个问题作出完善的解决创造了条件. 德国数学家 Hilbert 在他杰出的重要著作《几何学基础》一书中, 把《几何原本》中的定义、公设和公理加以精选、补充和逻辑加工, 建立了一个完善的公理系统, 使得《几何原本》中的缺点全部得到修正, 从而使欧氏几何获得了牢固的基础.

Hilbert 公理系统归结为下述五类公理:

第一类公理 关联公理 (从属公理)

(1) 已知 A 和 B 两点, 恒有一直线 a, 它属于 A 和 B 这两点的每一点, 而且 A 和 B 这两点的每一点也属于 a.

(2) 已知 A 和 B 两点, 至多有一直线, 它属于 A 和 B 这两点的每一点, 而且 A 和 B 这两点的每一点也属于这一直线.

(3) 一直线上至少有两点; 至少有三点不在同一直线上.

(4) 已知不在同一直线上的 A, B 和 C 三点, 恒有一平面 α, 它属于 A, B 和 C 这三点的每一点, 而且 A, B 和 C 这三点的每一点也属于 α. 已知一平面, 恒有一点属于这一平面, 而且这一平面也属于这一点.

(5) 已知不在同一直线上的 A, B 和 C 三点, 至多有一平面, 它属于 A, B 和 C 这三点的每一点, 而且 A, B 和 C 这三点的每一点也属于这一平面.

(6) 若一直线 a 的 A 和 B 两点在一平面 α 上, 则 a 的每一点都在平面 α 上.

(7) 若 α 和 β 两平面有一公共点 A, 它们至少还有另一公共点 B.

(8) 至少有四点不在同一平面上.

第二类公理 次序公理

(1) 若一点 B 在一点 A 和一点 C 之间, 则 A, B 和 C 是一直线上不同的三点, 而且 B 也在 C 和 A 之间.

(2) 已知 A 和 C 两点, 直线 AC 上至少恒有一点 B, 使得 C 在 A 和 B 之间.

(3) 一直线的任意三点中, 至多有一点在其他两点之间.

(4) 设 A, B 和 C 是不在同一直线上的三点, 设 a 是平面 ABC 上的一直线, 但不通过 A, B, C 这三点中的任一点, 若直线 a 通过线段 AB 的一点, 则它必定也通过线段 AC 的一点或通过线段 BC 的一点.

第三类公理　合同公理

(1) 设 A 和 B 是一直线 a 上的两点, A' 是这一直线或另一直线 a' 上的一点, 而且给定了直线 a' 上 A' 的一侧, 则在直线 a' 上 A' 的这一侧, 恰有一点 B', 使得线段 AB 和线段 $A'B'$ 合同或相等, 用记号表示, 即 $AB \equiv A'B'$.

(2) 若两线段 $A'B'$ 和 $A''B''$ 都和另一线段 AB 合同, 则这两线段 $A'B'$ 和 $A''B''$ 也合同; 简言之, 若 $A'B' \equiv AB$, 而且 $A''B'' \equiv AB$, 则 $A'B' \equiv A''B''$.

(3) 设两线段 AB 和 BC 在同一直线 a 上, 除 B 外无公共点, 而且两线段 $A'B'$ 和 $B'C'$ 在这一直线或另一直线 a' 上, 除 B' 外也无公共点, 若 $AB \equiv A'B'$, 而且 $BC \equiv B'C'$, 则 $AC \equiv A'C'$.

(4) 设给定了一平面 α 上一个角 $\angle(r,k)$, 一平面 α' 上的一直线 a' 和在 α' 上 a' 的一侧, r' 是 α' 上的从一点 O' 起始的一条射线, 则平面 α' 上恰有一条射线 k', 使角 $\angle(r,k)$ 与角 $\angle(r',k')$ 合同或相等, 而且使角 $\angle(r',k')$ 的内部在 α' 的给定的一侧; 用记号表示, 即 $\angle(r,k) \equiv \angle(r',k')$. 每一个角和它自己合同, 即 $\angle(r,k) \equiv \angle(r,k)$.

注　设 α 是任一平面, 而且 r 和 k 是 α 上从一点 O 出发的不属于同一直线的两条射线, 我们把这一对射线 r 和 k 叫做一个角, 用 $\angle(r,k)$ 或 $\angle(r',k')$ 表示. 射线 r 和射线 k 叫做这个角的边, O 点称为这个角的顶点. 若 A, C 分别是 r, k 上的一点, 那么这个角也可用 $\angle AOC$ 表示.

(5) 两个三角形 $\triangle ABC$ 和 $\triangle A'B'C'$ 若有下列合同式:

$$AB \equiv A'B', \quad AC \equiv A'C', \quad \angle BAC \equiv \angle B'A'C',$$

则也恒有合同式: $\triangle ABC \equiv \triangle A'B'C'$.

第四类公理　平行公理 (又称 Euclid 第五公设)

设 a 是任一直线, A 是 a 外的任一点, 在 a 和 A 所决定的平面上, 至多有一条直线通过 A, 而且不和 a 相交.

第五类公理 连续公理

(1) (*度量公理或 Archimedes 公理*) 若 AB 和 CD 是任意两线段, 从点 A 起始并通过点 B 的射线 AB 上必有这样的有限个点 $A_1, A_2, \cdots, A_n$, 使得线段 $AA_1, A_1A_2, \cdots, A_{n-1}A_n$ 都和线段 CD 合同, 而且 B 在 A 和 A_n 之间.

(2) (*直线完全性公理*) 一直线上的点所成的点集, 在保持直线上的次序、第一条合同公理和 Archimedes 公理的条件之下, 不可能再行扩充.

这五类公理决定了欧氏几何体系. 换句话说, 从这个公理系统出发, 运用逻辑推理的方法可以演绎出整个欧氏几何. 读者不妨选择一两个几何定理来加以证明. 这种用公理系统定义几何学的基本对象 (如点、直线、平面等) 及其关系 (如属于、介于、合同于等) 的研究方法叫做**公理法**, 它已成为数学中的一个重要学派.

虽然公理法有着其高度抽象概括的优点, 然而, 一个公理系统的选择乃是在人们认识客观世界和解决实际问题的过程中完成的. 如果一个公理系统不能找到合理的、实用的数理模型去解释它, 那么它是没有生命力的. Hilbert 的公理系统正是对实验几何学和推理几何学在描述现实空间和解决实际问题中获得的那些简要的基本性质的抽象概括, 它的基本对象, 如点、直线和平面等, 都可以有具体的直观解释.

从前面对于叠合和反射对称的关系的分析, 不难发现 Hilbert 公理系统中的合同公理实质上就是空间的反射对称性. 也就是说, 合同是图形经过反射对称及其组合的结果, 而后者是实现合同的动作 (或变换). 所以, 在公理系统中用反射对称性 (从而确立图形合同的概念) 来替代合同公理在逻辑上将是完全等价的. 这一种替代应该说是更为自然的. 利用这种想法, 在第六章中我们将简单明了地对欧氏、非欧和球面几何进行统一的处理.

习 题

1. 试证: 在一个三角形中, 大边对应大角, 或大角对应大边.
2. 试证: 一个平行四边形的对角线互相平分.
3. 试给出勾股定理的两个不同证明.
4. 试用辗转丈量检验法则证明正方形的边长和对角线长不可公度.
5. 试用逼近法证明半径为 R 的球面面积为 $4\pi R^2$.
6. 试直接从关联公理出发证明: 每个平面至少有三个不在一条直线上的点.
7. 试直接从关联公理及次序公理出发证明: 对于任意两个点 A 及 C, 在直线 AC 上至少存在一个点 B, 使得 B 在 A 和 C 之间.

8. 设 F_1, F_2 是平面上的两个定点, Γ 是由所有满足

$$|XF_1| + |XF_2| = 2a$$

的点所组成的椭圆, P 是其上一点, l 是过 P 点的 $\triangle PF_1F_2$ 的外角平分线, 试证: 对于 l 上任何其他一点 Y 均有

$$|YF_1| + |YF_2| > 2a.$$

换句话说, 直线 l 除了 P 点在椭圆上, 其他各点均在椭圆之外, 所以 l 就是椭圆在 P 点的切线. 请想一下上述切线的几何性质有什么光学意义.

9. 设 F_1, F_2 是平面上的两个定点, Γ 是所有满足

$$|XF_1| - |XF_2| = \pm 2a$$

的点所组成的双曲线, P 是其上一点, l 是过 P 点的 $\triangle PF_1F_2$ 的内角平分线. 试证: 对于 l 上任何其他一点 Y 均有

$$|YF_1| - |YF_2| < 2a.$$

所以 l 就是双曲线在 P 点的切线, 请想一下上述双曲线切线的几何性质有什么光学意义.

10. 与上面习题 8 和 9 相仿, 试研究抛物线切线的几何性质及其光学意义.

第三章　解析几何学

在第一章所讨论的实验几何学中，所用的方法基本上是观察、分析、实验、归纳, 从而总结出一系列简要的空间基本性质. 上一章中所介绍的推理几何学, 乃是以实验几何学总结所得的空间基本性质为基础, 改用逻辑推理, 建立演绎体系, 大力地把空间的理解往深度和广度上拓展. 在这一章所要探讨的解析几何学则是以推理几何学的知识为基础, 把空间的几何结构代数化 (亦即数量化). 这样才可以把空间的研究从 "定性" 推进到 "定量" 的深度.

例如, 对于上一章一开头所研究的恒等形, 我们得出各种三角形的恒等条件, 如 s.a.s, a.s.a, s.s.s 等. 这些条件足以完全确定一个三角形的形状和大小, 是一种定性的结果. 但是, 在实用的问题中 (例如测量问题), 我们所要求的是: 由一个三角形某些角、边的测定量 (例如一边的边长和两夹角的角度) 去计算它的其他角和边应有的值. 这是一种定量的问题. 概括地来说, 很多数学的应用往往要求把事物的理解推进到有效能算的定量层面. 本章所要讨论的解析几何学, 可以说就是空间问题的定量理论.

第一节　空间结构的代数化 —— 向量及其运算

我们要着手把几何学的讨论推进到定量的层面, 最自然也是最根本的做法就是设法把空间的结构有系统地代数化. 一般说来, 并不是任意一个几何学的空间都可以代数化的, 例如以后将论述的球面几何、非欧几何的空间就只能解析化 (其中的点可以用坐标表示) 而不能代数化. 然而, 欧氏体系却存在着全空间的平行移动和相似, 这两个良好的几何性质为空间结构的代数化提供了可能性. 换句话说, 可以用一些基本几何量和它的某些代数运算来描述空间的结构, 这就是本节要讨论的向量 (亦即位差) 和向量的三种运算: 加法、倍积和内积.

一、 位移向量及其加法和倍积

"位置" 是空间中最原始的几何概念, 但是它本身并不构成一种量. 然而可以把两点之间位置上的差别 (简称为位差) 看成一种 "量". 只不过这种量同时含有 "距离的大小" 和 "方向" 这两种要素. 我们把这种既有大小又带有方向的量称为**向量**.

具体地说, 设 A, B 是空间的两点 (它们表示着空间的两个位置), 则有向线段 $\overrightarrow{AB}$ 就表示一个向量.

设 A', B' 是空间的另外两点, 由于空间存在着全局的平行移动, 我们可以将 $\overrightarrow{A'B'}$ 平行移动使得 A' 与 A 重合, 此时若 B' 与 B 重合, 也即 $\overrightarrow{A'B'}$ 和 $\overrightarrow{AB}$ 等长且同向 (即平行), 那么, 由于 $\overrightarrow{AB}$ 与 $\overrightarrow{A'B'}$ 在距离和方向这两个要素上完全一致, 所以很自然地我们可以把它们看做是同一个向量. 换句话说, 方向相同而且长度相等的两个有向线段表示同一个向量. 在这个意义上, 一个向量就是有向线段按方向相同且长度相等这个等价关系划分的一个等价类.

任一个向量总可以用以任意给定的点 A 为起点的一个有向线段 $\overrightarrow{AB}$ 表示, 即 $\boldsymbol{a}=\overrightarrow{AB}$ (试述理由). 为方便起见, 我们规定, 长度为 0 的向量为零向量, 记为 $\mathbf{0}$. 当 $A=B$ 时, $\overrightarrow{AB}=\mathbf{0}$. 和 $\boldsymbol{a}$ 长度相等而方向相反的向量, 称为 $\boldsymbol{a}$ 的反向量, 记为 $-\boldsymbol{a}$; 这样 $\overrightarrow{AB}=-\overrightarrow{BA}$.

由于全局平行移动的存在, 显然由下面法则确定的向量加法是合理的.

定义　设 $\boldsymbol{a}=\overrightarrow{AB}, \boldsymbol{b}=\overrightarrow{BC}$, 则向量 $\overrightarrow{AC}$ 称为向量 $\boldsymbol{a}$ 与 $\boldsymbol{b}$ 的**和**, 记为 $\boldsymbol{a}+\boldsymbol{b}$ (如图 3–1).

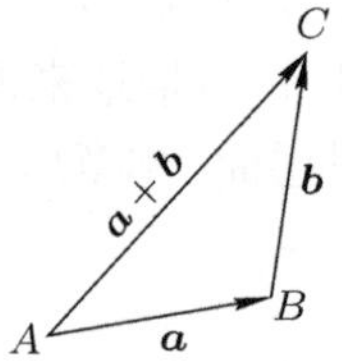

图 3–1

读者不难证明下述的

向量加法的运算律　向量加法满足下列运算律:

(i) 结合律: 即 $(\boldsymbol{a}+\boldsymbol{b})+\boldsymbol{c}=\boldsymbol{a}+(\boldsymbol{b}+\boldsymbol{c})$;

(ii) 交换律: 即 $\boldsymbol{a}+\boldsymbol{b}=\boldsymbol{b}+\boldsymbol{a}$;　　(3.1)

(iii) $\boldsymbol{a}+\mathbf{0}=\mathbf{0}+\boldsymbol{a}=\boldsymbol{a}, \boldsymbol{a}+(-\boldsymbol{a})=(-\boldsymbol{a})+\boldsymbol{a}=\mathbf{0}$.

在推理几何中有 “平行四边形定理”, 即: 一个四边形中, 若一组对边平行且相等, 则另一组对边也平行且相等. 值得指出的是, 上述 “平行四边形定理” 的代数形式就是向量加法的交换律.

上一章讨论了相似这个基本概念. 直观地说, 相似就是放大或缩小. 把相似和位移向量这两个概念相结合, 就是下述向量倍积的定义.

向量倍积 设 $\boldsymbol{a}$ 是任给一个非零向量, k 是一个正实数, 则 $k\boldsymbol{a}$ 就定义为与 $\boldsymbol{a}$ 同向而长度恰为其 k 倍的那个向量; 若 k 是一个负实数, 则 $k\boldsymbol{a}$ 就定义为与 $\boldsymbol{a}$ 反向而长度恰为其 $|k|$ 倍的那个向量. $k\boldsymbol{a}$ 称为 k 与 $\boldsymbol{a}$ 的**倍积**. 规定 $0\cdot\boldsymbol{a}=\boldsymbol{0}, k\cdot\boldsymbol{0}=\boldsymbol{0}$.

应用推理几何的知识不难证明下述的

向量倍积的运算律 向量倍积满足下列运算律:

(i) $(k+l)\boldsymbol{a}=k\boldsymbol{a}+l\boldsymbol{a}$;

(ii) $k(\boldsymbol{a}+\boldsymbol{b})=k\boldsymbol{a}+k\boldsymbol{b}$; (3.2)

(iii) $k(l\boldsymbol{a})=(kl)\boldsymbol{a}$.

值得指出的事实是, 分配律 $k(\boldsymbol{a}+\boldsymbol{b})=k\boldsymbol{a}+k\boldsymbol{b}$ 恰好是相似三角形基本定理的代数形式.

二、长度、角度与向量的内积

在几何学的研究中, 长度与角度是最常用的基本几何量, 而本节所讨论的向量, 本身就包含着距离和方向这两个要素, 例如, $\overrightarrow{AB}=\boldsymbol{a}, \overrightarrow{AC}=\boldsymbol{b}$, 则 $\boldsymbol{a}$ 的距离要素也就是线段 AB 的长度, $\boldsymbol{b}$, $\boldsymbol{a}$ 这两个方向之差也就是 $\angle BAC$ 的角度.

我们将用符号 $|\boldsymbol{a}|$ 表示 $\boldsymbol{a}$ 的长度 (亦即其距离要素).

用符号 $\langle\boldsymbol{a}, \boldsymbol{b}\rangle$ 表示 $\boldsymbol{a}$, $\boldsymbol{b}$ 之间的夹角 (亦即 $\boldsymbol{b}$, $\boldsymbol{a}$ 的方向之差). 规定 $\langle\boldsymbol{a},\boldsymbol{b}\rangle$ 介于 0 和 π 之间.

我们能不能引进另一种易算好用的向量运算, 它能够用来有效地解决关于长度和角度的问题呢? 换句话说, 我们要寻找两个向量之间的一种运算, 它能同时包含长度和角度, 不仅如此, 它还应该具备良好的运算规律.

分析 (i) 在讨论推理几何时, 我们已看到三角形是最简单也是最基本的图形, 所以上述问题还得从三角形着手. 从向量的观点来看, $\triangle ABC$ 的三边就是 $\boldsymbol{a}=\overrightarrow{AB}, \boldsymbol{b}=\overrightarrow{BC}$ 和 $\overrightarrow{AC}=\boldsymbol{a}+\boldsymbol{b}$, 而 $\langle\boldsymbol{a},\boldsymbol{b}\rangle=\pi-\angle ABC$ (图 3–2).

(ii) 从图 3–2 可以看出, 在 $\triangle ABC$ 中包含了 $\boldsymbol{a},\boldsymbol{b}$ 和 $\langle\boldsymbol{a},\boldsymbol{b}\rangle$, 所以, 我们自然地想到可利用三角形的边角关系来定义所求的那种运算. 欧氏几何中最基本的一个定理 —— 余弦定理为

$$|\boldsymbol{a}+\boldsymbol{b}|^2=|\boldsymbol{a}|^2+|\boldsymbol{b}|^2-2|\boldsymbol{a}||\boldsymbol{b}|\cos\angle ABC,$$

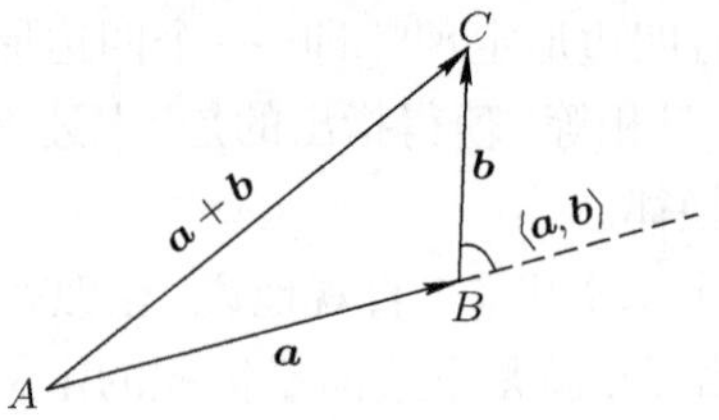

图 3–2

即

$$|\boldsymbol{a}||\boldsymbol{b}|\cos\langle\boldsymbol{a},\boldsymbol{b}\rangle=\frac{1}{2}(|\boldsymbol{a}+\boldsymbol{b}|^2-|\boldsymbol{a}|^2-|\boldsymbol{b}|^2).$$

上式的左边同时包含着 $\boldsymbol{a}$ 和 $\boldsymbol{b}$ 的长度和角度, 因此, 我们初步地把所求的那种运算确定如下:

定义 $\boldsymbol{a}\cdot\boldsymbol{b}=\frac{1}{2}(|\boldsymbol{a}+\boldsymbol{b}|^2-|\boldsymbol{a}|^2-|\boldsymbol{b}|^2)$ $(=|\boldsymbol{a}||\boldsymbol{b}|\cos\langle\boldsymbol{a},\boldsymbol{b}\rangle)$ 叫做向量的**内积**, 它是一个实数.

(iii) 还要进一步探讨上述定义的内积运算是否具备良好的运算规律. 事实上, 我们有

内积的运算规律 内积运算满足

(i) 正定性: $\boldsymbol{a}\cdot\boldsymbol{a}=|\boldsymbol{a}|^2\geqslant 0$, 等号成立当且仅当 $\boldsymbol{a}=\boldsymbol{0}$;

(ii) 对称性: $\boldsymbol{a}\cdot\boldsymbol{b}=\boldsymbol{b}\cdot\boldsymbol{a}$; (3.3)

(iii) $(k\boldsymbol{a})\cdot\boldsymbol{b}=\boldsymbol{a}\cdot(k\boldsymbol{b})=k(\boldsymbol{a}\cdot\boldsymbol{b})$;

(iv) 分配律: $\boldsymbol{a}\cdot(\boldsymbol{b}+\boldsymbol{c})=\boldsymbol{a}\cdot\boldsymbol{b}+\boldsymbol{a}\cdot\boldsymbol{c}$.

证明 (i) 和 (ii) 直接从定义可验证. 在证明 (iii) 之前, 先注意到, 若向量 $\boldsymbol{a}$ 分解为平行于 $\boldsymbol{b}$ 的向量 $\lambda\boldsymbol{b}$ 与正交于 $\boldsymbol{b}$ 的向量 $\boldsymbol{a}^{\perp}$ 之和 (图 3–3): $\boldsymbol{a}=\lambda\boldsymbol{b}+\boldsymbol{a}^{\perp}$, 则由内积定义及勾股定理有

$$\begin{aligned}\boldsymbol{a}\cdot\boldsymbol{b}&=\frac{1}{2}[|(\lambda+1)\boldsymbol{b}+\boldsymbol{a}^{\perp}|^2-|\lambda\boldsymbol{b}+\boldsymbol{a}^{\perp}|^2-|\boldsymbol{b}|^2]\\&=\frac{1}{2}[(\lambda+1)^2|\boldsymbol{b}|^2+|\boldsymbol{a}^{\perp}|^2-\lambda^2|\boldsymbol{b}|^2-|\boldsymbol{a}^{\perp}|^2-|\boldsymbol{b}|^2]\\&=\lambda|\boldsymbol{b}|^2.\end{aligned}$$

于是, $(k\boldsymbol{a})\cdot\boldsymbol{b}=(k\lambda\boldsymbol{b}+k\boldsymbol{a}^{\perp})\cdot\boldsymbol{b}=k\lambda|\boldsymbol{b}|^2=k(\boldsymbol{a}\cdot\boldsymbol{b})$, 同理, $\boldsymbol{a}\cdot(k\boldsymbol{b})=k(\boldsymbol{a}\cdot\boldsymbol{b})$, 这就证明了 (iii).

下面来证明分配律 (iv). 设有分解式 $\boldsymbol{b}=k\boldsymbol{a}+\boldsymbol{b}^{\perp},\boldsymbol{c}=\lambda\boldsymbol{a}+\boldsymbol{c}^{\perp}$, 则 $\boldsymbol{b}+\boldsymbol{c}=(k+\lambda)\boldsymbol{a}+(\boldsymbol{b}^{\perp}+\boldsymbol{c}^{\perp})$, 所以 $\boldsymbol{a}\cdot(\boldsymbol{b}+\boldsymbol{c})=(k+\lambda)|\boldsymbol{a}|^2$; 另一方面, $\boldsymbol{a}\cdot\boldsymbol{b}=k|\boldsymbol{a}|^2,\boldsymbol{a}\cdot\boldsymbol{c}=\lambda|\boldsymbol{a}|^2$, 相加就得到 (iv).

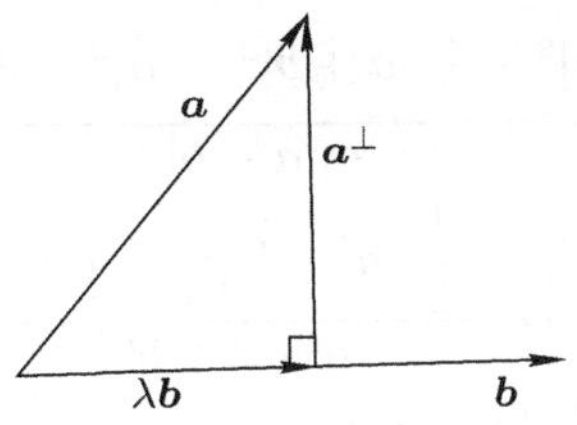

图 3–3

综上所述, 由

$$\boldsymbol{a}\cdot\boldsymbol{b}=\frac{1}{2}[|\boldsymbol{a}+\boldsymbol{b}|^2-|\boldsymbol{a}|^2-|\boldsymbol{b}|^2]$$

定义的向量内积具备良好的运算律, 特别是它的分配律恰好就是勾股定理这个欧氏度量基本定理的代数形式. 两个向量 $\boldsymbol{a}, \boldsymbol{b}$ 的内积 $\boldsymbol{a}\cdot\boldsymbol{b}=|\boldsymbol{a}||\boldsymbol{b}|\cos\langle\boldsymbol{a}\cdot\boldsymbol{b}\rangle$, 同时包含了长度和角度这两个基本几何量.

三、应用实例

从欧氏几何所特有的全局平移、相似以及勾股定理出发, 通过前面两段的分析, 我们引入了向量及其三种代数运算: 加法、倍积和内积, 完成了空间结构的代数化. 这样, 当然就可以把几何的推理化为以向量运算律为基础的代数计算, 解析几何的基础理论和基本原理就是把几何的讨论归于向量的运算和有效地运用运算律而求解. 换句话说, 解析几何就是用向量代数去研究几何学. 下面让我们看一些实例, 更多的例子留给读者作为习题.

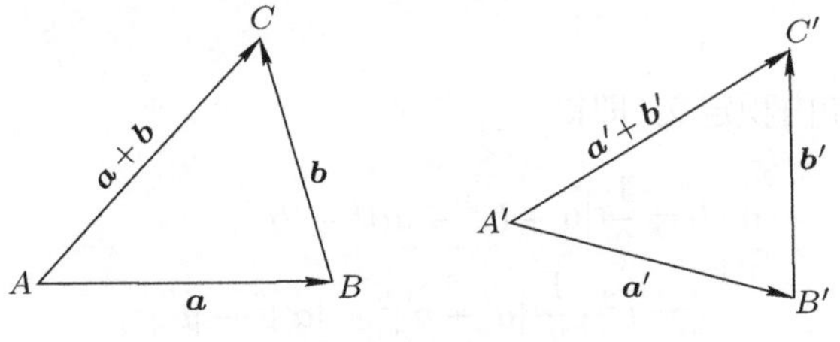

图 3–4

例 1 (s.s.s) 若两个三角形三边对应相等, 则三个角对应相等.

证明 如图 3–4, 已知 $|\boldsymbol{a}|=|\boldsymbol{a}'|, |\boldsymbol{b}|=|\boldsymbol{b}'|, |\boldsymbol{a}+\boldsymbol{b}|=|\boldsymbol{a}'+\boldsymbol{b}'|$. 则因为

$$\cos A=\frac{\boldsymbol{a}\cdot(\boldsymbol{a}+\boldsymbol{b})}{|\boldsymbol{a}||\boldsymbol{a}+\boldsymbol{b}|}=\frac{\boldsymbol{a}^2+\boldsymbol{a}\cdot\boldsymbol{b}}{|\boldsymbol{a}||\boldsymbol{a}+\boldsymbol{b}|}$$

$$= \frac{|\boldsymbol{a}|^2 + \frac{1}{2}(|\boldsymbol{a}+\boldsymbol{b}|^2 - |\boldsymbol{a}|^2 - |\boldsymbol{b}|^2)}{|\boldsymbol{a}||\boldsymbol{a}+\boldsymbol{b}|}$$
$$= \frac{|\boldsymbol{a}'|^2 + \frac{1}{2}(|\boldsymbol{a}'+\boldsymbol{b}'|^2 - |\boldsymbol{a}'|^2 - |\boldsymbol{b}'|^2)}{|\boldsymbol{a}'||\boldsymbol{a}'+\boldsymbol{b}'|}$$
$$= \frac{\boldsymbol{a}' \cdot (\boldsymbol{a}'+\boldsymbol{b}')}{|\boldsymbol{a}'||\boldsymbol{a}'+\boldsymbol{b}'|} = \cos A',$$

从而 $\angle A = \angle A'$. 同理, 其余两个角对应相等.

例 2　试用向量运算说明 "相似三角形的逆定理", 即若两个三角形的三边对应成比例, 则其三角对应相等.

证明　在图 3-5 中只要从已知条件

$$\frac{|\boldsymbol{a}|}{|\boldsymbol{a}'|} = \frac{|\boldsymbol{b}|}{|\boldsymbol{b}'|} = \frac{|\boldsymbol{a}+\boldsymbol{b}|}{|\boldsymbol{a}'+\boldsymbol{b}'|} = k$$

推出 $\theta = \theta'$ 即可, 或等价地推出 $\cos\theta = \cos\theta'$ 即可.

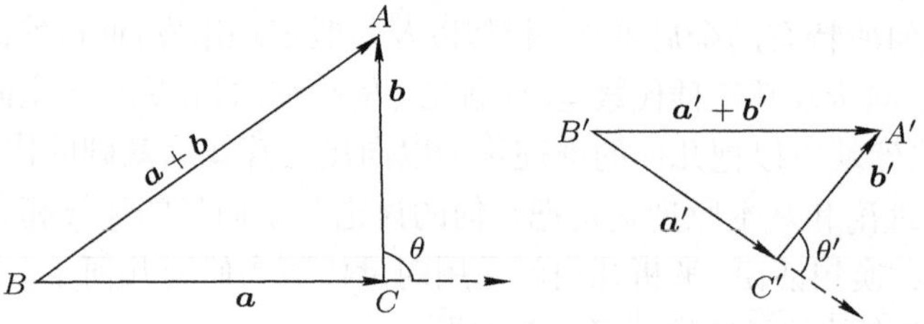

图 3-5

由已知条件和内积定义, 即得

$$\begin{aligned}\boldsymbol{a} \cdot \boldsymbol{b} &= \frac{1}{2}(|\boldsymbol{a}+\boldsymbol{b}|^2 - |\boldsymbol{a}|^2 - |\boldsymbol{b}|^2) \\ &= k^2 \cdot \frac{1}{2}(|\boldsymbol{a}'+\boldsymbol{b}'|^2 - |\boldsymbol{a}'|^2 - |\boldsymbol{b}'|^2) \\ &= k^2(\boldsymbol{a}' \cdot \boldsymbol{b}'), \\ |\boldsymbol{a}||\boldsymbol{b}| &= k^2|\boldsymbol{a}'||\boldsymbol{b}'|,\end{aligned}$$

所以

$$\begin{aligned}\cos\theta &= \frac{\boldsymbol{a} \cdot \boldsymbol{b}}{|\boldsymbol{a}||\boldsymbol{b}|} = \frac{k^2(\boldsymbol{a}' \cdot \boldsymbol{b}')}{k^2|\boldsymbol{a}'||\boldsymbol{b}'|} = \frac{\boldsymbol{a}' \cdot \boldsymbol{b}'}{|\boldsymbol{a}'||\boldsymbol{b}'|} \\ &= \cos\theta'.\end{aligned}$$

例 3 试用向量运算表达三角形的面积.

解 设三角形的一个角是 θ, 它的两条夹边分别是向量 $\boldsymbol{a}, \boldsymbol{b}$, 如图 3–6. 则

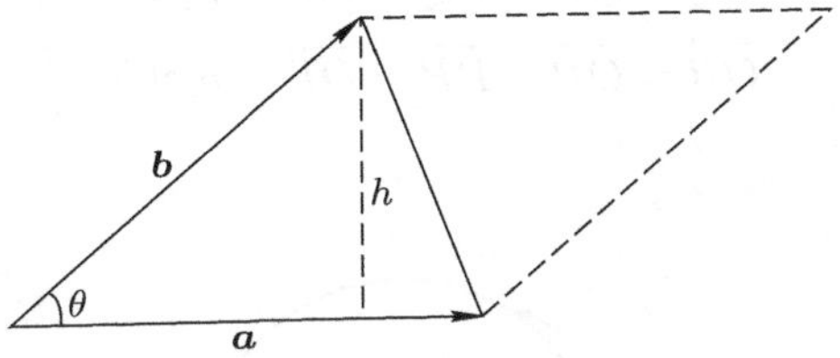

图 3–6

$$\begin{aligned}三角形面积 &= \frac{1}{2} \times 平行四边形面积 = \frac{1}{2} \times 底 \times 高\\ &= \frac{1}{2}|\boldsymbol{a}|h = \frac{1}{2}|\boldsymbol{a}||\boldsymbol{b}|\sin\theta.\end{aligned}$$

因为 $\cos\theta$ 可以用向量内积直接来表达, $\sin^2\theta = 1 - \cos^2\theta$, 所以我们可以把上面的三角形面积公式两边平方, 即

$$\begin{aligned}(三角形面积)^2 &= \frac{1}{4}|\boldsymbol{a}|^2|\boldsymbol{b}|^2\sin^2\theta\\ &= \frac{1}{4}(\boldsymbol{a}\cdot\boldsymbol{a})(\boldsymbol{b}\cdot\boldsymbol{b})(1-\cos^2\theta)\\ &= \frac{1}{4}(\boldsymbol{a}\cdot\boldsymbol{a})(\boldsymbol{b}\cdot\boldsymbol{b})\left[1 - \frac{(\boldsymbol{a}\cdot\boldsymbol{b})^2}{(\boldsymbol{a}\cdot\boldsymbol{a})(\boldsymbol{b}\cdot\boldsymbol{b})}\right]\\ &= \frac{1}{4}[(\boldsymbol{a}\cdot\boldsymbol{a})(\boldsymbol{b}\cdot\boldsymbol{b}) - (\boldsymbol{a}\cdot\boldsymbol{b})^2].\end{aligned}$$

注 上述公式也证明了总成立不等式:

$$(\boldsymbol{a}\cdot\boldsymbol{a})(\boldsymbol{b}\cdot\boldsymbol{b}) - (\boldsymbol{a}\cdot\boldsymbol{b})^2 \geqslant 0.$$

并且左边的表达式恰是以 $\boldsymbol{a}, \boldsymbol{b}$ 为边的平行四边形面积的平方. 读者不妨去证明一下: 这个不等式就是 "三角形两边之和大于第三边" 这个基本的几何不等式的代数形式.

例 4 (圆幂定理) 设 P 为圆 Γ 外的一点, $\overrightarrow{PT}$ 是 P 到 Γ 的一条切线, l 是由 P 点出发的任意一条射线, 交 Γ 于 Q, R 两点, 如图 3–7, 则 $|\overrightarrow{PQ}||\overrightarrow{PR}| = |\overrightarrow{PT}|^2$ (= 常数).

证明 设 O 为 Γ 的圆心, r 为 Γ 的半径. 令 $\boldsymbol{u}$ 为射线 l 的方向上的单位向量 ($|\boldsymbol{u}|=1$), ρ_1, ρ_2 分别是 $\overrightarrow{PQ},\overrightarrow{PR}$ 的长度, 则

$$\overrightarrow{OQ}=\overrightarrow{OP}+\overrightarrow{PQ}=\overrightarrow{OP}+\rho_1\boldsymbol{u},$$
$$\overrightarrow{OR}=\overrightarrow{OP}+\overrightarrow{PR}=\overrightarrow{OP}+\rho_2\boldsymbol{u}.$$

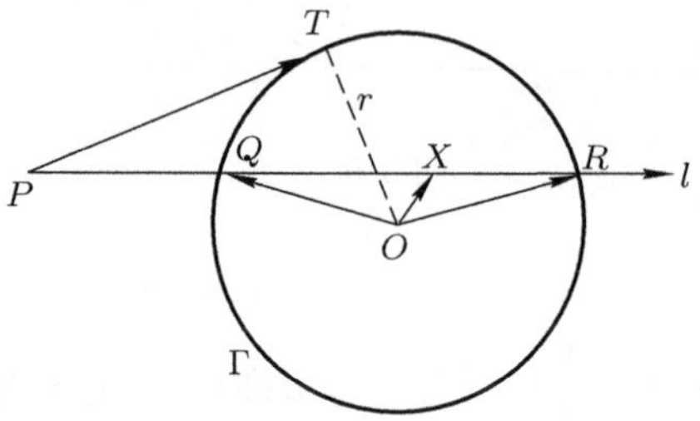

图 3–7

设 X 是射线 l 上的动点, $\overrightarrow{PX}$ 的长度为 x, 则 $\overrightarrow{PX}=x\boldsymbol{u}$,

$$\overrightarrow{OX}=\overrightarrow{OP}+\overrightarrow{PX}=\overrightarrow{OP}+x\boldsymbol{u}.$$

而 X 点在圆 Γ 上的充要条件就是 $\overrightarrow{OX}\cdot\overrightarrow{OX}=r^2$. 换句话说, $\rho_1\rho_2$ 就是下面关于 x 的方程的两个根:

$$\overrightarrow{OX}\cdot\overrightarrow{OX}=(\overrightarrow{OP}+x\boldsymbol{u})\cdot(\overrightarrow{OP}+x\boldsymbol{u})=r^2,$$

即

$$x^2+2(\overrightarrow{OP}\cdot\boldsymbol{u})x+|\overrightarrow{OP}|^2-r^2=0,$$

由二次方程的根与系数的关系即得

$$|\overrightarrow{PQ}||\overrightarrow{PR}|=\rho_1\rho_2=|\overrightarrow{OP}|^2-r^2=|\overrightarrow{PT}|^2\ (=\text{ 常数}).$$

第二节 Grassmann 代数

在上一节中, 我们所做的是: 利用两点的位差确定向量的概念, 然后在由向量构成的集合 (空间) 中引入三种运算: 加法、倍积和内积, 这样就可以将欧氏几何的基本性质和定理用向量及其代数运算来描述. 这样一个将空间结构代数化的思想有着两个方向的直接推广, 一个是高维欧氏空间的代数化 —— 高维欧氏向量空间, 另一个是高维基本几何图形 (平行四边形、平行六面体等) 的向量表示 —— Grassmann 代数. 这就是本节所要讨论的内容.

一、高维欧氏向量空间

先叙述一个基本概念.

定义 设 $\boldsymbol{a}_1,\cdots,\boldsymbol{a}_n$ 是 n 个向量, 如果存在 n 个不全为零的实数 $\lambda_1,\cdots,\lambda_n$, 使得 $\lambda_1\boldsymbol{a}_1+\cdots+\lambda_n\boldsymbol{a}_n=\boldsymbol{0}$, 则称这 n 个向量 $\boldsymbol{a}_1,\cdots,\boldsymbol{a}_n$ **线性相关**, 否则, 称为**线性独立** (或线性无关). 也即从 $\lambda_1\boldsymbol{a}_1+\cdots+\lambda_n\boldsymbol{a}_n=\boldsymbol{0}$, 必有 $\lambda_1=\cdots=\lambda_n=0$ 时, $\boldsymbol{a}_1,\cdots,\boldsymbol{a}_n$ 线性独立.

回到欧氏平面几何的场合, 我们有

平面向量基本定理 设 $\boldsymbol{a},\boldsymbol{b}$ 是两个线性无关的向量, 则对于任给向量 $\boldsymbol{c}$, 下述向量方程

$$\boldsymbol{c}=x\boldsymbol{a}+y\boldsymbol{b}$$

存在唯一的一组解 (x,y).

证明 经过适当的平行移动, 我们可以用同一起点的三个有向线段 $\overrightarrow{OA},\overrightarrow{OB}$, $\overrightarrow{OC}$ 分别表示 $\boldsymbol{a},\boldsymbol{b},\boldsymbol{c}$, 其中 $\overrightarrow{OA}$ 和 $\overrightarrow{OB}$ 不平行 (否则 $\boldsymbol{a}$ 与 $\boldsymbol{b}$ 将线性相关).

如图 3–8 所示, 我们可以过 C 点作直线 OB 的平行线, 交直线 OA 于 A' 点, 同样地, 过 C 点作 OA 的平行线, 交 OB 于 B' 点, 则 $\overrightarrow{OC}=\overrightarrow{OA'}+\overrightarrow{OB'}$, 并且存在适当的 α,β 使得 $\overrightarrow{OA'}=\alpha\boldsymbol{a},\overrightarrow{OB'}=\beta\boldsymbol{b}$, 所以 $\boldsymbol{c}=\alpha\boldsymbol{a}+\beta\boldsymbol{b}$, 即 (α,β) 是 $\boldsymbol{c}=x\boldsymbol{a}+y\boldsymbol{b}$ 的一组解. 由 $\boldsymbol{a},\boldsymbol{b}$ 的线性无关容易导出这组解是唯一的.

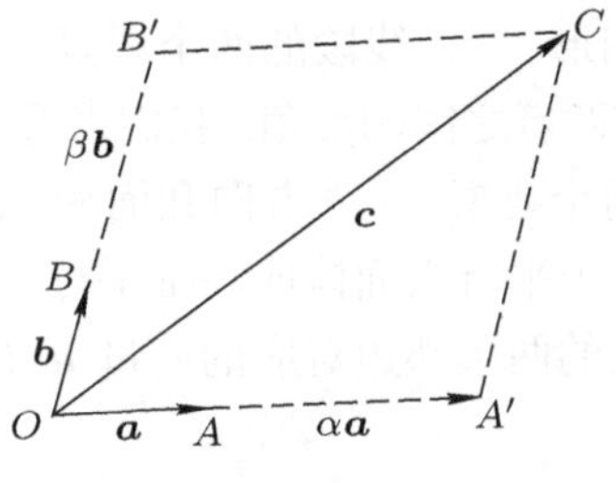

图 3–8

特别当我们选取两个互相正交的单位向量 $\boldsymbol{e}_1,\boldsymbol{e}_2$ 时, 即

$$\boldsymbol{e}_1\cdot\boldsymbol{e}_2=0,\quad |\boldsymbol{e}_1|=|\boldsymbol{e}_2|=1,$$

它们自然是线性独立的, 那么平面上任何一个向量 $\boldsymbol{a}$ 都可写成 $\boldsymbol{a}=x_1\boldsymbol{e}_1+x_2\boldsymbol{e}_2$ 的形式, 这种对应 $\boldsymbol{a}\longrightarrow(x_1,x_2)$ 就使向量运算可以完全化为坐标 (x_1,x_2) 的运算. 我们将在第三节中详细讨论这一点.

对于欧氏立体几何, 有着完全类似的结论, 请读者自述之.

上述内容说明, 相应于欧氏平面几何的向量空间中, 存在两个线性独立的向量并且任何三个向量必定线性相关, 而相应于欧氏立体几何的向量空间中, 存在三个线性独立的向量并且任何四个向量必定线性相关. 这种向量空间分别称为二维欧氏向量空间和三维欧氏向量空间.

现在已不难看出它们的高维推广, 即有

定义 (n 维欧氏向量空间) 设 E^n 表示定义了加法、倍积和内积的向量空间, 这三种运算分别满足运算律 (3.1)—(3.3), 若 E^n 中至少存在 n 个线性独立的向量, 并且任何 $n+1$ 个向量都线性相关, 则称 E^n 为一个 n **维欧氏向量空间**.

在 n 维欧氏向量空间中, 选定 n 个互相正交的单位向量 $\boldsymbol{e}_1, \cdots, \boldsymbol{e}_n$, 那么任何一个向量 $\boldsymbol{a}$ 都可唯一地表示为

$$\boldsymbol{a} = x_1\boldsymbol{e}_1 + x_2\boldsymbol{e}_2 + \cdots + x_n\boldsymbol{e}_n.$$

所有的向量运算都可以化为 n 个坐标 $x_1, \cdots, x_n$ 的代数运算.

n 维欧氏向量空间是 n 维欧氏几何的空间的代数形式. 高维几何是在 19 世纪中叶, 随着人们对空间概念的扩充和科学技术的发展需要而产生的. 例如一个有多维自由度的系统就可以看成一个多维空间. 在高维欧氏几何中, 有着更为丰富的几何对象和几何性质, 限于篇幅这里不再详述.

二、外积和 Grassmann 代数

向量刻画了一维基本图形 —— 线段的两个要素: 方向和长度, 而向量内积则刻画了有向线段的长度和两者之间的夹角. 我们来看一看: 在二维层次上如何来刻画一个平行四边形的两个要素 —— 方向和面积; 更进一步, 在三维层次上或更高维层次上如何刻画一个平行六面体或高维平行多面体的方向和体积.

一个平行四边形可由它的两条邻边对应的向量 $\boldsymbol{a}, \boldsymbol{b}$ 确定, 如图 3–9.

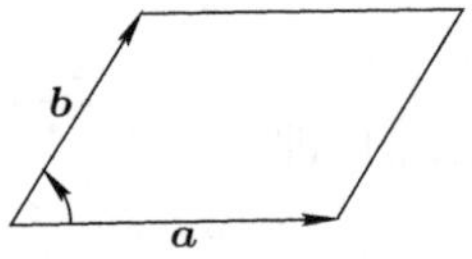

图 3–9

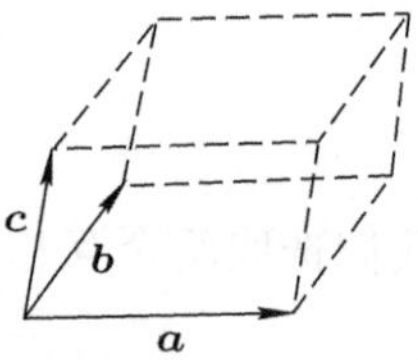

图 3–10

我们把上述平行四边形记为 $\boldsymbol{a} \wedge \boldsymbol{b}$, 称为 $\boldsymbol{a}$ 和 $\boldsymbol{b}$ 的**外积**, $\wedge$ 是外积运算符号. $\boldsymbol{a} \wedge \boldsymbol{b}$ 也称为一个 2 **重可分解向量**. 正像两条有向线段 $\overrightarrow{AB}$ 和 $\overrightarrow{BA}$ 虽然有着相等的长度, 但表示着两个相反的方向一样, 我们规定平行四边形 $\boldsymbol{a} \wedge \boldsymbol{b}$ 与平行四边

形 $\boldsymbol{b}\wedge\boldsymbol{a}$ 具有相反的两个定向, 也即

$$\boldsymbol{a}\wedge\boldsymbol{b}=-\boldsymbol{b}\wedge\boldsymbol{a}.$$

所以 $\boldsymbol{a}\wedge\boldsymbol{b}$ 实际上是表示一个有向平行四边形.

同样地, 一个平行六面体可以用它的三条棱向量 $\boldsymbol{a}$, $\boldsymbol{b}$, $\boldsymbol{c}$ 确定, 如图 3–10, 所以可以把它记为 $\boldsymbol{a}\wedge\boldsymbol{b}\wedge\boldsymbol{c}$, 称为 $\boldsymbol{a}$, $\boldsymbol{b}$, $\boldsymbol{c}$ 的外积或一个 3 **重可分解向量**. 规定由

$$\boldsymbol{a}\wedge\boldsymbol{b}\wedge\boldsymbol{c}$$

的偶置换所表示的平行六面体与奇置换所表示的平行六面体有着相反的定向, 即

$$\begin{aligned}\boldsymbol{a}\wedge\boldsymbol{b}\wedge\boldsymbol{c}=\boldsymbol{b}\wedge\boldsymbol{c}\wedge\boldsymbol{a}=\boldsymbol{c}\wedge\boldsymbol{a}\wedge\boldsymbol{b}=-\boldsymbol{b}\wedge\boldsymbol{a}\wedge\boldsymbol{c}\\=-\boldsymbol{a}\wedge\boldsymbol{c}\wedge\boldsymbol{b}=-\boldsymbol{c}\wedge\boldsymbol{b}\wedge\boldsymbol{a}.\end{aligned}$$

所以一个 3 重可分解向量表示一个有向平行六面体.

一般地, m 个向量 $\boldsymbol{a}_1,\cdots,\boldsymbol{a}_m$ 可确定一个它们的外积:

$$\boldsymbol{a}_1\wedge\boldsymbol{a}_2\wedge\cdots\wedge\boldsymbol{a}_m,$$

称为 m **重可分解向量**, 虽然这是一个形式上的记号, 但可理解为表示一个有向的 m 维平行多面体.

另一方面, 注意到一个有向平行六面体 $\boldsymbol{a}\wedge\boldsymbol{b}\wedge\boldsymbol{c}$ 可以视为由平行四边形 $\boldsymbol{a}\wedge\boldsymbol{b}$ 与向量 $\boldsymbol{c}$ 张成, 所以对一个 2 重可分解向量 $\boldsymbol{a}\wedge\boldsymbol{b}$ 和 1 重向量 $\boldsymbol{c}$ 可以定义它们的外积

$$(\boldsymbol{a}\wedge\boldsymbol{b})\wedge\boldsymbol{c}=\boldsymbol{a}\wedge\boldsymbol{b}\wedge\boldsymbol{c},$$

也即外积运算 $\wedge$ 可以进一步延拓为两个多重可分解向量之间的运算.

上述分析说明: 在一个 n 维向量空间 V 中, 可以适当地引入一种新的运算 —— 外积 $\wedge$, 并且这种运算具备某些良好的运算规律, 这样得到的代数系统有着深刻的几何意义. 这种构造是由瑞士数学家 Grassmann 给出的, 称为 Grassmann 代数. 下面我们就来描述这个结构.

设 V 是一个 n 维向量空间, 对 V 中任意 m 个有序向量 $\boldsymbol{a}_1,\cdots,\boldsymbol{a}_m$, 它们的外积记为 $\boldsymbol{a}_1\wedge\boldsymbol{a}_2\wedge\cdots\wedge\boldsymbol{a}_m$, 称为一个 m **重可分解向量**, 所有 m 重可分解向量形式上作线性扩张所得的空间记为 $\wedge^m(V)$, 其中的元素称为 m **重向量**.

在 $\wedge^m(V)$ 中规定外积运算 $\wedge$ 满足下列运算法则:

(i) 反称性:

$$\boldsymbol{a}_1\wedge\cdots\wedge\boldsymbol{a}_i\wedge\cdots\wedge\boldsymbol{a}_m=(-1)^{i-1}\boldsymbol{a}_i\wedge\boldsymbol{a}_1\wedge\cdots\wedge\widehat{\boldsymbol{a}}_i\wedge\cdots\wedge\boldsymbol{a}_m,$$

其中 $\widehat{\boldsymbol{a}}_i$ 表示略去 $\boldsymbol{a}_i$ 项.

(ii) 线性分配律:

$$\begin{aligned}&(\lambda\boldsymbol{a}_1+\mu\boldsymbol{b})\wedge\boldsymbol{a}_2\wedge\cdots\wedge\boldsymbol{a}_m\\&=\lambda(\boldsymbol{a}_1\wedge\boldsymbol{a}_2\wedge\cdots\wedge\boldsymbol{a}_m)+\mu(\boldsymbol{b}\wedge\boldsymbol{a}_2\wedge\cdots\wedge\boldsymbol{a}_m).\end{aligned}$$

从上述性质不难看出, $\wedge^m(V)$ 是一个 C_n^m 维向量空间, 其中 C_n^m 表示组合数, 也即设 $\{e_i|i=1,\cdots,n\}$ 是 V 的一个基, 则 $\{\boldsymbol{e}_{i_1}\wedge\cdots\wedge\boldsymbol{e}_{i_m}|1\leqslant i_1<\cdots<i_m\leqslant n\}$ 是 $\wedge^m(V)$ 的一个基. 特别当 $m>n$ 时, $\wedge^m(V)$ 只含有 m 重零向量.

为统一起见, 约定 $\wedge^0(V)$ 表示实数系, 任何实数 λ 与一个 m 重向量 $\boldsymbol{P}$ 的外积就规定为 $\lambda\boldsymbol{P}, \wedge^1(V)$ 就是 V 本身. 记

$$G(V)=\wedge^0(V)\oplus\wedge^1(V)\oplus\cdots\oplus\wedge^n(V),$$

$G(V)$ 是一个 2^n 维的向量空间, 外积运算 $\wedge$ 可以自然地延拓成 $G(V)$ 中的外积运算:

$$(\boldsymbol{a}_1\wedge\cdots\wedge\boldsymbol{a}_p)\wedge(\boldsymbol{b}_1\wedge\cdots\wedge\boldsymbol{b}_q)=\begin{cases}\boldsymbol{a}_1\wedge\cdots\wedge\boldsymbol{a}_p\wedge\boldsymbol{b}_1\wedge\cdots\wedge\boldsymbol{b}_q, & p+q\leqslant n,\\ \boldsymbol{0}, & p+q>n.\end{cases}$$

并要求满足结合律及线性分配律.

$G(V)$ 连同外积运算 $\wedge$ 称为 V 上的 **Grassmann 代数**. 这个代数系统在偏微分方程理论和近代微分几何学中都有重要的作用.

对两个 m 重可分解向量 $\boldsymbol{a}_1\wedge\cdots\wedge\boldsymbol{a}_m$ 和 $\boldsymbol{b}_1\wedge\cdots\wedge\boldsymbol{b}_m$, 可以规定它们的**内积**:

$$\langle\boldsymbol{a}_1\wedge\cdots\wedge\boldsymbol{a}_m,\boldsymbol{b}_1\wedge\cdots\wedge\boldsymbol{b}_m\rangle=\begin{vmatrix}\boldsymbol{a}_1\cdot\boldsymbol{b}_1 & \cdots & \boldsymbol{a}_1\cdot\boldsymbol{b}_m\\ \boldsymbol{a}_2\cdot\boldsymbol{b}_1 & \cdots & \boldsymbol{a}_2\cdot\boldsymbol{b}_m\\ \vdots & & \vdots\\ \boldsymbol{a}_m\cdot\boldsymbol{b}_1 & \cdots & \boldsymbol{a}_m\cdot\boldsymbol{b}_m\end{vmatrix}.$$

然后用线性分配律延拓为 $\wedge^m(V)$ 中的内积. 特别地,

$$|\boldsymbol{a}_1\wedge\cdots\wedge\boldsymbol{a}_m|=\sqrt{\langle\boldsymbol{a}_1\wedge\cdots\wedge\boldsymbol{a}_m,\boldsymbol{a}_1\wedge\cdots\wedge\boldsymbol{a}_m\rangle}$$

称为 $\boldsymbol{a}_1\wedge\cdots\wedge\boldsymbol{a}_m$ 的**长度**.

我们也可定义由两个 m 重可分解向量 $\boldsymbol{a}_1\wedge\cdots\wedge\boldsymbol{a}_m$ 和 $\boldsymbol{b}_1\wedge\cdots\wedge\boldsymbol{b}_m$ 所确定的 m 维平面之间的夹角 θ 如下:

$$\cos\theta=\frac{\langle\boldsymbol{a}_1\wedge\cdots\wedge\boldsymbol{a}_m,\boldsymbol{b}_1\wedge\cdots\wedge\boldsymbol{b}_m\rangle}{|\boldsymbol{a}_1\wedge\cdots\wedge\boldsymbol{a}_m||\boldsymbol{b}_1\wedge\cdots\wedge\boldsymbol{b}_m|}.$$

现在看一下 $m=2$ 的情况. 读者在上一节中已看到: 由向量 $\boldsymbol{a}, \boldsymbol{b}$ 确定的平行四边形面积的平方 $=(\boldsymbol{a}\cdot\boldsymbol{a})(\boldsymbol{b}\cdot\boldsymbol{b})-(\boldsymbol{a}\cdot\boldsymbol{b})^2$, 而用现在的记号, 右边恰为 $|\boldsymbol{a}\wedge\boldsymbol{b}|^2$, 即 $\boldsymbol{a}\wedge\boldsymbol{b}$ 的长度恰好是所述平行四边形的面积! 同样地, 读者不难证明: $|\boldsymbol{a}\wedge\boldsymbol{b}\wedge\boldsymbol{c}|$ 恰好等于由 $\boldsymbol{a}$, $\boldsymbol{b}$, $\boldsymbol{c}$ 确定的平行六面体的体积. 由此可见, m 重可分解向量刻画了相应的 m 维平行多面体的方向和体积.

前面已经指出: 向量内积的分配律就是勾股定理的代数形式. 同样地, m 重向量内积的分配律就是高维勾股定理的代数形式, 以欧氏立体几何为例作如下说明: 设 $\boldsymbol{e}_1, \boldsymbol{e}_2, \boldsymbol{e}_3$ 为三维欧氏向量空间 E^3 中三个互相正交的单位向量, 则

$$\{\boldsymbol{e}_1\wedge\boldsymbol{e}_2, \boldsymbol{e}_2\wedge\boldsymbol{e}_3, \boldsymbol{e}_1\wedge\boldsymbol{e}_3\}$$

是 $\wedge^2(E^3)$ 的基, 任一 2 重可分解向量 $\boldsymbol{a}\wedge\boldsymbol{b}$ 可表示为

$$\begin{aligned}\boldsymbol{a}\wedge\boldsymbol{b}=&\langle\boldsymbol{a}\wedge\boldsymbol{b},\boldsymbol{e}_1\wedge\boldsymbol{e}_2\rangle\boldsymbol{e}_1\wedge\boldsymbol{e}_2+\langle\boldsymbol{a}\wedge\boldsymbol{b},\boldsymbol{e}_2\wedge\boldsymbol{e}_3\rangle\boldsymbol{e}_2\wedge\boldsymbol{e}_3\\&+\langle\boldsymbol{a}\wedge\boldsymbol{b},\boldsymbol{e}_1\wedge\boldsymbol{e}_3\rangle\boldsymbol{e}_1\wedge\boldsymbol{e}_3,\end{aligned}$$

右边的三项分别是 $\boldsymbol{a}\wedge\boldsymbol{b}$ 在三个坐标平面上的投影, 由内积分配律得到

$$\begin{aligned}\langle\boldsymbol{a}\wedge\boldsymbol{b},\boldsymbol{a}\wedge\boldsymbol{b}\rangle=&\langle\langle\boldsymbol{a}\wedge\boldsymbol{b},\boldsymbol{e}_1\wedge\boldsymbol{e}_2\rangle\boldsymbol{e}_1\wedge\boldsymbol{e}_2,\langle\boldsymbol{a}\wedge\boldsymbol{b},\boldsymbol{e}_1\wedge\boldsymbol{e}_2\rangle\boldsymbol{e}_1\wedge\boldsymbol{e}_2\rangle\\&+\langle\langle\boldsymbol{a}\wedge\boldsymbol{b},\boldsymbol{e}_2\wedge\boldsymbol{e}_3\rangle\boldsymbol{e}_2\wedge\boldsymbol{e}_3,\langle\boldsymbol{a}\wedge\boldsymbol{b},\boldsymbol{e}_2\wedge\boldsymbol{e}_3\rangle\boldsymbol{e}_2\wedge\boldsymbol{e}_3\rangle\\&+\langle\langle\boldsymbol{a}\wedge\boldsymbol{b},\boldsymbol{e}_1\wedge\boldsymbol{e}_3\rangle\boldsymbol{e}_1\wedge\boldsymbol{e}_3,\langle\boldsymbol{a}\wedge\boldsymbol{b},\boldsymbol{e}_1\wedge\boldsymbol{e}_3\rangle\boldsymbol{e}_1\wedge\boldsymbol{e}_3\rangle,\end{aligned}$$

也即

平行四边形 $\boldsymbol{a}\wedge\boldsymbol{b}$ 的面积的平方

$=\boldsymbol{a}\wedge\boldsymbol{b}$ 在三个坐标面上投影平行四边形的面积的平方之和,

此即高维的勾股定理.

在三维欧氏向量空间的场合, 对于 2 重可分解向量和 1 重可分解向量可以给予一种垂直对偶的几何解释: 用 $\boldsymbol{a}\times\boldsymbol{b}$ 表示一个向量, 它的长度等于以 $\boldsymbol{a}$ 和 $\boldsymbol{b}$ 为邻边的平行四边形的面积, 即

$$|\boldsymbol{a}\times\boldsymbol{b}|=|\boldsymbol{a}||\boldsymbol{b}|\sin\langle\boldsymbol{a},\boldsymbol{b}\rangle,$$

它的方向与 $\boldsymbol{a}$ 和 $\boldsymbol{b}$ 都正交, 且

$$\{\boldsymbol{a},\boldsymbol{b},\boldsymbol{a}\times\boldsymbol{b}\}$$

成右手系. 在采取这种定义时, 外积运算 $\wedge$ 相当于 $\times$, 即可把 $\boldsymbol{a}\wedge\boldsymbol{b}$ 改用 $\boldsymbol{a}\times\boldsymbol{b}$ 加以表达, 称为 $\boldsymbol{a}$ 与 $\boldsymbol{b}$ 的**叉积**, 它仍是一个向量. 容易看出叉积有如下的基本性质:

(i) $\boldsymbol{a}\times\boldsymbol{b}=-\boldsymbol{b}\times\boldsymbol{a}$;

(ii) $(\lambda\boldsymbol{a}+\mu\boldsymbol{b})\times\boldsymbol{c}=\lambda(\boldsymbol{a}\times\boldsymbol{c})+\mu(\boldsymbol{b}\times\boldsymbol{c})$.

但叉积一般不满足结合律! 而一般地有关系式

$$(\boldsymbol{a}\times\boldsymbol{b})\times\boldsymbol{c}-\boldsymbol{a}\times(\boldsymbol{b}\times\boldsymbol{c})=(\boldsymbol{a}\cdot\boldsymbol{b})\boldsymbol{c}-(\boldsymbol{b}\cdot\boldsymbol{c})\boldsymbol{a}.$$

一个 3 重可分解向量 $\boldsymbol{a}\wedge\boldsymbol{b}\wedge\boldsymbol{c}$ 可按如下法则表示一个数 $V(\boldsymbol{a},\boldsymbol{b},\boldsymbol{c})$, 称为这三个向量的**混合积**: 当 $\{\boldsymbol{a},\boldsymbol{b},\boldsymbol{c}\}$ 成右手系时, $V(\boldsymbol{a},\boldsymbol{b},\boldsymbol{c})$ 等于以 $\boldsymbol{a}$, $\boldsymbol{b}$, $\boldsymbol{c}$ 为棱的平行六面体的体积; 反之, 成左手系时, $V(\boldsymbol{a},\boldsymbol{b},\boldsymbol{c})$ 等于这个平行六面体体积的相反数.

根据这个定义可以得到

$$V(\boldsymbol{a},\boldsymbol{b},\boldsymbol{c})=(\boldsymbol{a}\times\boldsymbol{b})\cdot\boldsymbol{c}.$$

读者不难证明混合积有如下的基本性质:

(i) $$\begin{aligned}V(\boldsymbol{a},\boldsymbol{b},\boldsymbol{c})&=V(\boldsymbol{b},\boldsymbol{c},\boldsymbol{a})=V(\boldsymbol{c},\boldsymbol{a},\boldsymbol{b})\\&=-V(\boldsymbol{b},\boldsymbol{a},\boldsymbol{c})=-V(\boldsymbol{c},\boldsymbol{b},\boldsymbol{a}),\\&=-V(\boldsymbol{a},\boldsymbol{c},\boldsymbol{b});\end{aligned}$$

(ii) $V(\lambda\boldsymbol{a}_1+\mu\boldsymbol{a}_2,\boldsymbol{b},\boldsymbol{c})=\lambda V(\boldsymbol{a}_1,\boldsymbol{b},\boldsymbol{c})+\mu V(\boldsymbol{a}_2,\boldsymbol{b},\boldsymbol{c})$.

第三节　坐标与坐标变换

在第一节中, 我们用一些平面几何学中的定理为例, 初步地说明如何运用向量运算和运算律去论证几何定理, 解答几何问题. 在上一节中, 我们还证明了平面向量基本定理. 本节则要有效地运用向量之间的线性关系, 通过基准点和基准向量的取定来建立坐标系统. 这样做可以把向量运算归于其坐标的运算, 但必须注意下列几点: (1) 选取基准点和基准向量将平面 (或空间) 坐标化, 目的是为了便于运算, 并用来作为解决问题的一种手段. (2) 平面 (或空间) 上可建立各种各样的坐标系, 任何两个坐标系之间都具有相应的坐标变换式可供互相换算. (3) 一个几何基本量 (例如圆的半径、三角形的面积), 其数值不会因为坐标系的变更而有所改变, 但是选取适当的坐标系往往可以使某些计算大大简化. 所以在运用坐标系解几何问题时, 如何选取便于计算和解题的坐标系是一个值得注意和用心学习的课题.

一、平面直角坐标系

在平面上取定一点 O 作为基准点 (以后称之为原点), 两个互相垂直的方向作为基准方向 (称为 x 轴和 y 轴方向), 令 $\boldsymbol{e}_x$, $\boldsymbol{e}_y$ 分别是 x 轴、y 轴方向的单位向量, 则 $\boldsymbol{e}_x$, $\boldsymbol{e}_y$ 显然线性独立. 我们称 $O\boldsymbol{e}_x\boldsymbol{e}_y$ 为一个**平面直角坐标系**. 当 $\boldsymbol{e}_x$ 到 $\boldsymbol{e}_y$ 的转角为反时针方向时, 称为平面右手直角坐标系; 反之, 称为平面左手直角坐标系.

有了一个平面直角坐标 $O\boldsymbol{e}_x\boldsymbol{e}_y$ 后, 平面上任一点 P 就可由它和原点 O 的位置 $\overrightarrow{OP}$ 所唯一确定 (如图 3–11). 而 $\overrightarrow{OP}$ 由基本定理所证的唯一表达式

$$\overrightarrow{OP} = x\boldsymbol{e}_x + y\boldsymbol{e}_y$$

中的系数对 (x, y) 所唯一确定. 因此 P 点的位置也就由数对 (x, y) 所唯一确定. 换句话说, 我们可以用 (x, y) 来标记 P 点的位置, 叫做 P 点对于坐标系 $O\boldsymbol{e}_x\boldsymbol{e}_y$ 的**坐标**. 平面上任给向量 $\boldsymbol{a}$ 则由它的唯一表达式 $\boldsymbol{a} = a_x\boldsymbol{e}_x + a_y\boldsymbol{e}_y$ 中的系数对 (a_x, a_y) 所唯一确定. (a_x, a_y) 叫做向量 $\boldsymbol{a}$ 对于坐标系 $O\boldsymbol{e}_x\boldsymbol{e}_y$ 的坐标. 常简记为 $\boldsymbol{a} = (a_x, a_y)$.

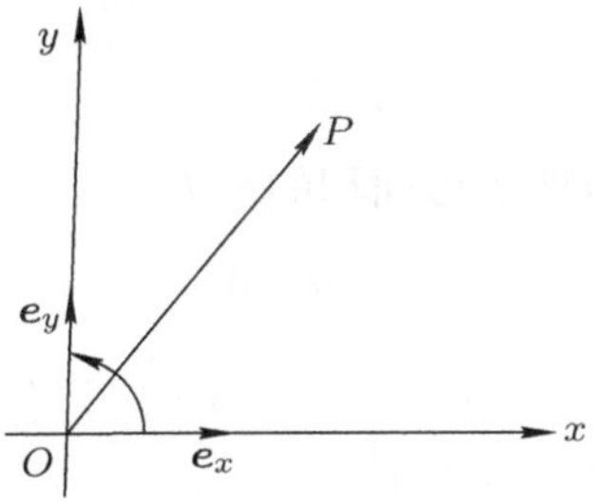

图 3–11

上述过程说明: 借助于一个坐标系 $O\boldsymbol{e}_x\boldsymbol{e}_y$, 平面上的点和向量就可以用它们的坐标来描述, 下面还将进一步看到: 向量的运算也可以归于它们的坐标之间相应的运算. 向量和向量运算是几何结构的代数化, 现在再通过一个取定的坐标系把向量和向量运算归于它们的坐标和坐标之间的运算. 这样也就把几何结构彻底数量化了, 这也是选取坐标系来把平面 (或空间) 坐标化的目的.

例 1　设点 P_1 的坐标为 (x_1, y_1), 点 P_2 的坐标为 (x_2, y_2), 则向量 $\boldsymbol{a} = \overrightarrow{P_1P_2}$ 的坐标为 $(x_2 - x_1, y_2 - y_1)$.

证明　$\overrightarrow{OP_1} = x_1\boldsymbol{e}_x + y_1\boldsymbol{e}_y, \overrightarrow{OP_2} = x_2\boldsymbol{e}_x + y_2\boldsymbol{e}_y$, 所以

$$\begin{aligned}\boldsymbol{a} = \overrightarrow{P_1P_2} &= \overrightarrow{OP_2} - \overrightarrow{OP_1} \quad (\text{因为 } \overrightarrow{OP_1} + \overrightarrow{P_1P_2} = \overrightarrow{OP_2}) \\ &= (x_2\boldsymbol{e}_x + y_2\boldsymbol{e}_y) - (x_1\boldsymbol{e}_x + y_1\boldsymbol{e}_y) \\ &= (x_2 - x_1)\boldsymbol{e}_x + (y_2 - y_1)\boldsymbol{e}_y \quad (\text{向量运算律}).\end{aligned}$$

例 2 (向量运算的坐标化) 设 $\boldsymbol{a}=(a_x,a_y),\boldsymbol{b}=(b_x,b_y),k$ 是任给实数, 则

$$\begin{aligned}\boldsymbol{a}+\boldsymbol{b}&=(a_x+b_x,a_y+b_y),\\ k\boldsymbol{a}&=(ka_x,ka_y),\\ \boldsymbol{a}\cdot\boldsymbol{b}&=a_xb_x+a_yb_y.\end{aligned}$$

证明 请读者完成.

推论 $|\boldsymbol{a}|=\sqrt{a_x^2+a_y^2}$,

$$\cos\langle\boldsymbol{a},\boldsymbol{b}\rangle=\frac{a_xb_x+a_yb_y}{\sqrt{a_x^2+a_y^2}\sqrt{b_x^2+b_y^2}}.$$

例 3 (平行四边形面积公式) 设 $\boldsymbol{a}=(a_x,a_y),\boldsymbol{b}=(b_x,b_y)$, 则以 $\boldsymbol{a},\boldsymbol{b}$ 为邻边的平行四边形面积 $=|a_xb_y-a_yb_x|$.

证明 由上一节知道

$$\begin{aligned}&\text{平行四边形面积的平方}\\ =&(\boldsymbol{a}\cdot\boldsymbol{a})(\boldsymbol{b}\cdot\boldsymbol{b})-(\boldsymbol{a}\cdot\boldsymbol{b})^2\\ =&(a_x^2+a_y^2)(b_x^2+b_y^2)-(a_xb_x+a_yb_y)^2\\ =&(a_xb_y-a_yb_x)^2,\end{aligned}$$

开平方后, 即为所求证者.

既然点的位置可用它的坐标来表示, 那么几何图形 (曲线和曲面等) 便成为坐标满足某类方程的点的集合, 这类方程是由该图形的几何性质 (约束条件) 导出的. 换句话说, 有了坐标系, 便可把图形表示为数与数之间的关系. 按照坐标把图形改为数与数之间的问题而对之进行处理, 这种方法乃是解析几何的一般方法. 对于欧氏几何, 由于全局平移和相似的存在, 使得这种坐标系可以用向量代数的方法整体地建立起来. 而对于其他的几何空间, 一般说来, 就不存在如此简明而又便于运算的坐标系, 因而, 相应的解析几何在形式上也要复杂得多.

例 4 (直线方程) 试求通过点 $P_0(x_0,y_0)$, 方向为 $\boldsymbol{u}=(u_x,u_y)$ 的直线 l 的方程.

解 如图 3–12, 设 P 为 l 上的任意一点, 坐标为 (x,y). 则由定义可知向量 $\overrightarrow{P_0P}$ 与 $\boldsymbol{u}$ 平行, 所以存在实数 t, 使得 $\overrightarrow{P_0P}=t\boldsymbol{u}$, 也即 (x,y) 应满足方程

$$\begin{cases}x=x_0+tu_x,\\ y=y_0+tu_y,\end{cases}$$

消去 t, 可将上述参数方程化为

$$\frac{x-x_0}{u_x}=\frac{y-y_0}{u_y},$$

称为直线的点向式. 反过来也可以证明, 坐标满足上述方程的点 $P(x,y)$ 必定在直线 l 上, 所以上述方程完全确定了直线 l.

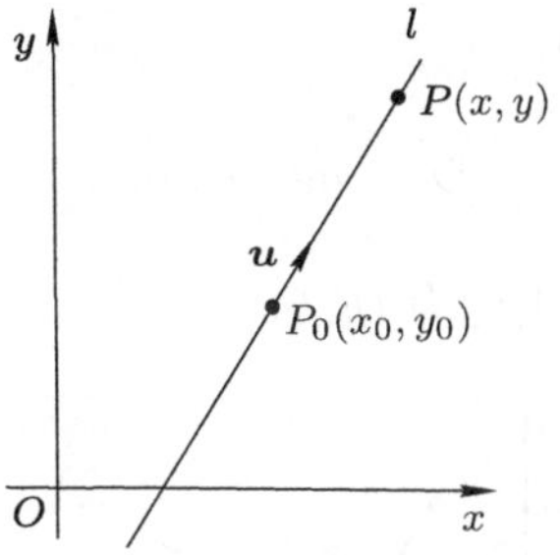

图 3–12

例 5 (圆的方程) 求以点 $P_0(x_0,y_0)$ 为圆心、半径为 r 的圆的方程.

解 如图 3–13, 设 $P(x,y)$ 为所求圆 Γ 上的任意点, 则由定义应有

$$|\overrightarrow{P_0P}|=r,$$

或等价地

$$|\overrightarrow{P_0P}|^2=r^2,$$

由运算法则即得 (x,y) 应满足方程:

$$(x-x_0)^2+(y-y_0)^2=r^2.$$

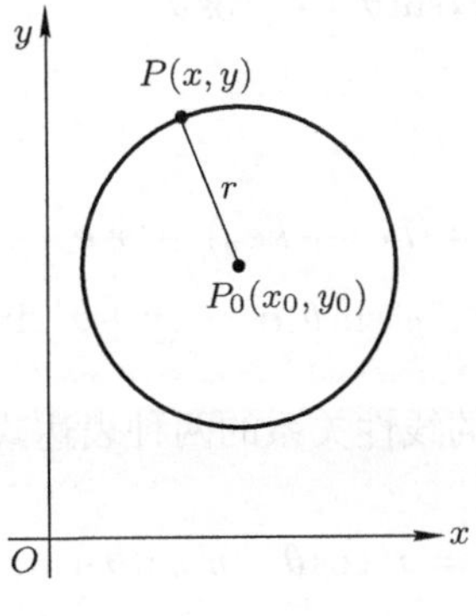

图 3–13

反过来, 坐标满足上述方程的点必定在圆 Γ 上, 所以上述方程完全确定了圆 Γ.

完全类似地可建立空间直角坐标系以及将空间向量运算坐标化, 这留作习题由读者完成.

二、坐标变换

如图 3–14 所示, $O\boldsymbol{e}_x\boldsymbol{e}_y$ 和 $O'\boldsymbol{e}_{x'}\boldsymbol{e}_{y'}$ 是平面上取定的两个右手直角坐标系. 令 θ 为 $\boldsymbol{e}_x$ 和 $\boldsymbol{e}_{x'}$ 之间的夹角,

$$\overrightarrow{OO'} = h\boldsymbol{e}_x + k\boldsymbol{e}_y$$

(即 O' 在坐标系 $O\boldsymbol{e}_x\boldsymbol{e}_y$ 中的坐标为 (h,k)).

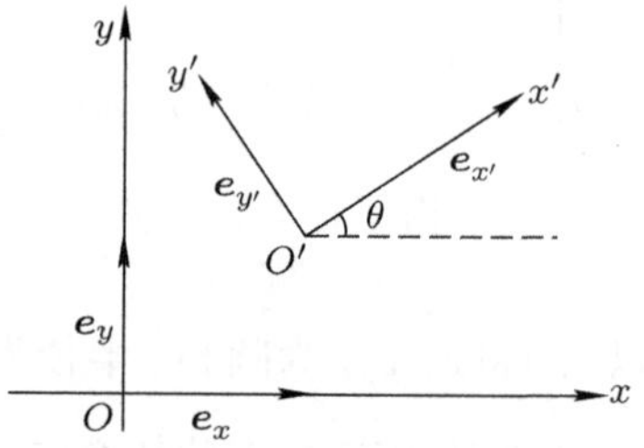

图 3–14

设 P 为平面上任给一点, 它在上述两个坐标系中的坐标分别为 (x,y) 和 (x',y'), 则由定义知

$$\begin{aligned}
&\overrightarrow{OP} = x\boldsymbol{e}_x + y\boldsymbol{e}_y, \quad \overrightarrow{O'P} = x'\boldsymbol{e}_{x'} + y'\boldsymbol{e}_{y'},\\
&\boldsymbol{e}_{x'} = \boldsymbol{e}_x\cos\theta + \boldsymbol{e}_y\sin\theta,\\
&\boldsymbol{e}_{y'} = \boldsymbol{e}_x\cos\left(\frac{\pi}{2}+\theta\right) + \boldsymbol{e}_y\sin\left(\frac{\pi}{2}+\theta\right)\\
&\quad\;\; = -\boldsymbol{e}_x\sin\theta + \boldsymbol{e}_y\cos\theta,
\end{aligned}$$

所以

$$\begin{aligned}
\overrightarrow{OP} &= \overrightarrow{OO'} + \overrightarrow{O'P} = (h\boldsymbol{e}_x + k\boldsymbol{e}_y) + (x'\boldsymbol{e}_{x'} + y'\boldsymbol{e}_{y'})\\
&= (h + x'\cos\theta - y'\sin\theta)\boldsymbol{e}_x + (k + x'\sin\theta + y'\cos\theta)\boldsymbol{e}_y,
\end{aligned}$$

比较上面 $\overrightarrow{OP}$ 表示成 $\boldsymbol{e}_x, \boldsymbol{e}_y$ 的线性关系的两种表达式, 由基本定理的唯一性即得下列坐标变换关系:

$$\begin{cases}
x = x'\cos\theta - y'\sin\theta + h,\\
y = x'\sin\theta + y'\cos\theta + k.
\end{cases}$$

当 $\theta=0$ 时. 上述两个坐标系中 $\boldsymbol{e}_{x'}=\boldsymbol{e}_x, \boldsymbol{e}_{y'}=\boldsymbol{e}_y$, 只是原点不相同. 这种坐标变换叫做**平移**; 当 $h=k=0$ 时, 则上述两个坐标系的原点相同, 两者只是旋转了一个 θ 角, 叫做**转轴**. 上述讨论的普遍情形则是平移和转轴的结合.

用同样的方法, 读者不难求得一个右手平面直角坐标系与一个左手平面直角坐标系之间的坐标变换关系, 也不难求得空间直角坐标系之间的坐标变换关系.

前面已经说过, 将平面 (或空间) 坐标化乃是便于运算并用来解决问题的一种手段, 因此对不同的问题可采用合适的坐标系. 在欧氏平面 (或空间) 几何中, 常常采用直角坐标系的根本原因在于使内积运算的坐标形式尽可能变得简单些.

另一方面, 欧氏平面又是关于其上任一点成旋转对称的, 一般来说, 具有这种对称性的几何空间要比欧氏平面广泛, 例如球面、非欧平面等都属于这一类. 相应于这种旋转对称性的合适的坐标系就是下述的**极坐标系**; 取定一点 O 以及 O 点的一个方向 $\overrightarrow{OA}$ 为基准方向 (如图 3–15), $\{O, \overrightarrow{OA}\}$ 就叫做一个极坐标系. 对平面上任一点 P, 设 $\overrightarrow{OP}$ 的长度为 r, $\overrightarrow{OA}$ 到 $\overrightarrow{OP}$ 的转角为 θ, 则 (r, θ) 叫做 P 的**极坐标**. 在后面的第六章中, 我们还将详述极坐标的重要作用. 作为一个习题, 请读者推导极坐标系和直角坐标系之间的坐标变换关系.

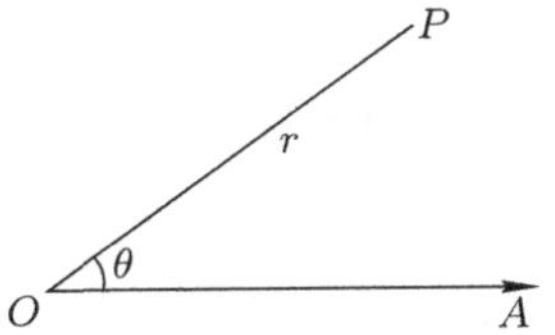

图 3–15

坐标变换在几何学的讨论中占有极重要的地位, 下面我们用它来讨论一下圆锥曲线和二次方程之间的关系.

三、圆锥曲线与二次方程

(一) 曲线与方程

根据解析几何的观点, 当我们在平面上选定一个坐标系后, 平面上的一条曲线就可以用曲线上“动点”坐标 (x, y) 所满足的条件来描述, 这一条件通常叫做该曲线在选定的坐标系中的方程. 例如, 一个半径等于 R 的圆, 在以其圆心为原点的坐标系中的方程是 $x^2+y^2-R^2=0$. 下面让我们先来看一下圆锥曲线的方程是什么.

首先, 我们一定要弄清楚, 一条曲线的方程是随着坐标系的选取而定的. 因此, 假如所选的坐标系比较好, 则所得的方程就会简单些.

例 6 (椭圆的标准式) 古希腊几何学业已告诉我们, 椭圆上的点到两个定点 F_1, F_2 (称为焦点) 的距离之和等于定长. 不难看出, 这样的曲线必定会关于 F_1, F_2 的连线和 F_1F_2 的垂直平分线成轴对称 (亦即反射对称). 因此, 以上述两条互相垂直的直线作为 x, y 轴的坐标系就是一个比较合适的坐标系 (如图 3–16 所示). 设 $F_1F_2 = 2c, PF_1 + PF_2 =$ 定长 $= 2a$, 则 F_1, F_2 的坐标分别为 $(c, 0)$ 和 $(-c, 0)$. 由距离公式即得椭圆上的动点 $P(x, y)$ 所应满足的条件

$$\sqrt{(x-c)^2+y^2}+\sqrt{(x+c)^2+y^2}=2a,$$

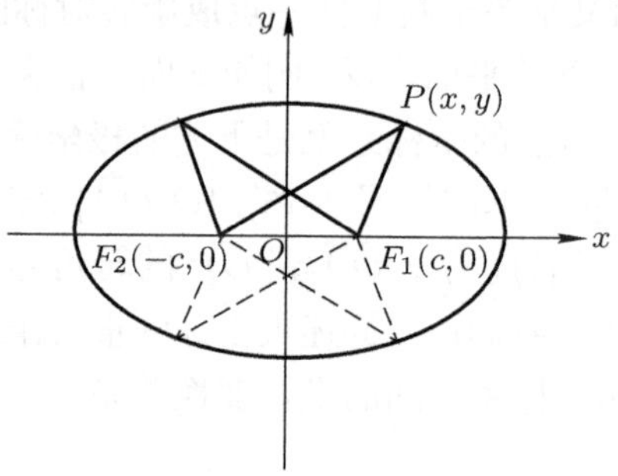

图 3–16

移项后再平方, 即得

$$(x+c)^2+y^2=4a^2-4a\sqrt{(x-c)^2+y^2}+(x-c)^2+y^2,$$

再移项、平方, 即得

$$a^2[(x-c)^2+y^2]=a^4-2a^2cx+c^2x^2,$$

移项整理后, 并令 $b^2 = a^2 - c^2$, 即得下述椭圆的标准式

$$\frac{x^2}{a^2}+\frac{y^2}{b^2}=1.$$

例 7 (双曲线的标准式) 双曲线上的点到两个定点 F_1, F_2 的距离之差等于定长. 同样地, 可以选取 F_1, F_2 的连线为 x 轴, F_1F_2 的垂直平分线为 y 轴 (如图 3–17 所示). 设 $F_1F_2 = 2c$, 定长为 $2a$, 则双曲线上动点 $P(x, y)$ 所要满足的条件为

$$\sqrt{(x+c)^2+y^2}-\sqrt{(x-c)^2+y^2}=\pm 2a.$$

经过类似例 6 的化简过程, 令 $b^2 = c^2 - a^2$, 就可以求得双曲线的标准式

$$\frac{x^2}{a^2}-\frac{y^2}{b^2}=1.$$

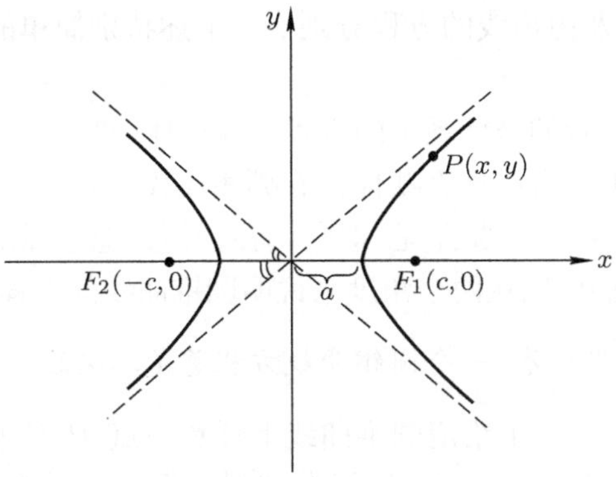

图 3–17

例 8 (抛物线的标准式)　抛物线是平面上与定点 F 和定直线 p 的距离相等的点的轨迹. 不难看出, 它一定会关于由 F 点向直线 p 所作的垂线成轴对称, 所以我们可以取此垂线为 x 轴, 而由 F 点到直线 p 的垂线之中点显然是抛物线上的一点. 如图 3–18 所示, 我们可以取这一点为原点, 则 F 点的坐标为 $(c,0)$, 直线 p 的方程是 $x=-c$. 抛物线上任意动点 $P(x,y)$ 所要满足的条件是

$$FP=\sqrt{(x-c)^2+y^2}=d(P,p)=x+c.$$

两边平方后加以整理, 即得抛物线的标准式

$$y^2=4cx.$$

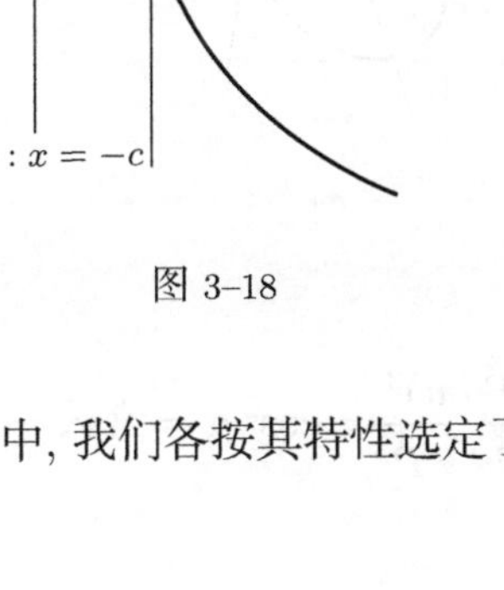

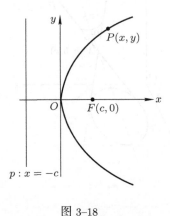

图 3–18

在上面三种情形的讨论中, 我们各按其特性选定了特别适宜的坐标系. 这样

就使得椭圆、双曲线及抛物线的方程分别成为上述特别简单的标准式. 很自然地, 我们可以问:

(1) 圆锥曲线在一般的坐标系中的方程成什么样子?

(2) 圆锥曲线的方程有些什么共性? 有哪些代数上的特点? 显然, 三种圆锥曲线的标准式都是 x, y 的二次方程, 但它们在任何其他坐标系中的方程是否也一定是二次的呢? 我们可以从两个角度来说明圆锥曲线的方程都一定是二次的.

命题 1 对任何坐标系, 一个圆锥曲线方程总是二次的.

证 1 设 (x', y') 是一个给定圆锥曲线上任意一点 P 对于某一任选坐标系 $(\overrightarrow{O'X'}, \overrightarrow{O'Y'})$ 的坐标, (x, y) 是上述圆锥曲线对于例 6、例 7 和例 8 中特别选定的坐标系 $(\overrightarrow{OX}, \overrightarrow{OY})$ 的坐标, 则由前面所述的坐标变换式得知 x, y 可以分别用 x', y' 的一次式来表达. 把这种表达式代入标准式, 就得出给定圆锥曲线对于 $(\overrightarrow{O'X'}, \overrightarrow{O'Y'})$ 坐标系的方程, 它显然应该还是一个二次式.

证 2 由圆锥曲线的原始定义, 它是一个正圆锥和一个平面的截线. 如图 3–19 所示, 我们可以在空间中选取坐标系, 使得上述平面就是 (x, y) 坐标面 (换句话说, x, y 轴都在该平面之上). 设圆锥的顶点 V 的坐标为 (a, b, c), 在圆锥的旋转轴上取一单位向量 $\boldsymbol{u}$, 设其坐标为 (a', b', c'). 令 $P(x, y, z)$ 为圆锥面上任意动点, 则由圆锥面的定义, 向量 $\overrightarrow{VP}$ 和 $\boldsymbol{u}$ 之间的夹角 $= \alpha$ (定值) 或 $\pi - \alpha$. 所以

$$\frac{\overrightarrow{VP} \cdot \boldsymbol{u}}{|\overrightarrow{VP}|} = \cos\alpha \quad \text{或} \quad \cos(\pi - \alpha),$$

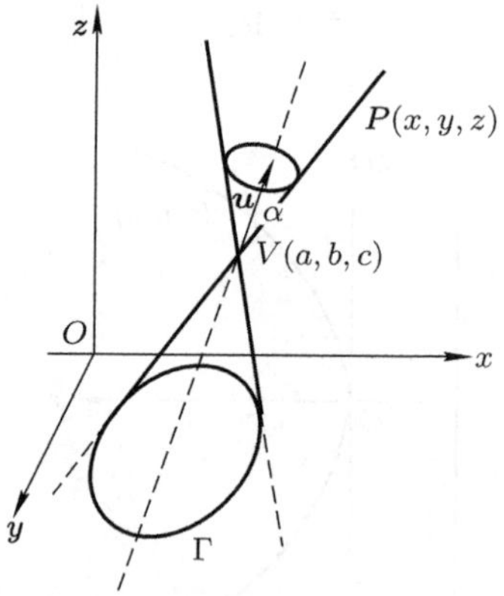

图 3–19

亦即

$$\frac{(\overrightarrow{VP} \cdot \boldsymbol{u})^2}{\overrightarrow{VP} \cdot \overrightarrow{VP}} = \cos^2\alpha = \text{常数} = k.$$

再用坐标形式表达, 即有

$$[(x-a)a'+(y-b)b'+(z-c)c']^2$$
$$-k[(x-a)^2+(y-b)^2+(z-c)^2]=0.$$

总之, 上述圆锥面在立体坐标系中的方程是一个 x,y,z 的二次方程. 在上述方程中令 $z=0$, 即得所求的圆锥曲线在 (x,y) 平面上的方程. 当然还是二次的.

(二) 二次曲线的讨论

上面的讨论说明了圆锥截线的方程都是二次的. 很自然地我们会问它的逆问题, 即方程是二次的曲线是否都是圆锥截线呢? 下面我们将用坐标变换的方法来讨论二次曲线, 从而肯定地解答上述问题.

一个一般性的二次方程可以写成下述形式

$$Ax^2+2Bxy+Cy^2+2Dx+2Ey+F=0.$$

坐标满足上述方程的所有点构成的曲线通称为二次曲线. 从几何学的观点来看, 方程只是该曲线对于某一选定坐标系的表达形式, 对于不同的坐标系就有不同的表达方程. 但是曲线本身的几何性质 (例如椭圆的面积、焦距、长轴、短轴等) 则是它的本质, 当然不会因为坐标系的更换而有所改变.

如前面所讨论的, 设 $O'\boldsymbol{e}_{x'}\boldsymbol{e}_{y'}$ 是另外一个正交坐标系. 令 θ 为 $\boldsymbol{e}_x$ 和 $\boldsymbol{e}_{x'}$ 之间的夹角, $\overrightarrow{OO'}=h\boldsymbol{e}_x+k\boldsymbol{e}_y$, 则同一点 P 的坐标 (x',y') 和 (x,y) 之间有下列坐标变换关系式

$$\begin{cases} x=x'\cos\theta-y'\sin\theta+h, \\ y=x'\sin\theta+y'\cos\theta+k. \end{cases}$$

用上述关系式代入原来对于 (x,y) 坐标系的二次方程, 展开并且合并同类项, 就得到同一条二次曲线在 (x',y') 坐标系中的方程

$$A'x'^2+2B'x'y'+C'y'^2+2D'x'+2E'y'+F'=0,$$

其中

$$\begin{aligned} A'&=A\cos^2\theta+2B\cos\theta\sin\theta+C\sin^2\theta, \\ 2B'&=-2A\sin\theta\cos\theta+2B(\cos^2\theta-\sin^2\theta)+2C\sin\theta\cos\theta \\ &=2B\cos2\theta-(A-C)\sin2\theta, \\ C'&=A\sin^2\theta-2B\cos\theta\sin\theta+C\cos^2\theta, \\ D'&=2Ah\cos\theta+2B(k\cos\theta+h\sin\theta) \\ &\quad+2Ck\sin\theta+2D\cos\theta+2E\sin\theta, \\ E'&=-2Ah\sin\theta+2B(h\cos\theta-k\sin\theta)+2Ck\cos\theta \\ &\quad-2D\sin\theta+2E\cos\theta, \\ F'&=Ah^2+2Bhk+Ck^2+2Dh+2Ek+F. \end{aligned}$$

上述关系式说明了同一条二次曲线在两个不同的坐标系中的方程之间的相互关系. 骤看起来是有些烦琐的, 但稍加分析就可知有其内在的规律性. 首先, 我们得确定所要研究的方向. 因为曲线本身的几何性质是不会由于坐标系的变换而有所改变的 (以后称之为不变量). 所以我们要研究那种方程式系数的表述式, 它是不会因坐标变换的改变而有所改变的不变量. 再者, 我们要研究如何适当选取坐标系, 它能使某一给定曲线的方程变得特别简单.

命题 2

$$\begin{aligned}&A+C=A'+C'=H,\\&B^2-AC=B'^2-A'C'=\delta,\\&\begin{vmatrix}A&B&D\\B&C&E\\D&E&F\end{vmatrix}=\begin{vmatrix}A'&B'&D'\\B'&C'&E'\\D'&E'&F'\end{vmatrix}=\Delta\end{aligned}$$

是二次曲线方程系数之间的三个基本不变量.

证明 由 A',B',C',D',E',F' 的表达式, 不难看出

$$A'+C'=A+C,$$
$$A'-C'=(A-C)\cos 2\theta+2B\sin 2\theta.$$

所以

$$(2B')^2+(A'-C')^2=(2B)^2+(A-C)^2,$$

即

$$\begin{aligned}B'^2-A'C'&=\frac{1}{4}[(2B')^2+(A'-C')^2-(A'+C')^2]\\&=\frac{1}{4}[(2B)^2+(A-C)^2-(A+C)^2]\\&=B^2-AC.\end{aligned}$$

$$\begin{vmatrix}A'&B'&D'\\B'&C'&E'\\D'&E'&F'\end{vmatrix}=\begin{vmatrix}A&B&D\\B&C&E\\D&E&F\end{vmatrix}$$

的验证稍为繁一些, 但是可以用行列式的乘法公式加以证明, 留给读者去完成.

例 9 设 $B^2-AC\neq 0$, 则可由下列联立方程解得 (h_0,k_0)

$$\begin{cases}Ah_0+Bk_0+D=0,\\Bh_0+Ck_0+E=0.\end{cases}$$

因此, 我们可以将坐标平移 (h_0,k_0), 而使 $D'=E'=0$.

例 10 若将坐标旋转 $\theta_0, \tan 2\theta_0 = \dfrac{2B}{A-C}$, 就可以使 $B' = 0$.

解 因为 $B' = \dfrac{1}{2}[2B\cos 2\theta_0 - (A-C)\sin 2\theta_0] = 0$.

(三) 二次曲线的分类定理

(1) 二次曲线蜕化的充要条件是 $\Delta = 0$. 当 $\Delta = 0$ 时,

$\delta < 0$ 时为点椭圆,
$\delta > 0$ 时为相交两直线,
$\delta = 0$ 时为平行两直线 (包括相重).

(2) 当 $\Delta \neq 0$ 时,

$\delta < 0$ 时为椭圆 (有可能为虚椭圆),
$\delta > 0$ 时为双曲线,
$\delta = 0$ 时为抛物线.

证明 (a) 利用待定系数法可以证明

$$Ax^2 + 2Bxy + Cy^2 + 2Dx + 2Ey + F$$

能够分解成两个一次因式的充要条件是 $\Delta = 0$. 不难看出, 当 $\delta = B^2 - AC < 0$ 时, 上述两个因式是复系数的. 它们只有一个实坐标点 (h_0, k_0) (参看例 9). 当 $\delta \geqslant 0$ 时, 上述两个因式都是实系数的, 所以表示两条直线.

如果 $\Delta \neq 0$, 则

(b) 当 $\delta \neq 0$ 时, 我们可以先将坐标轴平移 (h_0, k_0) 使得方程中 $D' = E' = 0$, 即有方程

$$Ax'^2 + 2Bx'y' + Cy'^2 + F' = 0,$$

其中 $F' = Ah_0^2 + 2Bh_0k_0 + Ck_0^2 + 2Dh_0 + 2Ek_0 + F$; h_0, k_0 是例 9 中所解得之 O' 的坐标.

然后再作 $-\theta_0$ 的转轴, $\tan 2\theta_0 = \dfrac{2B}{A-C}$, 这样, 就可以使方程中不含 $x'y'$ 项, 即

$$A'x'^2 + C'y'^2 + F' = 0.$$

我们还可以用命题 2 来直接计算 A', C' (即不需要去算 $\cos\theta_0, \sin\theta_0$ 的值, 并且代入 A', C' 的表达式中)

$$\begin{cases} A' + C' = H = A + C \text{ (为已知值)}, \\ -A'C' = \delta = B^2 - AC \text{ (为已知值)}. \end{cases}$$

容易由根与系数的关系得知 A', C' 恰好是下述一元二次方程

$$x^2 - Hx - \delta = 0$$

的两个根, 即

$$A' = \frac{H \pm \sqrt{H^2 + 4\delta}}{2}, \quad C' = \frac{H \mp \sqrt{H^2 + 4\delta}}{2}.$$

当 $\delta > 0$ 时, $A'C' = -\delta < 0, A', C'$ 异号, 故曲线为双曲型;

当 $\delta < 0$ 时, $A'C' = -\delta > 0, A', C'$ 同号, 故曲线为椭圆型.

(c) 当 $\delta = 0$ 时, 我们可以先作 θ_0 角的转轴, 使得 $B' = 0$. 再由 $-A'C' = \delta = 0$ 得知 A', C' 中至少 (其实恰有) 一个也变为零. 所以方程成为下列之一, 即

$$\begin{aligned} A'x'^2 + 2D'x' + 2E'y' + F' = 0 \\ \text{或}\ C'y'^2 + 2D'x' + 2E'y' + F' = 0. \end{aligned}$$

再用一个简单的平移 (用配方法), 方程可写成

$$A'x'^2 + 2E'y' = 0 \quad \text{或} \quad C'y'^2 + 2D'x' = 0,$$

所以它是抛物线.

例 11　设二次曲线的 $\delta = B^2 - AC < 0$. 则可经平移、转轴使得新坐标轴上的方程为

$$A'x'^2 + C'y'^2 + F' = 0,$$

其中

$$\begin{cases} A' + C' = H, \\ -A'C' = \delta < 0, \\ A'C'F' = \Delta. \end{cases}$$

所以, A', C' 都和 H 同号, $F' = -\dfrac{\Delta}{\delta}$ 和 Δ 同号.

$\Delta = 0$ 时为点椭圆,

$H\Delta > 0$ 时为虚椭圆, 因为 A', C', F' 都同号, 方程无解,

$H\Delta < 0$ 时为椭圆.

例 12　在实际计算时, 当 $\tan 2\theta_0 = \dfrac{2B}{A - C}$ 时, $B' = 0$. 但是在 $0 \leqslant \theta_0 < \pi$ 中, $\tan 2\theta_0 = \dfrac{2B}{A - C}$ 有两个相差为 $\dfrac{\pi}{2}$ 的解. 相应地有

$$\begin{cases} A' + C' = H, \\ -A'C' = \delta \end{cases}$$

的两组解 A', C'. 假如我们进一步限制转轴的角

$$0 \leqslant \theta_0 < \frac{\pi}{2}, \quad 则 \quad \sin 2\theta_0 \geqslant 0.$$

即得条件

$$\begin{aligned} A' - C' &= (A - C)\cos 2\theta_0 + 2B\sin 2\theta_0 \\ &= \sin 2\theta_0[(A - C)\cot 2\theta_0 + 2B] \\ &= \sin 2\theta_0\left[(A - C)\cdot\frac{A - C}{2B} + 2B\right] \\ &= \frac{\sin 2\theta_0}{2B}[(A - C)^2 + (2B)^2]. \end{aligned}$$

所以 $A' - C'$ 和 B 同号. 利用上述条件就可以确定如何选定相应于 $0 \leqslant \theta_0 < \dfrac{\pi}{2}$ 的那一组解 A', C' 了.

例 13　过平面上相异五点 $P_i(x_i, y_i)$, $i = 1, 2, 3, 4, 5$ 有一条唯一的圆锥曲线.

解 1　因为 $(x_i, y_i), i = 1, 2, 3, 4, 5$ 都是已给的坐标, 所以将下列六阶行列式展开 (可以按第一行展开)

$$\begin{vmatrix} x^2 & xy & y^2 & x & y & 1 \\ x_1^2 & x_1y_1 & y_1^2 & x_1 & y_1 & 1 \\ x_2^2 & x_2y_2 & y_2^2 & x_2 & y_2 & 1 \\ x_3^2 & x_3y_3 & y_3^2 & x_3 & y_3 & 1 \\ x_4^2 & x_4y_4 & y_4^2 & x_4 & y_4 & 1 \\ x_5^2 & x_5y_5 & y_5^2 & x_5 & y_5 & 1 \end{vmatrix} = 0$$

即得一个 x, y 的二次方程. 当我们分别以 $(x_i, y_i)(i = 1, 2, 3, 4, 5)$ 代入第一行中的 x, y 时, 行列式就有两行相同, 所以其值为零. 换句话说, (x_i, y_i) 满足上述展开式所表达的这个二次方程. 这就说明了同时过 $P_i(x_i, y_i), i = 1, 2, 3, 4, 5$ 这五个点的圆锥曲线的存在性.

反之, 设

$$Ax^2 + 2Bxy + Cy^2 + 2Dx + 2Ey + F = 0$$

是同时为 $(x_i, y_i), i = 1, 2, 3, 4, 5$ 所满足的一个二次方程. $(\widetilde{x}, \widetilde{y})$ 是上述方程所表示的曲线上的任意一点, 则有下列六个联合方程

$$\begin{cases} A\widetilde{x}^2 + 2B\widetilde{x}\widetilde{y} + C\widetilde{y}^2 + 2D\widetilde{x} + 2E\widetilde{y} + F = 0, \\ Ax_i^2 + 2Bx_iy_i + Cy_i^2 + 2Dx_i + 2Ey_i + F = 0, \\ \qquad i = 1, 2, 3, 4, 5. \end{cases}$$

我们把 A, B, C, D, E, F 看成待求的未知数, 则上述六个式子就是 A, B, C, D, E, F 这六个元的齐次联立方程组. 它具有一组非零解, 所以它的系数行列式必须为零. 这就证明了 $(\widetilde{x}, \widetilde{y})$ 满足原先那个六阶行列式所表达的二次方程, 从而也就说明了唯一性.

解 2 要用展开六阶行列式来计算上述二次方程, 那是相当烦琐的, 下面是一个比较简便的计算法.

先求下列四个一次方程, 即

$$\begin{cases} l_1(x,y)=0 \text{ 是直线 } P_1P_2 \text{ 的方程}, \\ l_2(x,y)=0 \text{ 是直线 } P_3P_4 \text{ 的方程}, \\ l_3(x,y)=0 \text{ 是直线 } P_1P_3 \text{ 的方程}, \\ l_4(x,y)=0 \text{ 是直线 } P_2P_4 \text{ 的方程}. \end{cases}$$

由上面不难看出, 对于任何常数 k, 由

$$l_1(x,y)l_2(x,y)+kl_3(x,y)l_4(x,y)=0$$

所定义的二次曲线都会同时通过 P_1, P_2, P_3, P_4 这四点. 换句话说, 当 k 取各种可能的值时, 上述方程表示过 P_1, P_2, P_3, P_4 这四点的圆锥曲线系. 所以, 我们只要再把 (x_5, y_5) 代入上式, 就可以求得 k 的值, 即

$$k=-\frac{l_1(x_5,y_5)l_2(x_5,y_5)}{l_3(x_5,y_5)l_4(x_5,y_5)}.$$

这样就可以简便地求出过 $P_i(i=1,2,3,4,5)$ 这五点的二次曲线的方程.

由一个代数方程所确定的曲线 (亦即坐标满足给定代数方程的点的集合) 是解析几何自然的研究对象, 这种曲线叫做**代数曲线**. 该代数方程的次数也叫做这个代数曲线的次数. 上面的讨论说明 (x, y) 平面上的一次代数曲线是直线, 二次代数曲线是圆锥曲线. 同样地, 我们还可以讨论立体解析几何中的代数曲面和代数曲线.

习 题

1. 设 $\boldsymbol{a}$, $\boldsymbol{b}$, $\boldsymbol{c}$, $\boldsymbol{x}$ 为四个向量, 试证:

$$(\boldsymbol{x}-\boldsymbol{a})\cdot(\boldsymbol{b}-\boldsymbol{c})+(\boldsymbol{x}-\boldsymbol{b})\cdot(\boldsymbol{c}-\boldsymbol{a})+(\boldsymbol{x}-\boldsymbol{c})\cdot(\boldsymbol{a}-\boldsymbol{b})=0,$$

并由此证明三角形三边上的高交于一点.

2. 如图 3–20 所示, $\boldsymbol{a}=\overrightarrow{OA}, \boldsymbol{b}=\overrightarrow{OB}$ 是两个线性无关的向量, A_1, A_2 是直线 OA 上的相异两点, B_1, B_2 是直线 OB 上的相异两点. 设 $\overrightarrow{OA_1}=\alpha_1\boldsymbol{a}, \overrightarrow{OA_2}=$

$\alpha_2 \boldsymbol{a}(\alpha_1, \alpha_2 \neq 0), \overrightarrow{OB_1} = \beta_1 \boldsymbol{b}, \overrightarrow{OB_2} = \beta_2 \boldsymbol{b}(\beta_1, \beta_2 \neq 0)$, 直线 A_1B_2 和 A_2B_1 相交于 C 点. 试用 $\alpha_1, \alpha_2, \beta_1, \beta_2$ 表达 $\boldsymbol{c} = \overrightarrow{OC} = x\boldsymbol{a} + y\boldsymbol{b}$ 中的系数 x 和 y.

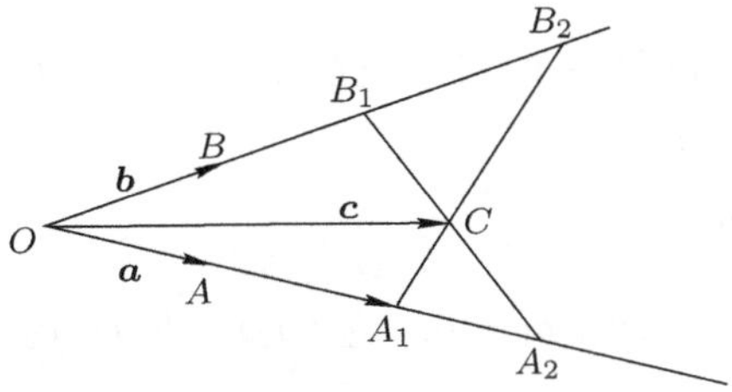

图 3–20

3. 试证: 在给定 $\triangle OAB$ 的三边上各取一点 P, Q, R, 将它们和对顶点相连的三条直线 OP, AQ, BR 交于一点的充要条件是

$$\frac{OR}{RA} \cdot \frac{AP}{PB} \cdot \frac{BQ}{QO} = 1.$$

4. 试证: 在给定 $\triangle OAB$ 的三边所在的直线 AB, OB, OA 上各取一点 P, Q, R, 则 P, Q, R 三点共线的充要条件是

$$\frac{OR}{RA} \cdot \frac{AP}{PB} \cdot \frac{BQ}{QO} = -1.$$

5. 由叉积和外积的对应, 即有

$$(\boldsymbol{a} \times \boldsymbol{b}) \cdot (\boldsymbol{c} \times \boldsymbol{d}) = \begin{vmatrix} \boldsymbol{a} \cdot \boldsymbol{c} & \boldsymbol{a} \cdot \boldsymbol{d} \\ \boldsymbol{b} \cdot \boldsymbol{c} & \boldsymbol{b} \cdot \boldsymbol{d} \end{vmatrix}, \quad (\boldsymbol{a} \times \boldsymbol{b}) \cdot \boldsymbol{c} = \boldsymbol{a} \cdot (\boldsymbol{b} \times \boldsymbol{c}),$$

试用上式推导: $(\boldsymbol{a} \times \boldsymbol{b}) \times \boldsymbol{c} - \boldsymbol{a} \times (\boldsymbol{b} \times \boldsymbol{c}) = (\boldsymbol{a} \cdot \boldsymbol{b})\boldsymbol{c} - (\boldsymbol{b} \cdot \boldsymbol{c})\boldsymbol{a}$.

6. 设 V 是一个 n 维向量空间, $\boldsymbol{v}_1, \cdots, \boldsymbol{v}_p$ 是 p 个线性独立向量, 试证: 向量 $\boldsymbol{a}$ 可用 $\boldsymbol{v}_1, \cdots, \boldsymbol{v}_p$ 线性表出的充要条件是

$$\boldsymbol{a} \wedge \boldsymbol{v}_1 \wedge \cdots \wedge \boldsymbol{v}_p = \boldsymbol{0}.$$

7. 设 $\boldsymbol{a}_1, \cdots, \boldsymbol{a}_p; \boldsymbol{b}_1, \cdots, \boldsymbol{b}_p$ 是 V 中两组向量, 满足

$$\sum_{i=1}^{p} \boldsymbol{a}_i \wedge \boldsymbol{b}_i = \boldsymbol{0},$$

试证: 若 $\boldsymbol{a}_1, \cdots, \boldsymbol{a}_p$ 是线性独立的, 则 $\boldsymbol{b}_i$ 可表示成它们的线性组合:

$$\boldsymbol{b}_i = \sum_{j=1}^{p} \lambda_{ij} \boldsymbol{a}_j, \quad 1 \leqslant i \leqslant p, \quad 并且\ \lambda_{ij} = \lambda_{ji}.$$

8. 设 V 是一个 n 维向量空间, 由于 $\wedge^p(V^n)$ 与 $\wedge^{n-p}(V^n)$ 的维数相等 $(C_n^p = C_n^{n-p})$, 它们是同构的. 试建立两者之间的一个同构, 特别考察 $n=3$ 的场合.

9. 试证: 坐标 (x, y) 满足一个一次方程 $ax+by+c=0$ (a, b 不同时为零) 的点构成一条直线, 反之亦对.

10. 试证: 两条直线

$$l_1: a_1x+b_1y+c_1=0, \quad l_2: a_2x+b_2y+c_2=0$$

平行而不重合的充要条件为

$$\frac{a_1}{a_2} = \frac{b_1}{b_2} \neq \frac{c_1}{c_2}.$$

11. 试求两条直线 $l_i: a_ix+b_iy+c_i=0$ $(i=1,2)$ 互相垂直的充要条件.

12. 将坐标轴旋转角度 θ, 求下列曲线在新坐标系中的方程, 并画图:

1) $17x^2-16xy+17y^2=225, \theta=\dfrac{\pi}{4}$;

2) $\sqrt{3}xy-y^2=12, \theta=\dfrac{\pi}{6}$.

13. 利用二次曲线的分类定理, 直接确定下列二次曲线的形状:

1) $7x^2-8xy+y^2+14x-8y+16=0$;

2) $3x^2+4xy+10x+12y+7=0$;

3) $32x^2+48xy+18y^2-57x-24y+6=0$;

4) $7x^2-18xy-17y^2-28x+36y+8=0$.

14. 证明方程 $Ax^2+2Bxy+Cy^2+2Dx+2Ey+F=0$ 确定一个圆的充要条件是: $H^2=-4\delta, H\Delta<0$.

第四章　球面几何与球面三角

空间中和定点 O 的距离等于定值 r 的所有点构成的曲面, 叫做以 O 点为球心、以 r 为半径的**球面**. 例如我们所居住的大地, 其局部地貌虽然是丘陵起伏、山川纵横, 但是其全局的形状却十分接近于一个球面. 这也是为什么我们现在直截了当地把它叫做"地球"的缘故. 远在公元前 3 世纪, 古埃及亚历山大城的依剌都山尼就曾运用简单的几何知识和对日光的观察, 对地球的大小作了一次初步的估计. 他当时对地球半径的估计化为现代的单位约为 7270 千米, 比近代利用人造卫星测量所得的数据 6378 千米仅仅相差 15%. 自工业革命以来, 远洋航海日益发达, 球面几何就成为航海、天文的基本工具了.

将球面几何和前面所讨论的平面几何相比较, 不难看出下列几点: (i) 相对于半径来说, 很小的一小片球面看起来就几乎是一个平面. (这也是早期历史上各民族将"大地"的整体形状误认为是"平面"的原因.) (ii) 一个过球心的平面和球面的交截线叫做该球面的一个"**大圆**". 它们在球面几何里所扮演的角色相当于平面几何中的直线. 例如一个小于半圆的大圆圆弧就是其两端点之间在球面上的所有路径之中的唯一的最短者! 换句话说, 它们也具有和平面上的直线段相同的特征. (iii) 在平面几何学中, 平面对于其中任给一条直线都成**反射对称** (这是一个最重要的基本性质), 同样地, 球面对于其中任何一个大圆皆成反射对称, 它也是球面几何学的一个最重要的基本性质. (iv) 三角形的研究是平面几何学的核心问题, 同样地, **球面三角形** (亦即由联结三个顶点的大圆圆弧所构成的图形) 的研究也是球面几何的核心问题.

第一节 球 面 几 何

一个球面是空间中和定点的距离等于定值的点所构成的曲面, 该定点叫做它的球心, 定值叫做它的半径 (如图 4–1 所示). 我们将用符号 $S^2(P_0,r)$ 表示以 P_0 点为球心、r 为半径的**球面**, S 的上标 2 被用来标明它的维数等于 2:

$$S^2(P_0,r)=\{P|d(P,P_0)=r\},$$

其中 $d(P,P_0)$ 表示 P, P_0 两点之间的距离. 再者, 我们将以 $D^3(P_0,r)$ 表示以 P_0 点为球心、r 为半径的**球体**, 即

$$D^3(P_0,r)=\{P|d(P,P_0)\leqslant r\}.$$

前述球面就是上述球体的表面.

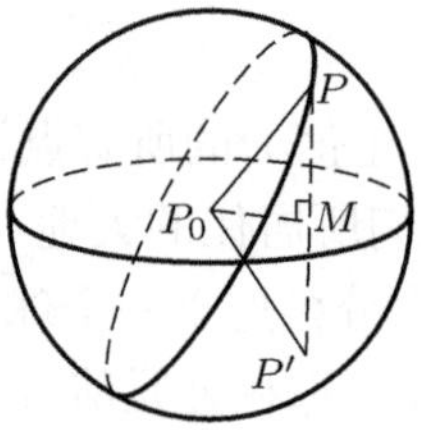

图 4–1

球面与球体分别是空间中最完美和对称的面与体, 也是既常见又常用的几何形体. 本节将对它们的几何性质作简要讨论.

一、球面与球体的特征性质

命题 1 球面 $S^2(P_0,r)$ (或球体 $D^3(P_0,r)$) 关于任何过球心 P_0 的平面均成反射对称. 反之, 一个关于所有过 P_0 点的平面都成反射对称的连通曲面 (或实心体) 也一定是一个以 P_0 点为球心的球面 (或球体).

证明 不难看出, 只要证明球面的情形就可以同理推导得出球体的情形. 现证明如下:

设 $P\in S^2(P_0,r),\pi$ 是一个任给的过 P_0 的平面, P' 是在以 π 为反射平面的反射对称下 P 点的对称点. 因为 P_0 点是自己的对称点, 反射对称是保长的, 所以

$$d(P,P_0)=r\Longrightarrow d(P',P_0)=r\Longrightarrow P'\in S^2(P_0,r),$$

这就证明了 $S^2(P_0,r)$ 关于 π 成反射对称.

反之, 设 Σ^2 是空间中的一个 "面" (指连通的二维图像), 而且是关于任何过 P_0 点的平面 π 都成反射对称的. 设 $P \in \Sigma^2$ 是其上任取的一点, 令 $d(P, P_0) = r$, 即 $P \in S^2(P_0, r)$. 如图 4–1 所示, 设 P' 为 $S^2(P_0, r)$ 上的任给一点, 则由假设 $|P_0P| = |P_0P'| = r$, 可知 $\triangle P_0PP'$ 是等腰三角形, P_0 点和 PP' 的中点 M 的连线与 PP' 垂直. 换句话说, P_0 点在 PP' 的中垂面上, 亦即 P, P' 点关于上述过 P_0 点的中垂面成反射对称. 因此, 由 Σ^2 的性质得知 P' 也必属于 Σ^2. 但是 P' 是 $S^2(P_0, r)$ 上的任意一点, 这就证明了

$$S^2(P_0, r) \subset \Sigma^2.$$

再由假设 Σ^2 是一个曲面即得 $\Sigma^2 = S^2(P_0, r)$. 这是因为, 若 Σ^2 包含不属于 $S^2(P_0, r)$ 的点 P_1, 则 Σ^2 又包含一个球面 $S^2(P_0, r_1)$, 这里 $r_1 = |P_0P_1| \neq r, \Sigma^2$ 就不是一个连通曲面.

推论 球面 $S(P_0, r)$ 关于任给一条过 P_0 的直线都成轴旋转对称, 关于球心 P_0 点则成中心对称.

证明 设 π_1, π_2 是过 P_0 点的两个平面, 其交截线为一条过 P_0 点的直线 l, 交角为 θ. 关于 π_1, π_2 的反射对称相结合就是一个以 l 线为轴的 2θ 度旋转 (读者试自证之). 再者, 设 π_1, π_2, π_3 是过 P_0 点的三个互相垂直的平面, 则关于它们的三个反射对称的结合就是以 P_0 点为中心的中心对称 (读者再试自证之).

二、球与圆

在平面上和定点的距离为定值的点集是一个圆, 在空间中和定点的距离为定值的点集则是一个球面. 所以圆和球有很多类同的性质和密切的关系, 现扼要地列述如下:

(i) 将图 4–2 所示的圆绕轴 QO 旋转, 即得一同半径的球面. 不难从图 4–2 看出, 从球外一点 Q 到 $S^2(O, r)$ 的所有切线均等长, 而且形成一个以 Q 点为顶点和球面相切于一个圆的正圆锥面. 再者, 一个平面若和球体相交, 则其截面为一 "圆碟" (如图 4–2 中所示的阴影部分), 它的圆心 Q' 和球心 O 的连线和该圆碟垂直. (相当于弦的中点和圆心的连线与该弦垂直.)

(ii) 在圆的性质之中, 有一个常用的定理叫做**圆幂定理**, 即从圆外一点 Q 向圆引一任意的割线, 则所截的两线段 QP_1, QP_2 长度的乘积恒等于切线长的平方. 同样地也有**球幂定理**. 其实, 从向量的观点来看, 上述两个定理的证明是完全一致的.

(iii) 平面上不共线三点定一圆. 同样地, 空间的不共面四点定一球面.

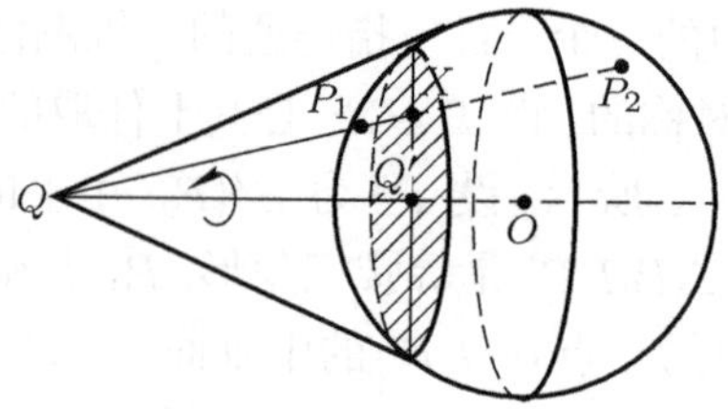

图 4–2

(iv) 半径为 r 的圆周周长为 $2\pi r$; 半径为 r 的球面面积为 $4\pi r^2$ (这是 Archimedes 和我国的祖暅在古代几何学上的重要成就).

三、球面几何

所有相同半径的球面都是恒等的, 不同半径的球面则都是相似的. 所以在讨论球面上的几何问题时, 我们总可以把它们归于**单位** (半径) **球面**的情形来研讨. 从现在开始, 若不另加说明, 我们总假设所讨论的球面是 $S^2(O,1)$, 即以原点 O 为球心的单位球面. 再者, 我们将经常把所要研讨的球面几何问题和 (业已熟知的) 相应的平面几何知识进行比较.

(i) **大圆**: 一个**过球心**的平面在球面上的截线叫做球面上的一个**大圆**. 在球面几何中它们相当于平面几何中的直线. 例如, 平面关于其上的一条直线成反射对称; 球面关于其上的一个大圆也成反射对称. 而且小于半个大圆的圆弧就是其两端点之间的唯一最短路径 (证明见第六章). 换句话说, 只要加上小于半个大圆的条件, 这种大圆圆弧也就相当于平面几何中的直线段. 所不同的地方是: 任何两个大圆都交于对顶的两点 (所以没有不相交的情况), 而且过对顶的两点有无穷多个大圆.

(ii) **对称性与叠合公理**: 平面几何中的叠合公理和平面的对称性其实是同一性质的两种表现, 而且平面关于任给直线的反射对称则又是对称性的基础, 即其他的对称性都可以用反射对称适当组合而成. 因为球面也同样地关于任给大圆成反射对称, 所以球面几何在对称性和叠合公理上是和平面几何完全相同的.

(iii) **球面三角形**: 在球面上相距小于 π 的给定三点 A,B,C (对顶点之间的球面距离是 π!) 唯一地确定了三条小于半圆的大圆圆弧 AB,BC,CA, 它们组成了一个以 A, B, C 为顶点的球面三角形. 在平面几何学的讨论中, 三角形是最简单也是最基本的 "主角"; 同样地在球面几何的研究中, 球面三角形也是简单而又基本的主要课题. 一个球面三角形也具有三边边长和三内角角度这样六个元素. 在平面三角形的角边关系中, 有熟知的恒等条件, 如 s.s.s, s.a.s, a.s.a, a.a.s 等. 类似地, 在球面三角形的角边关系中, 也有一系列恒等条件: s.s.s, s.a.s, a.s.a, a.a.a

等 (证明见后文). 再者, 平面三角形的内角和恒等于一平角, 但是球面三角形的内角和都大于一平角, 而且有下述有意思的定理:

定理 1 在单位球面上任给的球面三角形 $\triangle ABC$, 其内角和减去 π 后的盈余恰好等于它的面积, 即

$$\angle A+\angle B+\angle C-\pi=\triangle ABC \text{ 的面积}.$$

证明 将 AB, AC 这两个大圆圆弧延长, 相交于 A 的对顶点 A'. 这两条半圆圆弧之间的区域叫做一个 "棱形", 它的面积是全球面的 $\dfrac{\angle A}{2\pi}$ 倍, 即为 $\dfrac{\angle A}{2\pi}\cdot 4\pi=2\angle A$, 其中 $\angle A$ 表示角 A 的**弧度**. 若用 $\triangle ABC$ 表示以 A, B, C 为顶点的球面三角形的**面积**, A', B', C' 分别表示 A, B, C 的**对顶点**. 则如图 4–3, 即有

$$\begin{cases}\triangle ABC+\triangle A'BC=2\angle A,\\ \triangle ABC+\triangle AB'C=2\angle B,\\ \triangle ABC+\triangle ABC'=2\angle C,\\ \triangle ABC'=\triangle A'B'C \quad (\text{因为两者互为对顶}),\\ \triangle ABC+\triangle A'BC+\triangle AB'C+\triangle A'B'C=\text{ 半球面面积 }=2\pi.\end{cases} \tag{1}$$

将前三式相加, 再用后两式代换, 即得

$$\begin{cases}\quad 3\triangle ABC+\triangle A'BC+\triangle AB'C+\triangle ABC'\\ =2(\angle A+\angle B+\angle C),\\ \quad 2\triangle ABC+(\triangle ABC+\triangle A'BC+\triangle AB'C+\triangle A'B'C)\\ =2\triangle ABC+2\pi.\end{cases} \tag{2}$$

从中可得 $\triangle ABC=\angle A+\angle B+\angle C-\pi$.

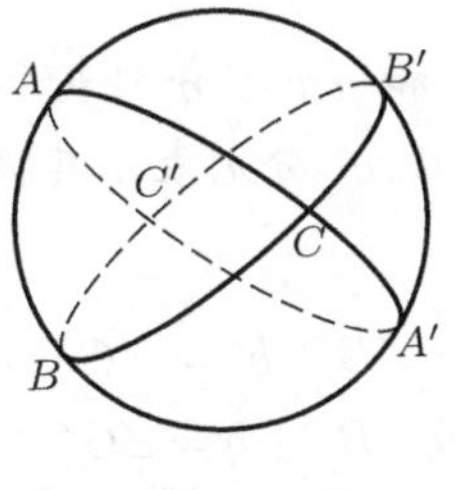

图 4–3

(iv) **极与赤道、球面三角形的极对偶**: 对于球面上一点 A, 与它的球面距离为 $\pi/2$ 的所有点构成一个大圆 Γ_A, 两者之间的关系类似于地球上的极点与赤道. 我们称 Γ_A 为以 A 点为极的**赤道圆**. 如图 4–4 所示, 对于球面三角形 $\triangle ABC$, 可

以分别作 $\Gamma_A, \Gamma_B, \Gamma_C$, 交截而得另一球面三角形 $\triangle A^*B^*C^*$. $\triangle ABC$ 和 $\triangle A^*B^*C^*$ 互为**极对偶**. 换句话说, $A = A^{**}, B = B^{**}, C = C^{**}$. 要说明上述对偶性, 我们只要注意到下列事实, 即

$$\begin{aligned} d(A, C^*) &= d(B, C^*) = \frac{\pi}{2}, \\ d(B, A^*) &= d(C, A^*) = \frac{\pi}{2}, \\ d(A, B^*) &= d(C, B^*) = \frac{\pi}{2}, \end{aligned} \tag{3}$$

所以 $AB \subset \Gamma_{C^*}, AC \subset \Gamma_{B^*}, BC \subset \Gamma_{A^*}$, 亦即

$$A \in \Gamma_{C^*} \bigcap \Gamma_{B^*}, \quad B \in \Gamma_{C^*} \bigcap \Gamma_{A^*}, \quad C \in \Gamma_{A^*} \bigcap \Gamma_{B^*}.$$

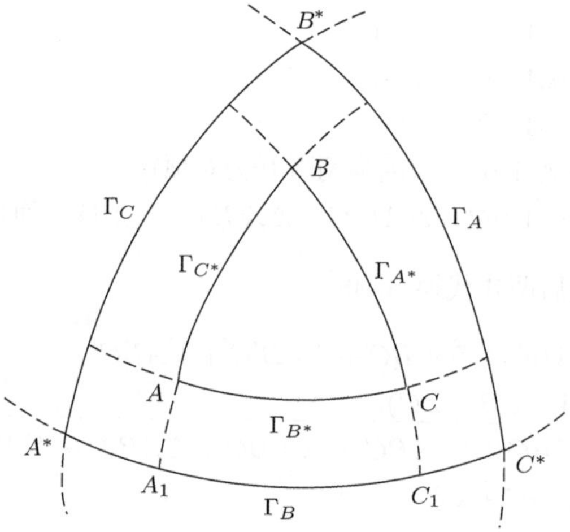

图 4–4

命题 2 设以 $\angle A, \angle B, \angle C$ 和 a, b, c 分别表示 $\triangle ABC$ 的三个角度和边长, 同样地以 $\angle A^*, \angle B^*, \angle C^*$ 和 a^*, b^*, c^* 分别表示其极对偶三角形 $\triangle A^*B^*C^*$ 的三个角度和边长, 则有关系式:

$$\begin{aligned} \angle A + a^* = \angle B + b^* = \angle C + c^* = \pi, \\ \angle A^* + a = \angle B^* + b = \angle C^* + c = \pi. \end{aligned} \tag{4}$$

证明 如图 4–4 所示, 令 A_1, C_1 分别表示以 B 点为极点的经线 BA 和 BC 与赤道圆 Γ_B 的交点, 所以 A_1C_1 的弧长就等于 $\angle B$. 再者, 上面业已说明 $AB \subset \Gamma_{C^*}, BC \subset \Gamma_{A^*}$, 所以

$$A^*C_1 = \frac{\pi}{2}, \quad A_1C^* = \frac{\pi}{2}.$$

这就说明了

$$b^* + \angle B = A^*C^* + A_1C_1 = A^*C_1 + A_1C^* = \frac{\pi}{2} + \frac{\pi}{2} = \pi.$$

同理可证 $\angle A + a^* = \angle C + c^* = \pi$. 再用对偶性, 即得

$$\angle A^* + a = \angle B^* + b = \angle C^* + c = \pi.$$

推论　在球面几何中, 若 $\triangle ABC$ 和 $\triangle A_1B_1C_1$ 的三内角对应相等, 则其三边边长亦对应相等.

证明　由对偶性和命题 2, 即可从假设

$$\angle A = \angle A_1, \quad \angle B = \angle B_1 \text{ 和 } \angle C = \angle C_1$$

推得

$$\begin{aligned} a^* &= \pi - \angle A = \pi - \angle A_1 = a_1^*, \\ b^* &= \pi - \angle B = \pi - \angle B_1 = b_1^*, \\ c^* &= \pi - \angle C = \pi - \angle C_1 = c_1^*. \end{aligned}$$

所以由 s.s.s 叠合定理就得 $\triangle A^*B^*C^*$ 和 $\triangle A_1^*B_1^*C_1^*$ 恒等. 再用对偶性, 即得 $\triangle ABC$ 和 $\triangle A_1B_1C_1$ 也恒等.

注　球面几何中的恒等条件 s.a.s 很容易用其反射对称性证得, 然后再用与平面几何中相同的证法, 就可以从 s.a.s 证明恒等条件 s.s.s. 上述推论证明了球面几何中特有的恒等条件 a.a.a.

第二节　球面三角公式

平面几何中的三角形各种恒等条件说明了平面三角形的唯一性. 到了平面三角学, 我们就把这种唯一性定理提升到**有效能算的角边函数关系**, 其中最基本的就是

$$\textbf{正弦定理}: \frac{\sin A}{a} = \frac{\sin B}{b} = \frac{\sin C}{c}, \tag{5}$$

$$\textbf{余弦定理}: \begin{cases} a^2 = b^2 + c^2 - 2bc\cos A, \\ b^2 = c^2 + a^2 - 2ca\cos B, \\ c^2 = a^2 + b^2 - 2ab\cos C. \end{cases} \tag{6}$$

本节所要讨论的课题是如何把对球面三角形的理解也提升到有效能算的边角函数关系, 其中最主要的结果就是球面三角的正弦定理与余弦定理.

分析　如图 4–5 所示, A, B, C 是单位球面上的三点, 以 $\boldsymbol{a}$, $\boldsymbol{b}$ 和 $\boldsymbol{c}$ 分别表示单位向量 $\overrightarrow{OA}, \overrightarrow{OB}$ 和 $\overrightarrow{OC}$, 则球面三角形 $\triangle ABC$ 的三角角度和三边边长分别可以用空间向量 $\boldsymbol{a}$, $\boldsymbol{b}$, $\boldsymbol{c}$ 表达如下:

$$\begin{gathered} a \text{ 就是 } \boldsymbol{b}, \boldsymbol{c} \text{ 之间夹角的弧度, 所以 } \cos a = \boldsymbol{b}\cdot\boldsymbol{c}, \\ \text{同理有 } \cos b = \boldsymbol{a}\cdot\boldsymbol{c}, \quad \cos c = \boldsymbol{a}\cdot\boldsymbol{b}. \end{gathered} \tag{7}$$

再者, $\angle A$ 就是 "$\boldsymbol{a}$, $\boldsymbol{b}$ 所张的平面" 和 "$\boldsymbol{a}$, $\boldsymbol{c}$ 所张的平面" 之间的夹角, 所以 $\angle A$ 也等于 $\boldsymbol{a}\times\boldsymbol{b}$ 和 $\boldsymbol{a}\times\boldsymbol{c}$ 之间的夹角, 即

$$\begin{aligned} (\boldsymbol{a}\times\boldsymbol{b})\cdot(\boldsymbol{a}\times\boldsymbol{c}) &= |\boldsymbol{a}\times\boldsymbol{b}||\boldsymbol{a}\times\boldsymbol{c}|\cos A \\ &= \sin c \sin b \cos A. \end{aligned} \tag{8}$$

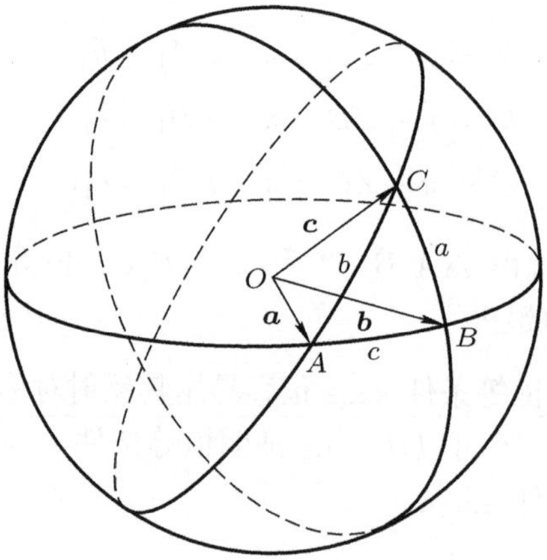

图 4–5

同理亦有

$$(\boldsymbol{b}\times\boldsymbol{c})\cdot(\boldsymbol{b}\times\boldsymbol{a}) = \sin a \sin c \cos B,$$
$$(\boldsymbol{c}\times\boldsymbol{a})\cdot(\boldsymbol{b}\times\boldsymbol{c}) = \sin b \sin a \cos C.$$

球面三角余弦定理　对于任给球面三角形 $\triangle ABC$, 其三边 a, b, c 和三角 A, B, C 之间恒满足下述函数关系:

$$\begin{cases} \cos a = \cos b \cos c + \sin b \sin c \cos A, \\ \cos b = \cos a \cos c + \sin a \sin c \cos B, \\ \cos c = \cos a \cos b + \sin a \sin b \cos C. \end{cases} \tag{9}$$

证明 上述三个等式中, 如能证明其中之一, 则其他两个等式只要把 A, B, C 和 a, b, c 加以轮换即得.

利用第三章习题 5 的结果, 即得

$$\begin{aligned}\sin c\sin b\cos A &= (\boldsymbol{a}\times\boldsymbol{b})\cdot(\boldsymbol{a}\times\boldsymbol{c})\\ &= \begin{vmatrix}\boldsymbol{a}\cdot\boldsymbol{a} & \boldsymbol{b}\cdot\boldsymbol{a}\\ \boldsymbol{a}\cdot\boldsymbol{c} & \boldsymbol{b}\cdot\boldsymbol{c}\end{vmatrix}\\ &= \begin{vmatrix}1 & \cos c\\ \cos b & \cos a\end{vmatrix}\\ &= \cos a-\cos b\cos c,\end{aligned}$$

亦即

$$\cos a=\cos b\cos c+\sin b\sin c\cos A.$$

球面三角正弦定理 对于任给球面三角形 $\triangle ABC$, 有

$$\frac{\sin A}{\sin a}=\frac{\sin B}{\sin b}=\frac{\sin C}{\sin c}. \tag{10}$$

证明 因为上述三个比值都是正的, 所以我们只要证明

$$\frac{\sin^2 A}{\sin^2 a}=\frac{\sin^2 B}{\sin^2 b}=\frac{\sin^2 C}{\sin^2 c}$$

恒成立就够了. 现证明如下:

由前述余弦定理, 即得

$$\begin{aligned}\frac{\sin^2 A}{\sin^2 a} &= \frac{1}{\sin^2 a\sin^2 b\sin^2 c}\\ &\quad\cdot[\sin^2 b\sin^2 c-(\cos a-\cos b\cos c)^2]\\ &= \frac{1}{\sin^2 a\sin^2 b\sin^2 c}\\ &\quad\cdot[1-(\cos^2 a+\cos^2 b+\cos^2 c)+2\cos a\cos b\cos c].\end{aligned} \tag{11}$$

因为上式的右端是 a, b, c 的一个对称函数, 所以就有

$$\begin{aligned}\frac{\sin^2 A}{\sin^2 a}&=\frac{\sin^2 B}{\sin^2 b}=\frac{\sin^2 C}{\sin^2 c}\\ &=\frac{1}{\sin^2 a\sin^2 b\sin^2 c}(1+2\cos a\cos b\cos c-\cos^2 a-\cos^2 b-\cos^2 c).\end{aligned}$$

这就证明了

$$\frac{\sin A}{\sin a}=\frac{\sin B}{\sin b}=\frac{\sin C}{\sin c}.$$

有了球面三角的正弦定理和余弦定理, 可以说球面三角的大局已定, 球面几何中最基本的图形 —— 球面三角形的唯一性 (即各种恒等条件) 已经完全转化成有效能算的角边函数关系. 然而, 在实际使用时, 考虑到所给条件的各种不同场合以及计算上的经济和方便, 我们常常需要不同形式的球面三角公式, 这些公式本质上都能以正弦定理和余弦定理加以变换而得到.

分析 前面通过研究极对偶三角形的关系我们证明了球面几何中特有的恒等条件 (a.a.a). 因此, 在球面三角中应该有着反映这一特有恒等条件的明显可见的三角公式, 它的导出自然可借助于命题 2.

角的余弦公式: 对于任给球面三角形 $\triangle ABC$, 其三边 a, b, c 和三角 A, B, C 之间恒满足下述函数关系:

$$\begin{cases}\cos A = -\cos B\cos C + \sin B\sin C\cos a,\\ \cos B = -\cos A\cos C + \sin A\sin C\cos b,\\ \cos C = -\cos A\cos B + \sin A\sin B\cos c.\end{cases} \tag{12}$$

证明 由极对偶三角形 $\triangle A^*B^*C^*$ 的余弦定理:

$$\cos a^* = \cos b^*\cos c^* + \sin b^*\sin c^*\cos A^*,$$

利用命题 2, 即用 (4) 式将 $\triangle ABC$ 中相应的元素代入上式, 即有

$$\cos(\pi - A) = \cos(\pi - B)\cos(\pi - C) + \sin(\pi - B)\sin(\pi - C)\cos(\pi - a),$$

乘以 -1, 化简得

$$\cos A = -\cos B\cos C + \sin B\sin C\cos a.$$

轮换字母 A, B, C 和 a, b, c 即得其他两个等式.

分析 顺着正弦定理和余弦定理这个 "梯子", 我们已经登上了球面三角形的定量层面, 在这一层面上我们不能驻步不前, 而要祈求在不同方向上继续开拓, 也就是说, 要去发掘出在实用上更方便更易于计算的不同形式的球面三角公式. 初步而自然的想法是推导出一些便于对数计算的公式. 显然, 在这里可以充分利用三角函数的有关公式, 特别是和差化积公式. 下面我们以推导半角的正弦公式为例说明这种做法.

从平面三角知道

$$\cos A = 1 - 2\sin^2\frac{A}{2},$$
$$\cos(b - c) = \cos b\cos c + \sin b\sin c,$$

代入余弦定理, 则得

$$2\sin^2\frac{A}{2}\sin b\sin c=\cos(b-c)-\cos a.$$

再利用和差化积公式, 即有

$$\sin^2\frac{A}{2}=\frac{\sin\frac{1}{2}(a+b-c)\sin\frac{1}{2}(a+c-b)}{\sin b\sin c}.$$

用 $2s$ 表示球面三角形三边的和, 就有

$$a+b+c=2s,\quad a+b-c=2s-2c,\quad a+c-b=2s-2b.$$

代入前式化简, 并轮换字母 A, B, C 和 a, b, c, 我们就得到

半角正弦公式:

$$\begin{cases}\sin\dfrac{A}{2}=\sqrt{\dfrac{\sin(s-b)\sin(s-c)}{\sin b\sin c}},\\ \sin\dfrac{B}{2}=\sqrt{\dfrac{\sin(s-a)\sin(s-c)}{\sin a\sin c}},\\ \sin\dfrac{C}{2}=\sqrt{\dfrac{\sin(s-a)\sin(s-b)}{\sin a\sin b}}.\end{cases}\tag{13}$$

用类似的方法可以推导出

半角余弦公式:

$$\begin{cases}\cos\dfrac{A}{2}=\sqrt{\dfrac{\sin s\sin(s-a)}{\sin b\sin c}},\\ \cos\dfrac{B}{2}=\sqrt{\dfrac{\sin s\sin(s-b)}{\sin a\sin c}},\\ \cos\dfrac{C}{2}=\sqrt{\dfrac{\sin s\sin(s-c)}{\sin a\sin b}}.\end{cases}\tag{14}$$

半角正切公式:

$$\begin{cases}\tan\dfrac{A}{2}=\sqrt{\dfrac{\sin(s-b)\sin(s-c)}{\sin s\sin(s-a)}},\\ \tan\dfrac{B}{2}=\sqrt{\dfrac{\sin(s-a)\sin(s-c)}{\sin s\sin(s-b)}},\\ \tan\dfrac{C}{2}=\sqrt{\dfrac{\sin(s-a)\sin(s-b)}{\sin s\sin(s-c)}}.\end{cases}\tag{15}$$

读者试自证之.

注 利用极对偶三角形的命题, 可以从上述公式推导出相应的半边正弦、半边余弦和半边正切公式.

第三节 球面的度量微分形式

在前面两节中, 我们研究球面上最基本的几何对象: 大圆弧 (球面几何中的 "直线") 和球面三角形 (球面上 "直线段" 围成的三角形). 在此基础上, 就可以利用微积分的工具对更丰富的几何对象: 曲线 (非大圆弧)、曲线三角形 (曲线段围成的三角形) 等展开研究. 为此, 让我们参照平面和空间中对曲线和图形的研究作一些分析.

分析 (i) 首先要将球面坐标化, 也就是建立球面上合适的坐标系. 由于球面关于大圆弧的反射对称性是球面最基本的对称性, 而且球面关于其上任意一点都是旋转对称的, 因此, 稍加分析就容易看到选用 "极坐标系" 是合适的. 也就是说, 任选一点 O 为基点, 并且在过 O 点的大圆中任取一个半大圆 OAS 为基准线, 对于球面上给定点 P, 以大圆弧 OP 的长度 r 和从 OA 到 OP 的转角 θ 作为 P 点的极坐标 (r,θ), 如图 4–6 所示. 这样, 球面上的点就表示为一对实数 (r,θ), 而球面就是这种实数对的集合 $\{(r,\theta)\}$.

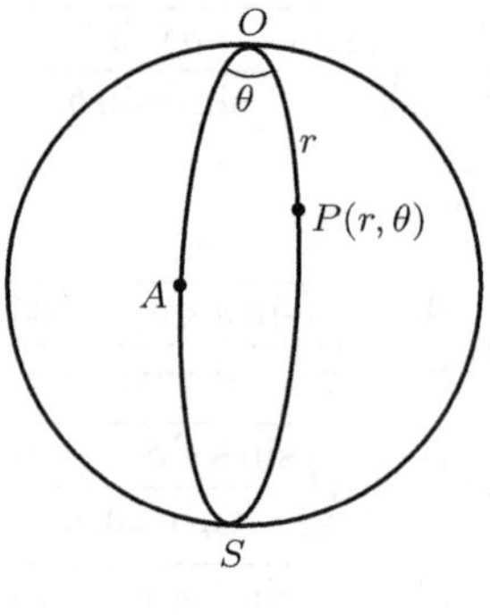

图 4–6

(ii) 曲线的长度是最基本的几何量. 在极坐标下, 一条球面曲线可用参数形式表示为

$$\Gamma=\{P(t)=(r(t),\theta(t)),a\leqslant t\leqslant b\}.$$

为了求出 Γ 的弧长, 我们可以将 Γ 充分细分, 然后用 "以直代曲" 的方法求出弧长元素的微分表达式 ds, 将 ds 从 a 到 b 积分起来就得到 Γ 的弧长.

(iii) 因此, 弧长元素的微分表达式是起决定作用的几何量 (欧氏平面 $\{(x,y)\}$ 中的几何可由其弧长元素的微分表达式 $ds^2=dx^2+dy^2$ 唯一决定!): 球面上曲线 Γ 的弧长元素的微分 $ds=P_1P_2$ (图 4–7) (以直代曲), 于是, 不难得出

$$ds^2=dr^2+\sin^2 r d\theta^2.$$

而

$$\Gamma \text{ 的弧长} = \int_a^b ds = \int_a^b [r'^2(t) + \sin^2 r(t)\theta'^2(t)]^{1/2} dt.$$

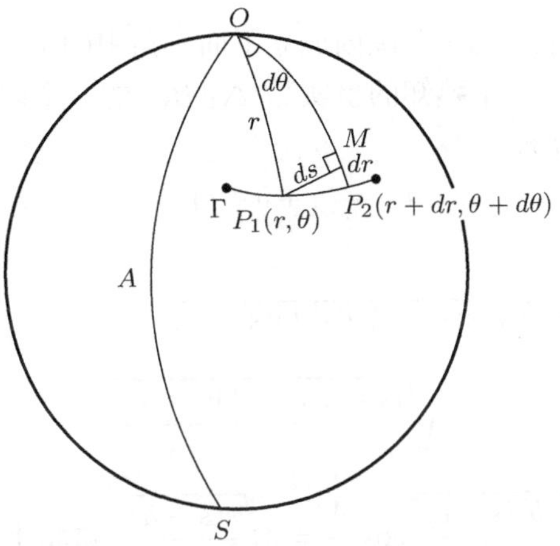

图 4–7

(iv) 再者, 读者不难求出在极坐标 (r,θ) 下, 欧氏平面的弧长元素的微分表达式为 $ds^2 = dr^2 + r^2 d\theta^2$. 它与球面的弧长元素的微分表达式是不同的, 反映了这两种几何的差异. 其实, 在一个二维空间 $\{(r,\theta)\}$ 中给定了一个弧长元素的微分表达式, 也就决定了一种几何, 这个微分表达式称为**度量微分形式**. 在第六章中, 我们将用这种观点统一处理欧氏、球面和非欧这三种古典几何.

习　题

1. 试推导半径为 r 的球面上关于球面三角形的三个内角和的公式. 并由此说明在地球表面的小范围内三角形的三内角之和等于 π.

2. 在球面三角形 $\triangle ABC$ 中, 设 a, b, c 是边长, 试证:

$$a < b + c, \quad b < a + c, \quad c < a + b; \quad a + b + c < 2\pi.$$

3. 在球面三角形 $\triangle ABC$ 中, 设三内角为 $\angle A, \angle B, \angle C$, 试证:

$$\pi < \angle A + \angle B + \angle C < 2\pi.$$

4. 试证: 球面三角形的内角满足不等式

$$\angle A + \angle B - \angle C < \pi, \quad \angle A - \angle B + \angle C < \pi,$$
$$\angle B + \angle C - \angle A < \pi.$$

5. 在半径为 10 的球面上有一个球面三角形 $\triangle ABC$, 已知三边的长 $AB = 2, BC = 4/3, AC = 3$, 求它的三个内角.

6. 试证: 球面三角形与它的极对偶三角形重合的充要条件是它的三个内角都是直角.

7. 试说明在地球表面的小范围内成立平面三角中的余弦定理和正弦定理.

8. 在平面几何中, 一个熟知的事实是 $\triangle ABC$ 的三个内角平分线交于其内心. 设其内切圆半径为 r,

$$s = \frac{1}{2}(a+b+c).$$

试证:

1) $\triangle ABC$ 的面积 $= \sqrt{s(s-a)(s-b)(s-c)}$,

$$r = \sqrt{\frac{(s-a)(s-b)(s-c)}{s}}.$$

2) $\sin\dfrac{A}{2} = \sqrt{\dfrac{(s-b)(s-c)}{bc}}, \cos\dfrac{A}{2} = \sqrt{\dfrac{s(s-a)}{bc}}$, 试将上述平面几何的事实和球面三角的半角公式进行比较和分析.

9. 设 A, B 为地球上两点, 它们的经、纬度分别为 $(\varphi_A, \lambda_A), (\varphi_B, \lambda_B)$, 求 A, B 之间的距离 (假设地球半径为 R).

第五章　平行公设的探讨与非欧几何学的发现

第一节　简　　史

在 Euclid 所著的《几何原本》一书中, 共提出了五条公设, 其**第五公设**是 (如图 5–1):

在平面上的两条直线 l_1, l_2 若和第三条直线 l_3 相交, 而其同侧内角之和小于一平角, 则 l_1, l_2 相交于 l_3 该侧之一点.

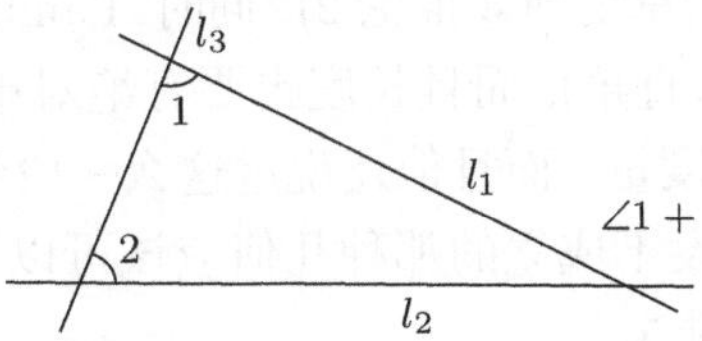

图 5–1

利用第五公设, Euclid 证明了过直线 l 的线外一点 P, 有**唯一**的一条和 l 共面不交的直线. 他把共面而不相交的直线称为**平行线**. 因此, 第五公设也称**平行公设**, 再进而证明了其他许多基本定理, 如三角形 "内角和" 恒等于一平角以及相似三角形定理等.

但是, 两千多年来, 许多几何学家认为第五公设的陈述过于复杂, 而且对于上述平行公设的 "**不证自明**" 感到不自在, 有很多几何学家更穷毕生之力, 不断地试图对它提出一个仅仅依赖于**其他公理**的"证明". 为什么世世代代的几何学家对于欧氏体系的其他公理都欣然接受, 认为都是"不证自明"、毋庸置疑的; 但是唯独对于"平行公设", 却又始终感到不自在, 务必证之而后快呢? 归根结底, 其实乃是**当时**对于平行公设的真正几何内涵和公理化方法论的本质不够了解的缘故.

两千多年来, 许多几何学家用不同的方法试图证明第五公设, 可是都失败了. 因为在他们的每一个所谓"证明"中, 都自觉或不自觉、或明或暗地引进了一个新的假定, 而每一个新假定都是等价于第五公设的. (与第五公设等价的命题是指, 在某组公理基础上加上第五公设可以推导出这一命题; 反之, 在此组公理基础上加上这个命题也可以推导出第五公设.) 所以本质上他们并没有证明第五公设, 只是在整个公理体系中, 把第五公设用其等价命题来替代罢了.

到 17 和 18 世纪, 许多数学家, 如: 意大利的 Saccheri (1667—1773)、瑞士的 Lambert (1728—1777)、法国的 Lagrange (1736—1813) 和 Legendre (1752—1833)、匈牙利的 W. Bolyai (1775—1856) 等, 为了试证平行公设而对于它的几何内涵, 各自都从正反两面做了深入的研讨. 首先, 他们不用前人尝试过的直接证法, 而改用反证法, 即从第五公设不成立的情况着手, 追究它能否得出与已知定理相矛盾的结果. 如果得不出, 它又会产生怎样的事实? 实际上, 这样的思想方法已开辟了一条通向非欧几何的道路. 并且他们已得出了许多耐人寻味的事实, 而这些事实正是从第五公设不成立这一假定下推导出来的. 这恰恰就是非欧几何学中的定理.

例如, Lambert 就认识到, 假如平行公设不成立的话, 三角形的"内角和"就小于平角. 他把平角与"内角和"的差叫做这个三角形的角亏. 他证明了三角形的面积与角亏成比例 (参阅第六章定理 4 推论 2). 同时, Lambert 又得出, 在这种情形下, 不仅角有着绝对单位 (直角), 而且长度也要有绝对单位, 即空间存在着一个不依赖于单位选取的绝对度量. 而且他还说过这么一段颇有深意的话: "从这里我几乎可以推断, 平行公设不成立的那种几何应该可以发生在半径是虚数的球面上!" (参阅第六章的习题 5).

再者, Lagrange 发现空间中和定点的距离取定值所构成的球面上, 其**球面三角形定理**的证明可以完全**不依赖平行公设!** (参阅第六章定理 4 后的注.)

Legendre 证明了以下重要结果: 若有一个三角形的内角和是平角, 则一切三角形的内角和都是平角; 若有一个三角形的内角和小于平角, 则一切三角形的内角和都小于平角. 并且他又证明了在存在不同大小的相似三角形的假设下, 可以证明第五公设. 这些结论的发现, 对第五公设的本质的认识深入了一大步.

大体说来, 到了 19 世纪, 德国数学家 Gauss (1777—1855)、Schweikart (1780—1859) 和 Taurinus (1794—1874) 等人都从对于平行公设试证的一再失败

中, 承认了第五公设是不可能证明的, 亦即它与其他公理不相依赖. 同时他们对于"**反平行公设**"的不断深入试探, 已逐渐预感到一种新几何体系——最初称为反欧几何 (anti-Euclidean geometry), 后来称为非欧几何——存在的可能性. 他们还都分别开始对于这种"**假想**"的几何体系中所应有的基本特点获得了一系列重要的了解. 但是 Gauss 关于非欧几何的信件与笔记在他生前一直没有公开发表, 只是在 1855 年他去世之后出版时, 才引起人们的注意.

Gauss 和 Schweikart 都发现在假想的非欧体系中, 三角形的面积有着一个绝对的上界; 半径为 r 的圆周长应该是

$$\pi k(\mathrm{e}^{r/k}-\mathrm{e}^{-r/k}),$$

其中 k 是空间的一个绝对常数. Taurinus 则将 Lambert 的想法加以发展, 有系统地写下了假想的非欧几何中所应有的三角公式. 但是对于欧氏几何学数千年的垄断性的全线突破与非欧几何体系的全面探讨, 还有待于匈牙利的 J. Bolyai (1802—1860) 和俄国的Лобачевский (1793—1856) 分别在 1830 年前后发表的划时代的著作.

J. Bolyai 和 Лобачевский 是 19 世纪初期数学界的年轻新秀, 他们都早在 19 世纪 20 年代就致力于"平行公设"这个困惑几何学界上千年的老问题的探讨; 也都在 1825 年前后各自独立地从**试证**平行公设的失败经验中, 体验到现在叫做"非欧几何"的这种新体系的存在的可能性. 他们的锲而不舍和勇于创新的治学精神与精刻深入的研究工作, 终于使他们有可能各自在 1830 年前后发表了划时代的著作, 突破了欧氏几何体系数千年来在人类的空间概念上的垄断性, 为人类的理性文明开创了新局面.

J. Bolyai 的重要著作是作为附录形式附于他父亲 W. Bolyai 的一本书中的. 此附录于 1832 年正式出版. J. Bolyai 把他的重大创见精炼地写成仅仅数十页的短文, 题为《绝对空间的科学》, 他把这种几何学称为"绝对几何学"(绝对几何学的公理体系就是欧氏几何的公理体系中除去了欧氏平行公理). J. Bolyai 精辟地分析了绝对几何学的公理体系的逻辑推论, 建立起一系列深刻的定理, 它们显然对于欧氏几何和非欧几何同样成立. 他所证明的绝对几何正弦定理堪称一绝.

在欧氏、非欧与球面这三种几何中的任给三角形 $\triangle ABC$, 下述 Bolyai 正弦定理都普遍成立:

$$\frac{\sin A}{\odot a}=\frac{\sin B}{\odot b}=\frac{\sin C}{\odot c},$$

其中 a,b,c 分别是 A,B,C 的对边边长; $\odot a,\odot b,\odot c$ 则分别是以 a,b,c 为半径的圆周长 (在第六章中给出上述定理的统一证明). 上述定理在研究欧氏、非欧与球面三种几何学上起着极其重要的作用.

Лобачевский 在 1826 年 2 月于喀山大学数理系的一次会议上宣读了题为《关于几何原理的议论》的报告, 第一次提出了他关于非欧几何的思想. 1829 年,

他正式发表了题为《论几何学基础》的论文. 以后他又发表了题为《具有平行的完全理论的几何新基础》等多篇著作, 论述他关于平行公设的研讨和他对于新创立的几何体系的探索.

Лобачевский 所新创的几何体系中具有关键性的要点是非欧几何中的三角学. 因为他充分认识到, 只要能够掌握这种新创立的几何中一个任意三角形的边角关系, 就可以因此建立起这种空间的解析几何学, 并把这种新的几何体系的种种问题有效地归结于分析学的计算来加以解答. 所以, 当他成功地建立了非欧几何体系中所应有的基本三角定理与公式之后, 他就说从此不难推断这种新几何体系的合理性, 亦即存在性或相容性, 因为那是容易用分析学加以论证的.

总之, J. Bolyai 和 Лобачевский 成功地建立了 "非欧几何三角学", 从而肯定了非欧几何体系的存在性.

但是, Bolyai 和 Лобачевский 所创立的非欧几何的意义当时并没有被人们所认识. 新几何的承认是在其创造者死后才到来的. 意大利数学家 Beltrami 在 1866 年的论著《非欧几何解释的尝试》一文中, 证明了非欧平面几何 (局部) 实现于普通欧氏空间里, 作为某定曲面 —— 负常数 Gauss 曲率的曲面 —— 上的内在几何. 这样, 非欧几何的相容性问题与欧氏几何相容性的事实就一样清晰明了. 后来德国的 Klein 在 1871 年首次认识到从射影几何中推导出度量几何, 并建立了非欧平面几何 (整体) 的模型. 这样, 非欧几何相容性问题就归结为欧氏几何的相容性问题. 这些结果最终使非欧几何获得了应得的承认.

什么是非欧几何体系呢? 简要地说, 那就是除了不满足前述的 "平行公设" 之外, 和欧氏几何体系同样地具有**所有其他**的各条公理的那种几何体系, 因为在非欧几何中欧氏平行公设不成立. 换言之, 在平面上过直线 l 外定点 P, 至少有两条直线与 l 不相交, 那么易知过 P 点有**无穷多**条直线都是和 l **不相交**的. 如图 5–2 所示, 这些过 P 点与 l 不相交的无穷多条线中必有两条界线, 而其他过 P 与 l 线的 "不交线" 都在这两条界线之间, 这两条界线分别叫做过 P 点对于 l 的 "**左、右平行线**" (参阅第六章第二节). 换句话说, 非欧几何体系和欧氏几何体系相比可以说是大同小异. 它们**唯一不同之点**就是在共面不交线这一方面. 前者如图 5–2 所示, 过定点与定线 l 共面不交线有**无穷多条**, 而后者则由其平行公设可知, 过定点与定线 l 共面的不交线**只有一条**.

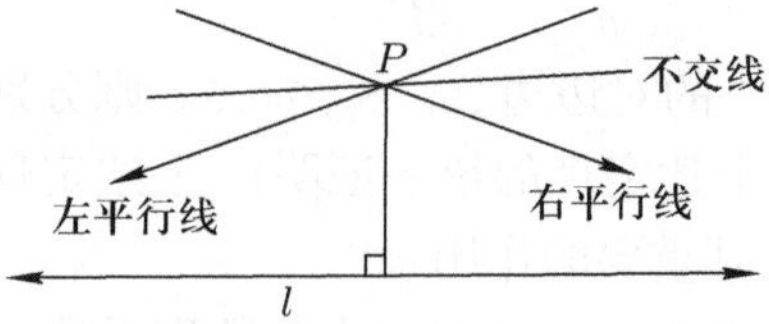

图 5–2

对于这样的非欧几何体系, 很自然地要问下述两个基本问题:

(i) **存在性问题**: 像上述这种非欧几何体系是否存在? 从公理化的方法论来探讨, 那就是非欧几何体系的整个公理体系是否是逻辑上**相容的** (即彼此不可能产生自相矛盾的结果)?

(ii) **唯一性问题**: 如何能唯一地确定一个非欧几何体系? 明确地说, 也就是要研究非欧几何空间的结构, 从而确立两个非欧几何空间互相同构的条件. (两个空间之间若存在一个一对一的**保长**映像, 则称为同构.)

J. Balyai 和 Лобачевский 的重大贡献就是他们各自独立地解答了上述两个基本问题.

第二节　对于平行公设的一些数理分析

在本质上, 一种几何体系就是空间的一种数理模型, 说得朴实简明些, 那就是人类对于其所生存的空间, 将各种由实验分析、综合归纳所获得的知识, 再经过千锤百炼, 精益求精地加以抽象化、系统化, 从而创造出来的抽象数学模型. 它是我们用来认识几何问题、解决几何问题的有效工具. 再者, 一个几何体系的"公理体系"也就是它的一组特征性质. 例如, Hilbert 分析、综合了欧氏几何, 提出了关联、次序、合同、平行和连续这五组公理体系 (见第二章第三节). 这个"公理体系"可以充分说明欧氏几何的特征性质, 换句话说, 我们可以用它作为欧氏几何逻辑推导的基础, 它也提供了欧氏几何的一种简明扼要的描述. 从方法论的观点来看, 一个数理模型本身的存在性也就是它的**合理性**; 在用它来解决问题时, 则要检验它的**合用性**与**切实性**.

欧氏几何体系与非欧几何体系只是两种大同小异的空间模型; 两者有相同的关联、次序、合同和连续这四组公理. 它们只有一条公理, 即平行公设不同, 而其他公理都是相同的. 如果以 $\mathscr{A}'$ 表示那些共同的公理构成的集合 (假如我们采用 Hilbert 公理体系, 那么 $\mathscr{A}'$ 就包含关联、次序、合同与连续这四组公理), 以 $//_E$ 表示欧氏几何的平行公设, 而以 $//_N$ 表示非欧几何的平行公设, 具体地说:

$//_E$: 设 a 是任一直线, A 是 a 外的任一点, 在 a 和 A 所决定的平面上, 至多有一条直线通过 A, 而且不和 a 相交.

$//_N$: 设 a 是任一直线, A 是 a 外的任一点, 在 a 和 A 所决定的平面上, 至少有两条直线通过 A, 而且不和 a 相交.[①] 那么

$$\begin{aligned}&\text{欧氏公理体系 } \mathscr{A}_E = \mathscr{A}'\bigcup\{//_E\},\\&\text{非欧公理体系 } \mathscr{A}_N = \mathscr{A}'\bigcup\{//_N\}.\end{aligned}\tag{1}$$

① $//_E$ 和 $//_N$ 可以减弱, 即对某条直线 a 及某一点 A 成立即可.

因为 $//_E$ 和 $//_N$ 是显然不相容的, 所以非欧公理的合理性 (在第六章中加以证明[1]) 也就直截了当地作出了回答: $//_E$ 不可能是 $\mathscr{A}'$ 的逻辑推论! 这也就说明了为什么两千年里试证 "$\mathscr{A}' \Rightarrow //_E$" 的努力是注定要失败的!

欧氏几何体系的各种性质, 对于 $//_E$ 的逻辑关系来说可以分成如下两类:

第一类是那种可以只用 $\mathscr{A}'$ 中的公理就能加以推导的性质, 这类性质显然都是欧氏几何与非欧几何所共同具有的, 我们把仅由 $\mathscr{A}'$ 作为其公理体系的几何称为**绝对几何**. 因此绝对几何就是欧氏几何与非欧几何的共同部分.

第二类是那种只在欧氏几何中成立, 而在非欧几何中不成立的性质, 它们显然是依赖于 $//_E$ 的! 这些性质或命题在 $\mathscr{A}'$ 的基础上必然是与 $//_E$ 等价的 (参看第六章).

下面就是对某些基本性质和 $//_E$ 之间的逻辑关系所作的分析, 它们在非欧几何学的发现过程中扮演了重要的角色.

首先我们讨论有关第一类性质的基本命题, 亦即是属于绝对几何中的命题.

例 1　$\mathscr{A}' \Longrightarrow$ 过直线 l 外的定点 P, **至少**存在一条和 l 共面的不交线.

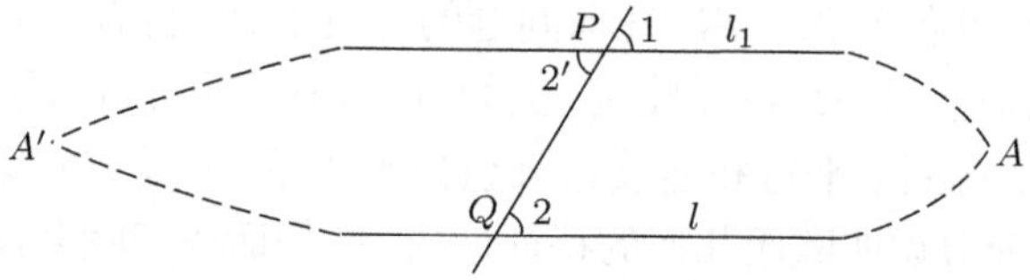

图 5–3

证明　如图 5–3 所示, 在 l 上任取一点 Q, 联结 PQ, 再在 l 和 P 点所定的平面上作直线 l_1, 使得同位角 $\angle 1 = \angle 2$, 则 l 和 l_1 **不可能相交**. 假若不然, 设 l_1, l 相交于直线 PQ 的某侧的 A 点, 则可在其另一侧的 l_1 上取一点 A', 使得 PA' 和 QA 等长. 由假设, $\triangle PQA$ 和 $\triangle QPA'$ 的两边一夹角对应相等, 即

$$QA = PA', \quad PQ = QP, \quad \angle 2 = \angle 1 = \angle 2',$$

所以

$$\triangle PQA \cong \triangle QPA', \quad \angle QPA = \angle PQA'.$$

因此

$$\angle A'QP + \angle PQA = \angle APQ + \angle QPA' = \text{平角},$$

[1] 归根结底, 我们是基于自然数的合理性加以论证的.

这就证明了 A' 也在直线 l 上, 亦即 l 和 l_1 相交于 A, A' 这样两点. 这显然是不可能的, 所以 l_1, l 是不可能相交的.

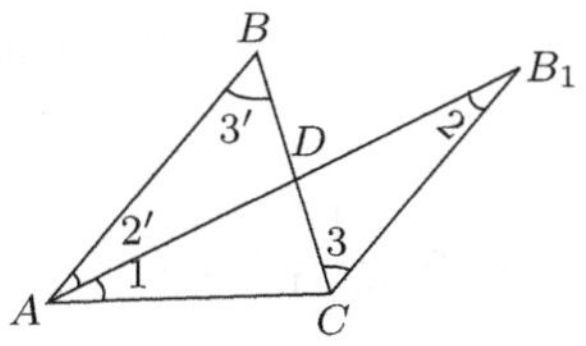

图 5–4

例 2　$\mathscr{A}' \Longrightarrow$ 任给三角形的内角和不大于一平角.

证明　设 $\triangle ABC$ 的三个内角中以 $\angle A$ 为最小, 如图 5–4 所示, 取 $\angle A$ 的对边中点 D, 联结 AD 并延长一倍得 AB_1, 再联结 B_1C, 由作图不难看出 $\triangle ADB$ 和 $\triangle B_1DC$ 是全等的, 所以 $\angle 2 = \angle 2', \angle 3 = \angle 3'$, 即得一新三角形 $\triangle AB_1C$, 它的两个内角之和

$$\angle 1 + \angle 2 = \angle 1 + \angle 2' = \angle A. \tag{2}$$

如果我们假设 $\angle 1 \leqslant \angle 2$, 则 $\angle 1$ 显然是 $\triangle AB_1C$ 中的最小内角. 再由 (2) 式知

$$\angle 1 \leqslant \frac{1}{2}\angle A.$$

同时 $\triangle AB_1C$ 的三个内角之和与原先的 $\triangle ABC$ 的内角之和相等, 即

$$\begin{aligned}\angle 1 + \angle 2 + (\angle 3 + \angle C) &= \angle 1 + \angle 2' + \angle 3' + \angle C \\ &= \angle A + \angle B + \angle C.\end{aligned} \tag{3}$$

我们对 $\triangle AB_1C$ 同样选取最小内角, 进行上述作图而得一新三角形, 其三内角之和一直保持不变, 但是它的一个最小内角则小于或等于前者的最小内角之半, 这样经过几次作图所得的新三角形, 设为 $\triangle A_nB_nC_n$, 它的一个最小内角 $\angle A_n$ 必有

$$\angle A_n \leqslant \frac{1}{2}\angle A_{n-1} \leqslant \cdots \leqslant \frac{1}{2^{n-1}}\angle A, \tag{4}$$

且 $\triangle A_nB_nC_n$ 的三内角之和不变, 即

$$\angle A_n + \angle B_n + \angle C_n = \angle A + \angle B + \angle C. \tag{5}$$

下面我们用反证法来证明 $\angle A + \angle B + \angle C \leqslant \pi$ (平角), 假设 $\angle A + \angle B + \angle C > \pi$, 那么可令

$$\angle A + \angle B + \angle C = \pi + \varepsilon,$$

其中 ε 表示某个角. 因此总存在适当大的 n, 使 $\frac{1}{2^{n-1}}\angle A < \varepsilon$, 用上述方法作出一个三角形 $\triangle A_nB_nC_n$, 便成立

$$\angle A_n + \angle B_n + \angle C_n = \angle A + \angle B + \angle C = \pi + \varepsilon,$$

且

$$\angle A_n \leqslant \frac{1}{2^{n-1}}\angle A < \varepsilon,$$

因此得到

$$\angle B_n + \angle C_n > \pi\ (\text{平角}) \quad \text{或} \quad \angle B_n > \pi - \angle C_n,$$

这与 "三角形中一个外角大于其任一不相邻的内角" 这个外角定理的结论矛盾. (注意, 上述外角定理可以由 $\mathscr{A}'$ 导出.)

在空间中和**定点**的距离取**定值**的点集构成该空间中的一个**球面**. $\mathscr{A}' \Longrightarrow$ 空间关于任给平面成反射对称, 所以 $\mathscr{A}' \Longrightarrow$ 空间中的球面关于任何过其球心的平面成反射对称. 这就说明了球面关于其上的任一大圆皆成反射对称. 在第六章中我们将从这个事实出发导出它的三角定理.

例 3 $\mathscr{A}' \Longrightarrow$ 球面三角中的正弦、余弦定理.

例 4 $\mathscr{A}' \Longleftarrow$ Bolyai 正弦定理, 即对于任给 $\triangle ABC$, 成立

$$\frac{\sin A}{\odot a} = \frac{\sin B}{\odot b} = \frac{\sin C}{\odot c}, \tag{6}$$

其中 a, b, c 分别表示 $\angle A, \angle B, \angle C$ 的对边边长, 而 $\odot a, \odot b, \odot c$ 则分别表示以 a, b, c 为半径的圆周长.

上述两例留待第六章再加以证明.

前面举了四个关于第一类性质的基本定理, 即是绝对几何中的定理, 现在让我们举几个关于第二类性质的欧氏几何的定理, 亦即在 $\mathscr{A}'$ 的基础上, 它们都和 $//_E$ 是逻辑等价的. 一个命题 P 和 $//_E$ 等价的意思为

$$\mathscr{A}' \bigcup \{//_E\} \Longrightarrow P$$

且

$$\mathscr{A}' \bigcup \{P\} \Longrightarrow //_E.$$

例 5 三角形内角和等于平角 $\overset{\mathscr{A}'}{\Longleftrightarrow} //_E$.

证明 先证 $//_E$ 和 $\mathscr{A}' \Longrightarrow$ 三角形内角和等于平角:

如图 5–5 所示, 过 B 点作直线 l 使得 $\angle 1' = \angle 1$. 由 $//_E$ 和例 1 得知 $\angle 2 = \angle 2'$. 所以

$$\angle A + \angle B + \angle C = \angle 1' + \angle B + \angle 2' = \text{平角}.$$

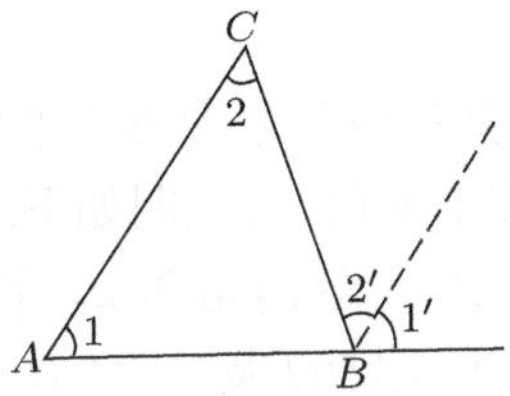

图 5–5

再证三角形内角和等于平角和 $\mathscr{A}' \Longrightarrow //_E$:

如图 5–6 所示, 设 l, l' 共面而且它们和直线 PQ 相交的同旁内角之和小于平角, 即 $\angle 1 + \angle 2 <$ 平角. 我们现在要用 $\mathscr{A}'$ 和 "三角形内角和等于平角", 来推证 l, l' 相交于 PQ 的该侧之一点, 即第五公设成立, 因此 $//_E$ 也成立.

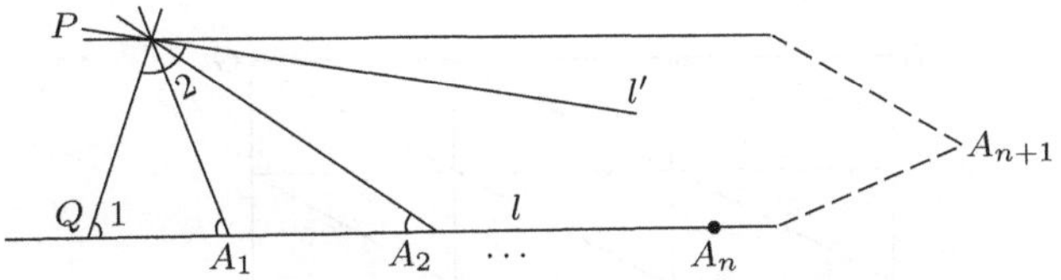

图 5–6

如图 5–6 所示, 在 l 上逐步取点列 $A_1, A_2, A_3, \cdots, A_n, \cdots$, 使得 $A_1A_2 = PA_1, A_2A_3 = PA_2, \cdots, A_nA_{n+1} = PA_n, \cdots$. 则由等腰三角形定理 (它显然是 $\mathscr{A}'$ 的推论) 和 "三角形内角和等于平角", 即得

$$\angle QA_{n+1}P = \frac{1}{2}\angle QA_nP = \cdots = \frac{1}{2^n}\angle QA_1P. \tag{7}$$

所以当 n 足够大时, 必有

$$\angle QA_{n+1}P < \text{平角} - (\angle 1 + \angle 2). \tag{8}$$

再由 $\triangle QA_{n+1}P$ 的内角和等于平角, 即得

$$\angle 1 + \angle QA_{n+1}P + \angle QPA_{n+1} = \text{平角}. \tag{9}$$

将 (8), (9) 相比较就得出

$$\angle QPA_{n+1} > \angle 2. \tag{10}$$

如图 5–6, 所以直线 l' 必与直线段 QA_{n+1} 相交.

例 6　有一个三角形的内角和等于平角 $\overset{\mathscr{A}'}{\Longleftrightarrow}$ 任何三角形的内角和都等于平角.

证明　设有一个 $\triangle ABC$, 其三内角之和等于平角. 我们要把它和 $\mathscr{A}'$ 相结合, 证出**任何**三角形内角和都等于平角, 现证明如下:

例 2 已证 $\mathscr{A}' \Longleftrightarrow$ 任何三角形的内角和 $\leqslant$ 平角 (即 π). 所以当我们把 $\triangle ABC$ 切成两个直角三角形 (即 $\triangle ADC$ 及 $\triangle CDB$) 时, 每一个三角形的内角和都必须是 π. 然后用这样的一个内角和等于 π 的直角三角形, 不难拼成一个长、宽都可以**任意大**的四边形 $EFGH$, 其四个角均为直角, 如图 5–7 所示. 我们可以把上述足够大的 "四直角" 四边形再用对角线切成两个直角三角形, 利用例 2 的结果易知它们的内角和当然也是 π.

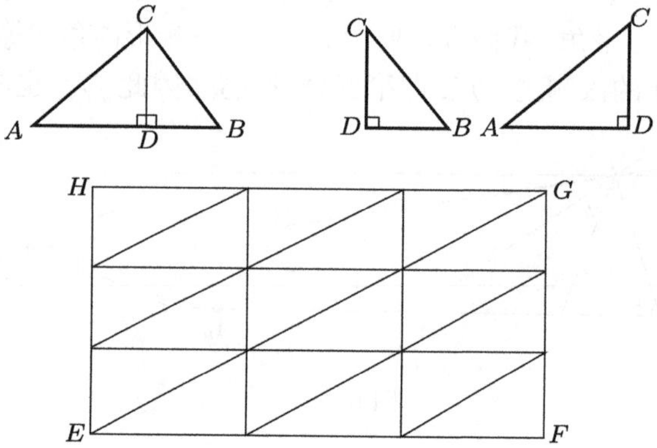

图 5–7

设 $\triangle A'B'C'$ 是一个任意三角形. 我们也可以把它切成两个直角三角形, 即 $\triangle A'D'C'$ 及 $\triangle C'D'B'$. 所以我们只要设法证明这样两个直角三角形的内角和等于 π, 也就证明了 $\triangle A'B'C'$ 的内角和等于 π.

因为 $\square EFGH$ 的长和宽可以任意大 (只要用足够多个 $\triangle ACD$ 来拼凑即可得之), 所以不妨假设 $\triangle EFG$ 的两直角边都大于 $\triangle A'D'C'$ 和 $\triangle C'D'B'$ 的两直角边. 因此, 我们可以把 $\triangle A'D'C'$ 移到如图 5–8 直角相叠合的位置.

利用例 2 的结果, 易知

$$\begin{aligned} \triangle EFG \text{ 的内角和等于 } \pi &\Longrightarrow \triangle EFC' \text{ 的内角和等于 } \pi \\ &\Longrightarrow \triangle A'D'C' \text{ 的内角和等于 } \pi. \end{aligned}$$

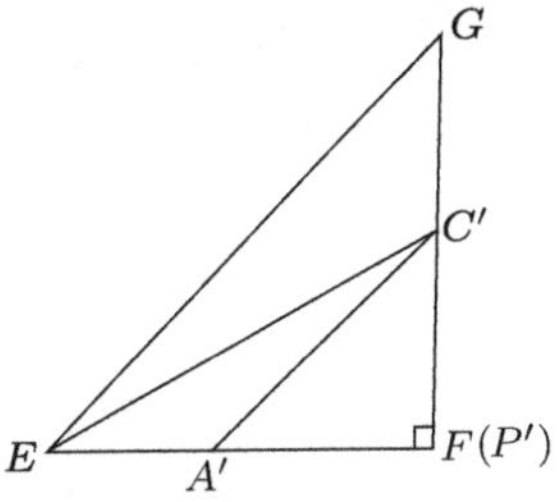

图 5–8

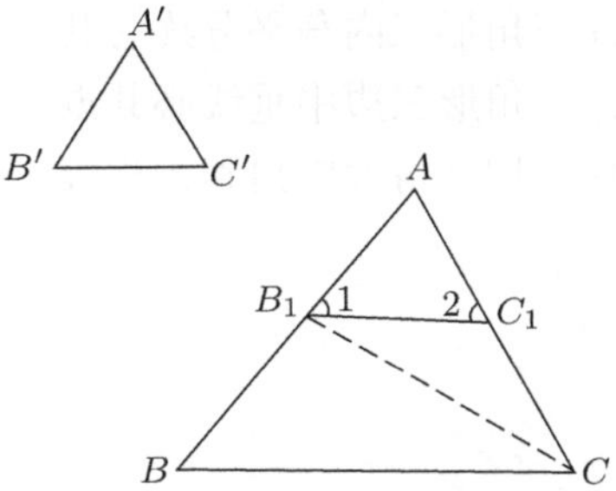

图 5–9

利用例 5 和例 6, 可以证明相似形的存在是与 $//_E$ 等价的.

例 7 存在两个大小不同但其对应角相等的三角形 $\overset{\mathscr{A}'}{\Longleftrightarrow} //_E$.

证明 设 $\triangle ABC$ 和 $\triangle A'B'C'$ 中 $\angle A = \angle A', \angle B = \angle B', \angle C = \angle C'$; 且 $AB > A'B'$, 那么我们可以把 $\triangle A'B'C'$ 移到 $\triangle ABC$ 上使 $\angle A'$ 与 $\angle A$ 叠合起来, 如图 5–9 所示, 得与 $\triangle A'B'C'$ 全等的 $\triangle AB_1C_1$. 因此 $\angle 1 = \angle B, \angle 2 = \angle C$. 于是四边形 B_1BCC_1 的四个内角和 $= 2\pi$ (两平角). 再利用例 2, 易知 $\triangle BCB_1$ 及 $\triangle B_1CC_1$ 的内角和等于 π. 再由例 6 和例 5, 知 $//_E$ 成立.

注 例 5、例 6 和例 7 都是在欧氏几何中成立而在非欧几何中不成立的性质或命题, 都是与 $//_E$ (或第五公设) 等价的命题. 详言之, 如果用 P 表示上述三个命题之一, 则它们满足下述逻辑等价关系, 即

$$\{P\} \overset{\mathscr{A}'}{\Longleftrightarrow} //_E \quad 或 \quad \{P\}\bigcup\mathscr{A}' \Longleftrightarrow \mathscr{A}'\bigcup\{//_E\}. \tag{11}$$

因此上述三个例的否命题 (任意三角形内角和 $< \pi$; 不存在相似三角形, 或两个三角形对应角相等, 则必全等, 即 a.a.a 定理成立) 就是非欧几何中成立的命题了.

习 题

1. 在公理 $\mathscr{A}'$ 的基础上证明下列命题是与第五公设等价的.

(1) 共面不相交的两条直线被第三条直线所截成的同位角相等.

(2) 在平面上, 同一直线的垂线和斜线必相交.

(3) 过不共线的三点恒可作一圆.

(4) 三角形三高线必共点.

(5) 过角内一点, 必可引直线与此角的两边相交.

2. 判断下列命题是否与第五公设等价.

(1) 三角形三内角平分线必共点.
(2) 三角形三边中垂线必共点.
(3) 一切三角形内角和皆相等.

第六章 欧氏、球面、非欧三种古典几何的统一处理

在前面的章节中，我们简要地讨论了欧氏、球面与非欧这三种古典几何体系的来龙去脉，而且指出这三种几何体系其实是大同小异的. 什么是它们之间的"大同"呢？那就是它们都具有**同样的叠合公理**（或称合同公理，特别是 s.a.s 公理），另一种提法就是它们都是**关于空间中的任给一个方向成反射对称的几何模型**. 那么什么是"小异"呢？它们的小异主要在于三角形的内角和这一方面. 在欧氏几何中恒等于一平角；在球面几何中恒大于一平角；而在非欧几何中则恒小于一平角. 我们将遵循 J. Bolyai 当年在他的"绝对几何学"中作出的创见，采取求大同、存小异的方式，对这三种古典几何学给出一种统一的处理. 三角形的研究乃是上述三种几何学的骨干. 由其所具有的叠合公理，可以直截了当地推导出这三种几何学中关于三角形的种种叠合条件，亦即 s.s.s, a.s.a 等三角形的叠合定理，三角学的研究就是把这种"定性的三角形唯一性定理"提升到有效能算的定量层面，换句话说，就是把三角形的三角、三边之间的关系提升成有效能算的函数关系（参看第四章第二节）. 这就是三种古典几何学中的**正弦定理**和**余弦定理**. 它们是这三种古典几何学中统领全局的枢纽，也是进而以"解析法"研究几何的基础. 也就是说，有了各自的正弦定理和余弦定理，我们可以推导出三种古典几何的全部三角公式. 因此就不难把欧氏平面、球面、非欧平面坐标化，然后用解析法来研讨三种古典几何的问题，亦即可以推导出三种古典几何的解析几何（可以说，三角学就是具体细微的解析几何）.

J. Bolyai 在他的"绝对几何学"里，提出了三种几何中正弦定理所共有的形

式, 即

$$\frac{\sin A}{\odot a}=\frac{\sin B}{\odot b}=\frac{\sin C}{\odot c}, \tag{1}$$

其中 $\odot r$ 表示在该几何中一个半径为 r 的圆周长, 它在三种几何中的表达式分别如下:

$$\odot r=\begin{cases}2\pi r & (\text{欧氏}),\\ 2k\pi\sin\dfrac{r}{k} & (\text{球面},\ k=\text{球半径}),\\ 2k\pi\,\mathrm{sh}\dfrac{r}{k} & (\text{非欧, Gauss, Schweikart 已发现这一事实}).\end{cases} \tag{2}$$

在这三种几何中的余弦定理分别是:

$$\begin{aligned}&c^2=a^2+b^2-2ab\cos C,\ \text{等 (欧氏)},\\ &\cos c=\cos a\cos b+\sin a\sin b\cos C,\ \text{等 (球面)},\\ &\mathrm{ch}\,c=\mathrm{ch}\,a\,\mathrm{ch}\,b-\mathrm{sh}\,a\,\mathrm{sh}\,b\cos C,\ \text{等 (非欧)}\end{aligned} \tag{3}$$

(在球面、非欧的情形, 上述公式是 $k=1$ 时的特殊情形. 在 $k\neq 1$ 时, 上述两个公式中的 a,b,c 处应换成 $\dfrac{a}{k},\dfrac{b}{k},\dfrac{c}{k}$).

本章将给出余弦定理在三种几何中的共同形式. 在第一节中, 我们将引进抽象旋转面的概念, 并对这三种几何学的三角定理给以统一的证明.

第一节 抽象旋转面的解析几何

本节的基本想法是引进一种具有适当 “广度” 的几何模型, 我们把它叫做抽象旋转面. 它包括三种古典几何模型 (二维模型) 为其特例. 在此抽象旋转面上具有普遍成立并能统一证明的一组正弦定理和余弦定理.

在介绍抽象旋转面之前, 我们先讨论在三维欧氏空间中一条曲线绕一轴旋转一周所形成的曲面 (即旋转曲面).

设 $Oxyz$ 是三维欧氏空间中的直角坐标系. 在 yOz 上半平面内的一条曲线 Γ 的参数方程为

$$\Gamma:\quad y=g(t),\quad z=f(t),\quad a\leqslant t\leqslant b.$$

它绕 y 轴旋转一周, 产生的曲面 M 的方程为

$$M:\quad x=f(t)\cos\theta,\quad y=g(t),\quad z=f(t)\sin\theta,\quad 0\leqslant\theta\leqslant 2\pi,$$

其中 θ 表示旋转的角度 (如图 6–1 所示). 我们把 Γ 称为**母线**, 显然当 Γ 绕 y 轴转动一个定角 θ_0 时, 在曲面 M 上得到一条与 Γ 完全相同的曲线. 我们把这些

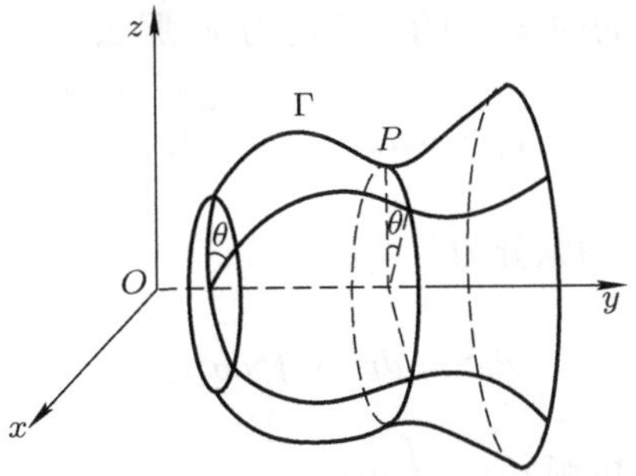

图 6–1

曲线称为**经线**. 设 P 为 Γ 上一定点, 当 Γ 绕 y 轴一周时, P 点的轨迹就是曲面 M 上的一个圆. 我们称这种圆为**纬线**.

设 P 为曲面 M 上任意一点, 它的坐标为

$$P:\quad (f(t)\cos\theta, g(t), f(t)\sin\theta).$$

当 (t,θ) 有一微小变动, 变成 $(t+dt,\theta+d\theta)$ 时, 得到曲面 M 上 P 点的邻近一点 Q, 它的坐标为

$$Q:\quad (f(t+dt)\cos(\theta+d\theta), g(t+dt),\quad f(t+dt)\sin(\theta+d\theta)).$$

我们来计算向量 $\overrightarrow{PQ}$ 的长度. 因为 $\overrightarrow{PQ}$ 的三个分量为

$$\begin{aligned}
&f(t+dt)\cos(\theta+d\theta)-f(t)\cos\theta\\
&\approx f'(t)\cos\theta dt-f(t)\sin\theta d\theta,\\
&g(t+dt)-g(t)\approx g'(t)dt,\\
&f(t+dt)\sin(\theta+d\theta)-f(t)\sin\theta\\
&\approx f'(t)\sin\theta dt+f(t)\cos\theta d\theta.
\end{aligned}$$

因此

$$\begin{aligned}
|\overrightarrow{PQ}|^2&=\overrightarrow{PQ}\cdot\overrightarrow{PQ}\\
&=[f'(t)\cos\theta dt-f(t)\sin\theta d\theta]^2+[g'(t)dt]^2\\
&\quad+[f'(t)\sin\theta dt+f(t)\cos\theta d\theta]^2\\
&=(f'^2+g'^2)dt^2+f^2d\theta^2.
\end{aligned}$$

我们可以把 $|\overrightarrow{PQ}|$ 作为曲面 M 上邻近两点 P 与 Q 之间的距离 ds, 即

$$ds^2=(f'^2+g'^2)dt^2+f^2d\theta^2.$$

如果我们把 yOz 平面上的曲线 Γ 的弧长记为 r, 那么

$$(f'^2+g'^2)dt^2=dr^2,$$

因此曲面 M 上的弧长 s 的微分为

$$ds^2=dr^2+f^2d\theta^2.$$

因此曲面 M 上一条曲线的弧长 $=\int ds$.

下面引入抽象旋转面的概念.

(一) 抽象旋转面

在定义抽象旋转面之前, 让我们先作一些分析:

分析 (i) 三种古典几何模型 (或空间) 的重要共同点是关于任给一条直线成反射对称.

(ii) 反射对称的广义提法: 设空间 (M^n,d) 是一个度量空间, ρ 是 $M^n\to M^n$ 的一对一的对应. 令 $x\in M$, 它的对应点为 $\rho(x)$, 如果对 M^n 中任意两点 x_1,x_2 成立

$$d(x_1,x_2)=d(\rho(x_1),\rho(x_2)),$$

即此对应 ρ 保持度量 (或距离) 不变, 称 ρ 为一个**保长变换**.

特别地, 如果 $\rho^2=\rho\cdot\rho=i$ (恒等变换), 则称 ρ 为 (对合) **二阶保长变换**.

假如在二阶保长变换 ρ 下的不动点集

$$F(\rho)=\{x\in M^n|\rho(x)=x\}$$

是一个 $(n-1)$ 维子空间, 而 (M^n-F) 是在 ρ 作用下互相交换的连通区域所构成, 即 $M^n-F=NUN'$, 而 $\rho(N)=N'$, 且 N 和 N' 都是连通区域, 那么称 ρ 是一个**反射对称**.

(iii) 古典几何中, 关于三角形的讨论都可以归于二维的情况 (因为过三点均有一平面).

(iv) 在一个二维的几何模型 M^2 中, 设 "直线" l_1,l_2 相交于 O 点, 它们的夹角为 θ (如果是球面几何指大圆的夹角). 如果 $\rho_i:M^2\to M^2$ 是以 l_i $(i=1,2)$ 为不动点集的反射对称, 则 $\rho_2\cdot\rho_1:M^2\to M^2$ 就是一个以 O 点为中心 2θ 的角度旋转. 如图 6–2 所示, $\alpha+\beta=\theta$.

定义 设 M^2 是一个二维度量空间, 它对于定点 O 成旋转对称, 则称 M^2 为一个**抽象旋转面**. 记作 (M^2,O). O 点称为旋转中心.

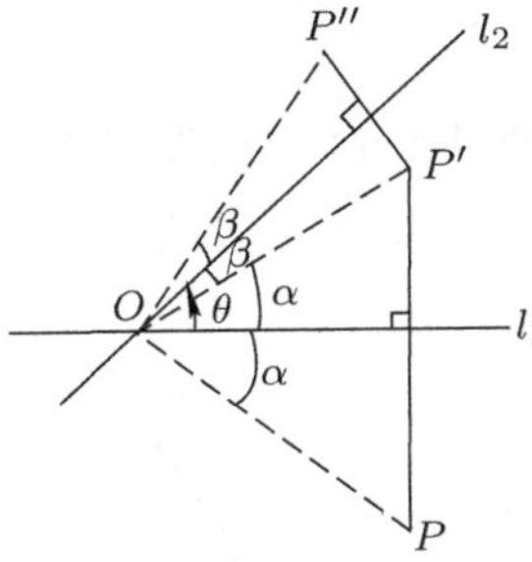

图 6–2

例 1　欧氏、非欧平面或球面是对于其中任何一点都成旋转对称的抽象旋转面, 所以它们不但是抽象旋转面, 而且还是**齐性**的.

所谓齐性是指空间中任意两点附近的几何结构或几何性质都是相同的. 因为我们讨论的几何性质是在保长变换下不变的性质, 因此齐性也可这样理解: 对空间中任意两点 P 及 P', 必存在一个保长变换 ρ, 使 $P'=\rho(P)$.

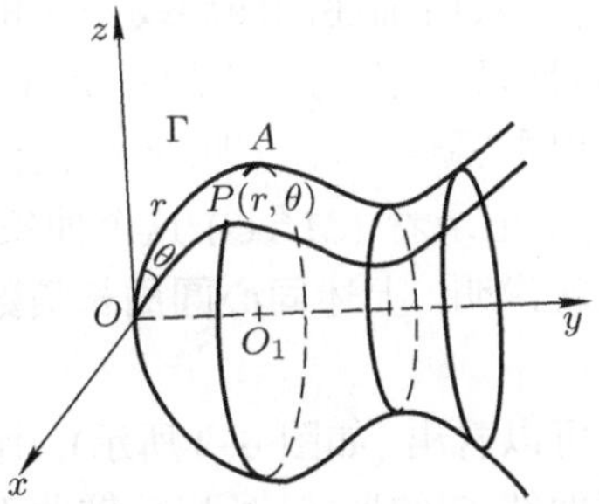

图 6–3

例 2　如图 6–3 所示, 设 Γ 是三维欧氏空间中 yOz 上半平面内与 y 轴正交于 O 点的一条光滑曲线, 则以 Γ 为母线绕 y 轴在空间中旋转所得的曲面就是一个关于 O 点成旋转对称的旋转面. (Γ 在 O 点和旋转轴的正交性保证了曲面在 O 点的光滑性.)

我们要用解析法来讨论一个抽象旋转面 (M^2,O) 上的几何. 第一个问题是: 如何选用 “坐标系” 才能充分利用 (M^2,O) 上对于 O 点的旋转对称性?

稍加分析, 就容易看到, 那应该是以 O 点为基点的 “**极坐标**”! 我们在所有以 O 点为始点的射线中任取一条 $\overrightarrow{OA}$ 作为基准方向 (在例 2 中即取与 Γ 相同的一条经线作为基准线), 对于 M^2 中给定一点 P, 以 $\overrightarrow{OP}$ 的长度 r (在例 2 中即为曲线 Γ 上从 O 点到 P 点的长度) 和 $\overrightarrow{OA}$ 到 $\overrightarrow{OP}$ 的转角 θ 作为 P 点的极坐标

(r,θ), 如图 6–4 所示.

$$\begin{aligned}&\theta=\theta_0\ (\text{常数})\ \text{所描述的是由}\ O\ \text{点出发以}\ \theta_0\ \text{为方向角的射线},\\&r=r_0\ (\text{常数})\ \text{所描述的是以}\ O\ \text{点为圆心的同心圆}.\end{aligned}\tag{4}$$

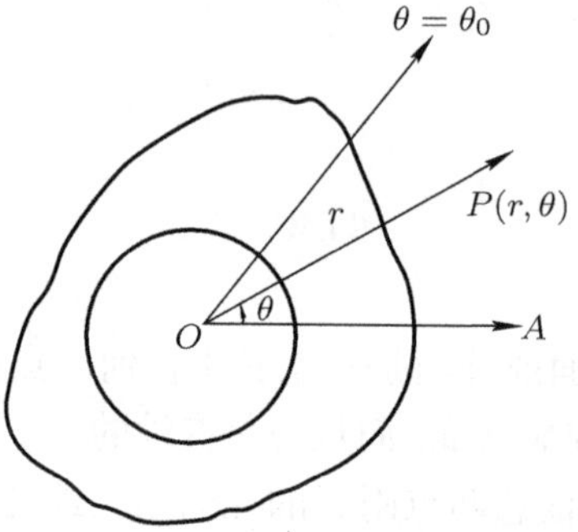

图 6–4

显然, 参照例 2 易知, (4) 式所描述的两族线是互相正交的 (即经线和纬线是互相正交的两族曲线), 而且以 O 点为中心的一个 α 角旋转变换使 r 保持不变, 而 $\theta\to\theta+\alpha$; 其次, 上述同心圆 $r=r_0$ (即纬线) 的圆周长当然是 r_0 的函数, 设为 $2\pi f(r_0)$. 因此函数 $f(r)$ 记录着 (M^2,O) 这个抽象旋转面的一个重要几何特征! 其实, 上面的分析也就说明: **上述同心圆周长函数 $f(r)$ 也唯一地确定了 (M^2,O) 上的几何结构.**

事实上, 从例 2 中我们可以看出 (如图 6–3 所示), 函数 $f(r)=OA$. 因此, 知道了函数 $f(r)$, 也就知道了曲线 Γ 的形状, 所以旋转曲面 M 的形状也就唯一确定了, 即 M 上的几何性质也就完全确定了.

分析　设 $\Gamma=\{P(t)=(r(t),\theta(t))|a\leqslant t\leqslant b\}$ 是 M^2 中的一条参数曲线. 当参数由 $t=t_1$ 变到 $t=t_1+dt$ 时, 曲线 Γ 的弧长元素可以解析地表达如下:

$$\begin{aligned}ds&\approx\widehat{P_1P_2},\\ds^2&=dr^2+f^2(r)d\theta^2.\end{aligned}\tag{5}$$

这可以从图 6–5 中看出. 因为 $\widehat{P_1Q}$ 是纬线上的一小段弧, 故 $\widehat{P_1Q}=f(r)d\theta$. $\widehat{QP_2}$ 是经线上的一小段弧, 而经线和纬线是互相正交的, 因此 $\widehat{P_1P_2^2}=\widehat{P_1Q^2}+\widehat{P_2Q^2}=dr^2+f^2(r)d\theta^2$. 当然, 这里我们假设在很小的范围内曲面是微型近似于欧氏空间的, 因此可以应用勾股定理.

这个结论与本节开始时介绍的在三维欧氏空间中旋转曲面 M 上的弧长微分公式是完全一致的.

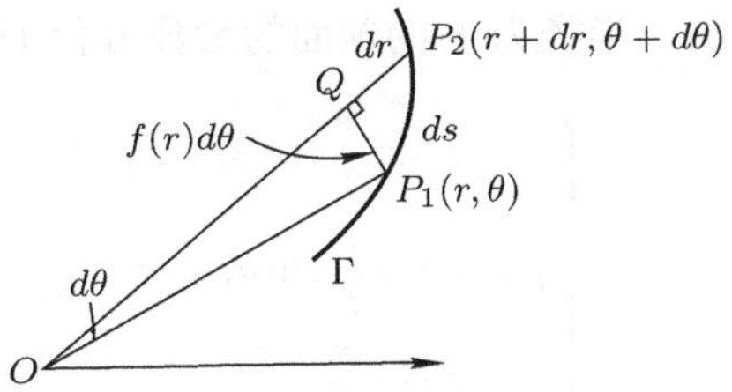

图 6–5

反过来, 我们也可以从弧长元素的微分表达式 (5), 对于任给一个初值条件 $f(0)=0, f'(0)=1$ (这两个条件是由曲线 Γ 通过原点, 且在原点处与 x 轴正交得来) 的二阶可微函数 $f(r)$, 定义一个抽象旋转面 $(M^2(f),O)$, 即

$$M^2(f)=\{(r,\theta)|ds^2=dr^2+f^2(r)d\theta^2\}. \tag{6}$$

从上面的表达式就可以用下述线积分求得 $M^2(f)$ 中任给参数曲线 Γ 的弧长, 即

$$\Gamma\text{的弧长}=\int_a^b ds=\int_a^b [r'^2(t)+f^2(r)\theta'^2(t)]^{\frac{1}{2}}dt. \tag{7}$$

显然, 若点 $P(r,\theta)\in M^2(f)$, 则 P 点以原点 O 为中心旋转 α 角后得点 $P'(r,\theta+\alpha)$ 也属于 $M^2(f)$. 换言之, 上面这样的二维几何模型 $M^2(f)$ 是关于原点 $O=(0,0)$ 成旋转对称的.

抽象旋转面的解析定义如下:

设 $f(r)$ 为一给定的二阶可微函数, 而且 $f(0)=0, f'(0)=1$. 记

$$M^2(f)=\{(r,\theta)|ds^2=dr^2+f^2(r)d\theta^2\},$$

我们称 $M^2(f)$ 是以 $f(r)$ 作为**特征函数**的抽象旋转面. 这里, 对 (r,θ) 的取值范围有如下规定:

(i) 当 $r>0$ 时, 若 $f(r)$ 处处不为零, 则 r 的取值为 $[0+\infty)$;

(ii) 当 $r>0$ 时, 若 b 为 $f(r)$ 的最小正零点, 则 r 的取值为 $[0,b]$, 且假设 $f'(b)=1$;

(iii) (r,θ) 和 $(r,\theta+2\pi)$ 是相同的点;

(iv) 不论 θ 为何值, $(0,\theta)$ 只表示同一点, 在 (ii) 中 (b,θ) 也约定表示同一点.

例 3 (i) 当 $f(r)=r$ 时, 则 $M^2(f)$ 就是欧氏平面, (r,θ) 就是欧氏平面上的极坐标. 设其直角坐标为 (x,y), 那么由关系式 $x=r\cos\theta, y=r\sin\theta$ 知 $ds^2=dx^2+dy^2=dr^2+r^2d\theta^2$.

(ii) 当 $f(r)=k\sin\dfrac{r}{k}$ 时, 则 $M^2(f)$ 就是半径为 k 的 E^3 (三维欧氏空间) 中的球面.

在 E^3 中, 球心在原点、半径为 k 的球面的参数方程 (如图 6–6 所示) 为

$$\begin{cases} x = k\sin\dfrac{r}{k}\cos\theta, \\ y = k\sin\dfrac{r}{k}\sin\theta, \\ z = k\cos\dfrac{r}{k}, \end{cases}$$

因此

$$ds^2 = dx^2 + dy^2 + dz^2 = dr^2 + k^2\sin^2\frac{r}{k}d\theta^2,$$

所以 $\left(\dfrac{r}{k}, \theta\right)$ 表示球面坐标.

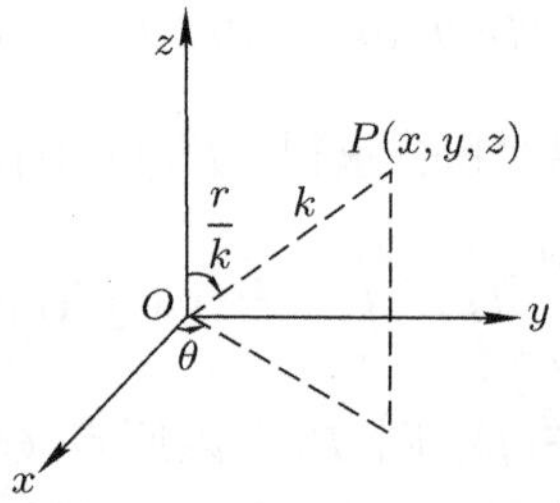

图 6–6

(iii) 当 $f(r) = k\text{sh}\dfrac{r}{k}$ 时, 则 $M^2(f)$ 就是曲率为 $-\dfrac{1}{k^2}$ 的非欧平面 (参看第二节).

注　对于许多函数 $f(r), M^2(f)$ 是无法用 E^3 中常见的旋转曲面加以表现的. 事实上, 在 (iii) 中, 特征函数为 $f(r) = k\text{sh}\dfrac{r}{k}$ 的 $M^2(f)$ 在 E^3 中就不可能实现, 所以我们把 $M^2(f)$ 统称为抽象旋转面.

抽象旋转面中, 点 (r_1, θ_0) 到相邻点 (r_2, θ_0) $(r_1 < r_2)$ 的所有路径中以 $\theta = \theta_0$ (常数) 的曲线 (即经线) 的长度为最短. 这是因为, 联结这两点的任意路径的长度是

$$\begin{aligned}\int_{(r_1,\theta_0)}^{(r_2,\theta_0)} ds &= \int_{(r_1,\theta_0)}^{(r_2,\theta_0)} [dr^2 + f^2(r)d\theta^2]^{\frac{1}{2}} \\ &\geqslant \int_{(r_1,\theta_0)}^{(r_2,\theta_0)} dr = r_2 - r_1,\end{aligned}$$

由此可以证明球面上联结任何两点的路径中, 长度以不大于半个大圆的大圆弧为最短.

(二) 弧长第一变分公式与曲率 (欧氏)

让我们先来复习一下在欧氏平面中一条光滑曲线 Γ 的 "曲率" 这个基本概念.

设 Γ 是 E^2 中一条可微曲线, 它的参数方程为

$$x = x(t), \quad y = y(t).$$

那么由微积分学知, Γ 从 t_0 到 t 的弧长为

$$s = \int_{t_0}^{t} \sqrt{x'^2(t) + y'^2(t)}dt.$$

如果 P 为 Γ 上一动点, 那么我们也可用 P 点的位置向量 $\overrightarrow{OP}$ (O 是坐标原点) 来标记 Γ. 我们记 $\boldsymbol{x}(t) = \overrightarrow{OP}$, 则 $\boldsymbol{x}(t)$ 的分量为 $(x(t), y(t))$, 由上述弧长公式知

$$ds = \sqrt{x'^2(t) + y'^2(t)}dt = |\boldsymbol{x}'(t)|dt,$$

或

$$ds^2 = |dx^2|.$$

因此 $|\boldsymbol{x}'(t)| = \dfrac{ds}{dt}$. 另一方面, $\boldsymbol{x}'(t)$ 表示 Γ 在 P 点处的切线方向. 因此, 如果我们取弧长 s 作为曲线 Γ 的参数, 则 $\dfrac{d}{ds}\boldsymbol{x}(s)$ 是 Γ 在 $P(s)$ 点的单位切向量, 记作 $\boldsymbol{t}(s)$. 因此 $\boldsymbol{t}(s) \cdot \boldsymbol{t}(s) = 1$. 两边再对 s 求导数, 得 $\dfrac{d}{ds}\boldsymbol{t}(s) \cdot \boldsymbol{t}(s) = 0$. 换言之, $\dfrac{d}{ds}\boldsymbol{t}(s)$ 垂直于切向量 $\boldsymbol{t}(s)$. 令 $\boldsymbol{n}(s)$ 是 Γ 在 $P(s)$ 点的正向单位法向量, 亦即由 $\boldsymbol{t}(s)$ 到 $\boldsymbol{n}(s)$ 的转角为 $\dfrac{\pi}{2}$. 那么成立

$$\begin{aligned} &\boldsymbol{t}(s) = \frac{d}{ds}\boldsymbol{x}(s) \text{ 是 } \Gamma \text{ 在 } P(s) \text{ 点的单位切向量}, \\ &\boldsymbol{a}(s) = \frac{d}{ds}\boldsymbol{t}(s) = k(s)\boldsymbol{n}(s). \end{aligned} \tag{8}$$

(因为 $\dfrac{d}{ds}\boldsymbol{t}(s)$ 正交于 $\boldsymbol{t}(s)$, 所以它是 $\boldsymbol{n}(s)$ 的一个倍积.)

我们把 $\boldsymbol{a}(s)$ 称为 Γ 的**曲率向量**, $k(s)$ 称为**曲率**.

其次, 若在平面上取定直角坐标系 xOy, 则有 (如图 6–7 所示)

$$\begin{aligned} &\boldsymbol{t}(s) = (\cos\sigma(s), \sin\sigma(s)), \sigma(s) \text{ 是 } \boldsymbol{t}(s) \text{ 的方向角}, \\ &\frac{d}{ds}\boldsymbol{t}(s) = \tfrac{d\sigma}{ds}(-\sin\sigma(s), \cos\sigma(s)). \end{aligned} \tag{8'}$$

所以 $k(s) = \dfrac{d\sigma}{ds}$.

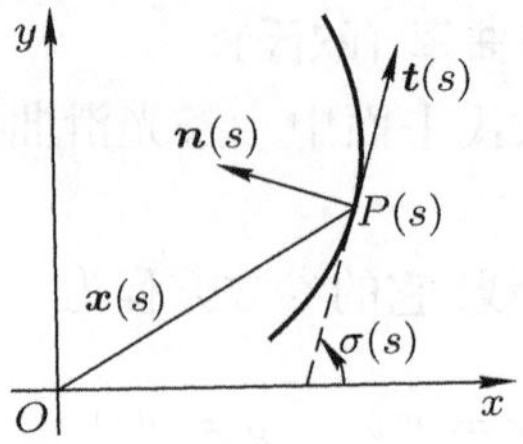

图 6–7

容易证明, 若 $\boldsymbol{x}(s)=(x(s),y(s))$, 则曲率

$$k(s)=x'(s)y''(s)-x''(s)y'(s).$$

若 $\boldsymbol{x}(t)=(x(t),y(t))$, 其中 t 是一般参数, 则

$$k(t)=[x'(t)y''(t)-x''(t)y'(t)]/[x'^2(t)+y'^2(t)]^{3/2}.$$

平面上一族以 A 为始点、B 为终点的连续变动光滑参数曲线族 $\{\Gamma_u|0\leqslant u\leqslant 1\}$ 叫做 Γ_0 的一种**变分** (variation), 如图 6–8 所示. 我们可以采用下述依赖于两个参数 (s,u) 的位置向量作为**变分的解析表达式**, 即

$$\begin{aligned}&\{\boldsymbol{x}(s,u)|a\leqslant s\leqslant b,\ 0\leqslant u\leqslant 1\},\\&\Gamma_{u_0}=\{\boldsymbol{x}(s,u_0)|a\leqslant s\leqslant b\}\text{ 是 }\Gamma_{u_0}\text{ 的参数式.}\end{aligned}\tag{9}$$

s 是每条曲线的共用参数, u 是变分曲线族的变分参数.

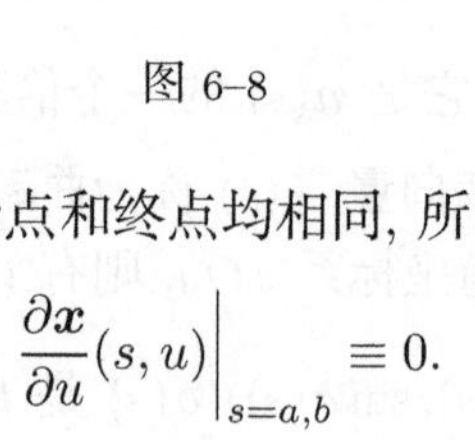

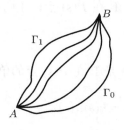

图 6–8

因为族中的所有曲线的始点和终点均相同, 所以

$$\left.\frac{\partial \boldsymbol{x}}{\partial u}(s,u)\right|_{s=a,b}\equiv 0.$$

为了以后计算方便, 我们可以假设 s 取作 Γ_0 的弧长参数. 因此

$$\left.\frac{\partial \boldsymbol{x}}{\partial s}\cdot\frac{\partial \boldsymbol{x}}{\partial s}\right|_{u=0}\equiv 1.$$

令 $L(u)$ 为 Γ_u 的长度, 亦即

$$L(u)=\int_a^b\left\langle\frac{\partial}{\partial s}\boldsymbol{x}(s,u),\frac{\partial}{\partial s}\boldsymbol{x}(s,u)\right\rangle^{\frac{1}{2}}ds. \tag{10}$$

这里 $\langle\cdot,\cdot\rangle$ 表示内积, 则 $\left.\frac{d}{du}L(u)\right|_{u=0}$ 叫做上述变分的**第一弧长变分**.

命题 1 欧氏平面的第一弧长变分公式如下:

$$\left.\frac{d}{du}L(u)\right|_{u=0}=-\int_a^b\langle\boldsymbol{v}(s),k(s)\boldsymbol{n}(s)\rangle ds, \tag{11}$$

其中 $\boldsymbol{v}(s)=\frac{\partial\boldsymbol{x}}{\partial u}(s,0)$ 叫做**变分向量场**, $k(s)$ 是 Γ_0 的曲率函数, $\boldsymbol{n}(s)$ 是 Γ_0 的正向单位法向量.

注 上述公式对 Γ_0 的任给变分皆成立, 它也唯一地确定了 Γ_0 上的曲率函数 $k(s)$. 换言之, Γ_0 的曲率函数 $k(s)$ 是唯一能使 (11) 式对于 Γ_0 的任何变分皆成立的 Γ_0 上的函数, 所以 (11) 式也可以用来作为 $k(s)$ 的另一种定义式.

证明

$$\begin{aligned}\left.\frac{d}{du}L(u)\right|_{u=0}&=\int_a^b\frac{\partial}{\partial u}\left\langle\frac{\partial\boldsymbol{x}}{\partial s},\frac{\partial\boldsymbol{x}}{\partial s}\right\rangle^{\frac{1}{2}}\Bigg|_{u=0}ds\\&=\int_a^b\left\langle\frac{\partial^2\boldsymbol{x}}{\partial u\partial s},\frac{\partial\boldsymbol{x}}{\partial s}\right\rangle\Bigg|_{u=0}ds\\&\quad\left(\text{因为}\left\langle\frac{\partial\boldsymbol{x}}{\partial s},\frac{\partial\boldsymbol{x}}{\partial s}\right\rangle^{-\frac{1}{2}}\Bigg|_{u=0}=1\right)\\&=-\int_a^b\left\langle\frac{\partial\boldsymbol{x}}{\partial u},\frac{\partial^2\boldsymbol{x}}{\partial s^2}\right\rangle\Bigg|_{u=0}ds\\&\quad\left(\text{这里用了分部积分和条件}\left.\frac{\partial\boldsymbol{x}}{\partial u}\right|_{s=a,b}=0\right)\\&=-\int_a^b\langle\boldsymbol{v}(s),k(s)\boldsymbol{n}(s)\rangle ds\\&\quad\left(\text{因为}\left.\frac{\partial\boldsymbol{x}}{\partial u}\right|_{u=0}=\boldsymbol{v}(s),\ \left.\frac{\partial^2\boldsymbol{x}}{\partial s^2}\right|_{u=0}=k(s)\boldsymbol{n}(s)\right).\end{aligned}$$

(三) $M^2(f)$ 中的弧长第一变分公式与曲率

$M^2(f)$ 的定义要点是可以用积分式 (7) 去计算 $M^2(f)$ 上的任给参数曲线弧长. 上述命题 1 提供了一个如何研究 $M^2(f)$ 上的曲线几何的启示, 那就是从计算 $M^2(f)$ 上曲线弧长的第一变分公式着手, 从而探讨 $M^2(f)$ 上曲线曲率的应有定义、测地线、三角定理等.

分析　(i) 设 $\{\Gamma_u | 0 \leqslant u \leqslant 1\}$ 是 $M^2(f)$ 上一族保持始点和终点不变的连续变形光滑曲线族, 其参数表示为

$$\Gamma_u = \{(r(s,u), \theta(s,u)) | a \leqslant s \leqslant b\}, \tag{12}$$

其中 $r(s,u), \theta(s,u)$ 是满足下列条件的二元二阶可微函数

$$\begin{cases} \left.\dfrac{\partial r}{\partial u}\right|_{s=a,b} \equiv 0, \quad \left.\dfrac{\partial \theta}{\partial u}\right|_{s=a,b} \equiv 0, \\ \qquad\qquad \text{(这表示始点和终点不变)} \\ \left[\dfrac{\partial r(s,0)}{\partial s}\right]^2 + \left[f(r(s,0))\dfrac{\partial \theta}{\partial s}(s,0)\right]^2 \equiv 1. \\ \qquad\qquad \text{(这表示 } s \text{ 是 } \Gamma_0 \text{ 的弧长参数)} \end{cases} \tag{13}$$

(ii) 令 $L(u)$ 为 Γ_u 的长度, 即

$$L(u) = \int_a^b \left[\left(\frac{\partial r}{\partial s}\right)^2 + \left(f(r)\frac{\partial \theta}{\partial s}\right)^2\right]^{\frac{1}{2}} ds. \tag{14}$$

我们就可以直截了当地去计算弧长的第一变分如下:

$$\begin{aligned} \left.\frac{d}{du}L(u)\right|_{u=0} &= \int_a^b \frac{\partial}{\partial u}\left[\left(\frac{\partial r}{\partial s}\right)^2 + \left(f(r)\frac{\partial \theta}{\partial s}\right)^2\right]^{\frac{1}{2}}_{u=0} ds \\ &= \int_a^b \left[\frac{\partial^2 r}{\partial u \partial s}\cdot\frac{\partial r}{\partial s} + f(r)f'(r)\frac{\partial r}{\partial u}\left(\frac{\partial \theta}{\partial s}\right)^2\right. \\ &\qquad \left.+ f^2(r)\frac{\partial \theta}{\partial s}\cdot\frac{\partial^2 \theta}{\partial u \partial s}\right]_{u=0} ds. \end{aligned} \tag{15}$$

在上述计算中, 我们在作简化时运用了 (13) 式中的第二个条件, 这也是为什么把 s 取成 Γ_0 的弧长参数的原因与好处. 其次, 在上述积分式中, $\dfrac{\partial^2 r}{\partial u \partial s}(s,0)$ 和 $\dfrac{\partial^2 \theta}{\partial u \partial s}(s,0)$ 这两个混合偏微分的几何意义不明显, 我们可以用分部积分公式把它们用 $\dfrac{\partial^2 r}{\partial s^2}(s,0)$ 和 $\dfrac{\partial^2 \theta}{\partial s^2}(s,0)$ 来取代, 即有

$$\begin{aligned} \left.\frac{d}{du}L(u)\right|_{u=0} = -\int_a^b &\left[\frac{\partial^2 r}{\partial s^2}\cdot\frac{\partial r}{\partial u} - f(r)f'(r)\left(\frac{\partial \theta}{\partial s}\right)^2\frac{\partial r}{\partial u}\right. \\ &\left.+ 2f(r)f'(r)\frac{\partial r}{\partial s}\cdot\frac{\partial \theta}{\partial s}\cdot\frac{\partial \theta}{\partial u} + f^2(r)\frac{\partial^2 \theta}{\partial s^2}\cdot\frac{\partial \theta}{\partial u}\right]_{u=0} ds. \end{aligned} \tag{16}$$

上述计算过程中, 用到了 (13) 式中的第一个条件.

(iii) 现在让我们再来分析一下 (16) 式中的积分式的局部几何意义.

设 Γ_0 的参数方程为 $\boldsymbol{x}(s)=(r(s),\theta(s))$, 其中 s 是 Γ_0 的弧长参数, 那么

$$\begin{aligned}ds^2=d\boldsymbol{x}^2&=\left(\frac{\partial\boldsymbol{x}}{\partial r}dr+\frac{\partial\boldsymbol{x}}{\partial\theta}d\theta\right)^2\\&=\left(\frac{\partial\boldsymbol{x}}{\partial r}\right)^2dr^2+2\frac{\partial\boldsymbol{x}}{\partial r}\cdot\frac{\partial\boldsymbol{x}}{\partial\theta}drd\theta+\left(\frac{\partial\boldsymbol{x}}{\partial\theta}\right)^2d\theta^2.\end{aligned}$$

另一方面, 在 $M^2(f)$ 中, $ds^2=dr^2+f^2(r)d\theta^2$, 比较这两式便得

$$\left(\frac{\partial\boldsymbol{x}}{\partial r}\right)^2=1,\quad 或\left|\frac{\partial\boldsymbol{x}}{\partial r}\right|=1.$$

$\dfrac{\partial\boldsymbol{x}}{\partial r}\cdot\dfrac{\partial\boldsymbol{x}}{\partial\theta}=0$, 这表示两族参数曲线是正交的, 即经线和纬线是正交的.

$$\left(\frac{\partial\boldsymbol{x}}{\partial\theta}\right)^2=f^2(r),\quad 或\quad\left|\frac{\partial\boldsymbol{x}}{\partial\theta}\right|=f(r).$$

如果我们假设 $\boldsymbol{e}_r,\boldsymbol{e}_\theta,\boldsymbol{t}(s),\boldsymbol{n}(s)$ 都是 $M^2(f)$ 在 $P(s)$ 点的单位向量, 如图 6–9 所示, 那么

$$\boldsymbol{t}(s)=\frac{d\boldsymbol{x}}{ds}=\frac{\partial\boldsymbol{x}}{\partial r}\cdot\frac{dr}{ds}+\frac{\partial\boldsymbol{x}}{\partial\theta}\cdot\frac{d\theta}{ds}.$$

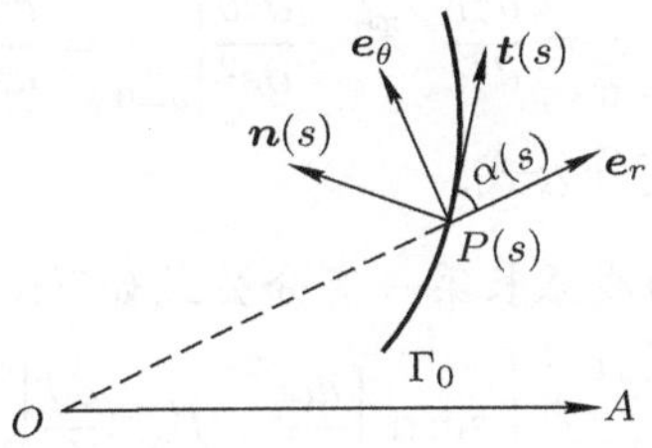

图 6–9

而 $\dfrac{\partial\boldsymbol{x}}{\partial r}$ 表示 r 方向 (即经线方向), 故 $\dfrac{\partial\boldsymbol{x}}{\partial r}=\left|\dfrac{\partial\boldsymbol{x}}{\partial r}\right|\boldsymbol{e}_r=\boldsymbol{e}_r$; $\dfrac{\partial\boldsymbol{x}}{\partial\theta}$ 表示 θ 方向 (即纬线方向), 故

$$\frac{\partial\boldsymbol{x}}{\partial\theta}=\left|\frac{\partial\boldsymbol{x}}{\partial\theta}\right|\boldsymbol{e}_\theta=f(r)\boldsymbol{e}_\theta.$$

因此可得

$$\boldsymbol{t}(s)=\frac{dr}{ds}\boldsymbol{e}_r+f(r)\frac{d\theta}{ds}\boldsymbol{e}_\theta.$$

另一方面, 如果我们设 $\alpha(s)$ 为 $\boldsymbol{t}(s)$ 与 $\boldsymbol{e}_r$ 的夹角, 那么

$$\boldsymbol{t}(s)=\boldsymbol{e}_r\cos\alpha+\boldsymbol{e}_\theta\sin\alpha.$$

比较上述两式, 便知

$$\cos\alpha=\frac{dr}{ds},\quad \sin\alpha=f(r)\frac{d\theta}{ds}.$$

总结上述的说明, 我们得到

$\boldsymbol{e}_r$ 为沿 r 方向的单位向量;

$\boldsymbol{e}_\theta$ 为沿 θ 方向的单位向量;

$\boldsymbol{t}(s)$ 是 Γ 的切线方向的单位向量, 且

$$\boldsymbol{t}(s)=\boldsymbol{e}_r\cos\alpha+\boldsymbol{e}_\theta\sin\alpha,\qquad(17)$$

$$\cos\alpha=\frac{dr}{ds},\quad \sin\alpha=f(r)\frac{d\theta}{ds};$$

$\boldsymbol{n}(s)$ 是 Γ 的法线在正方向上的单位向量, 且

$$\boldsymbol{n}(s)=-\boldsymbol{e}_r\sin\alpha+\boldsymbol{e}_\theta\cos\alpha.$$

将 $\cos\alpha=\dfrac{dr}{ds}$ 和 $\sin\alpha=f(r)\dfrac{d\theta}{ds}$ 对 s 求微分, 即得

$$\begin{aligned}\frac{d^2r}{ds^2}&=\tfrac{d}{ds}\cos\alpha=-\sin\alpha\tfrac{d\alpha}{ds},\\ \frac{d}{ds}\left(f(r)\frac{d\theta}{ds}\right)&=f(r)\tfrac{d^2\theta}{ds^2}+f'(r)\tfrac{dr}{ds}\cdot\tfrac{d\theta}{ds}=\cos\alpha\tfrac{d\alpha}{ds}.\end{aligned}\qquad(18)$$

用 (18) 式消去 (16) 式中的

$$\left.\frac{\partial^2r}{\partial s^2}\right|_{u=0}=\frac{d^2r}{ds^2}\quad 和\quad \left.\frac{\partial^2\theta}{\partial s^2}\right|_{u=0}=\frac{d^2\theta}{ds^2},$$

即得下述命题 2 中的第一变分公式.

命题 2 $M^2(f)$ 中的曲线弧长第一变分公式如下:

$$\begin{aligned}\left.\frac{dL}{du}\right|_{u=0}&=-\int_a^b\left\{-\sin\alpha\left[\frac{d\alpha}{ds}+f'(r)\frac{d\theta}{ds}\right]\left.\frac{\partial r}{\partial u}\right|_{u=0}\right.\\&\qquad\left.+\cos\alpha\left[\frac{d\alpha}{ds}+f'(r)\frac{d\theta}{ds}\right]f(r)\left.\frac{\partial\theta}{\partial u}\right|_{u=0}\right\}ds\\&=-\int_a^b\left(\frac{d\alpha}{ds}+f'(r)\frac{d\theta}{ds}\right)\langle\boldsymbol{n}(s),\boldsymbol{v}(s)\rangle ds,\end{aligned}\qquad(19)$$

其中 $\boldsymbol{n}(s)$ 是 Γ_0 在 s 点的正向单位法向量,

$$\boldsymbol{v}(s)=\left.\frac{\partial r}{\partial u}\right|_{u=0}\boldsymbol{e}_r+f(r)\left.\frac{\partial\theta}{\partial u}\right|_{u=0}\boldsymbol{e}_\theta$$

称为变分向量场.

上面的分析 (i)、(ii)、(iii) 也就是命题 2 的证明!

命题 2 是命题 1 的推广, 将 (19) 式和 (11) 式比较, 不难看出 (19) 式中的 $\dfrac{d\alpha}{ds}+f'(r)\dfrac{d\theta}{ds}$ 就是 (11) 式中的曲率 $k(s)$ 的推广.

定义 $M^2(f)$ 中的光滑曲线 $\Gamma=\{(r(s),\theta(s))|a\leqslant s\leqslant b\}$($s$ 为弧长参数) 的**测地曲率**的定义为 $\dfrac{d\alpha}{ds}+f'(r)\dfrac{d\theta}{ds}$, 记作 $k_g(s)$, 即

$$k_g(s)=\frac{d\alpha}{ds}+f'(r)\frac{d\theta}{ds}. \tag{20}$$

(四) $M^2(f)$ 上的测地线与三角定理

在 $M^2(f)$ 上一条光滑曲线 $\Gamma=\{(r(s),\theta(s))|$ 其中 s 是弧长参数$\}$, 若它的测地曲率恒等于零, 则称 Γ 为**测地线**. 容易验证, 欧氏平面上的直线、球面上的大圆的测地曲率都为零, 因此测地线是欧氏平面上的直线段和非欧平面上球面上的大圆弧的推广.

分析 (i) 根据解析的观点, 测地线就是下列微分方程的解:

$$\begin{cases}\dfrac{d\alpha}{ds}+f'(r)\dfrac{d\theta}{ds}=0,\\[2mm] \dfrac{dr}{ds}=\cos\alpha,\\[2mm] f(r)\dfrac{d\theta}{ds}=\sin\alpha.\end{cases} \tag{21}$$

它是一个二阶常微分方程, 叫做 $M^2(f)$ 上的测地线方程. 事实上, 我们可以把 (21) 式改写为

$$\begin{cases}\dfrac{d\theta}{dr}=\dfrac{\tan\alpha}{f(r)},\\[2mm] \dfrac{d\alpha}{dr}=-f'(r)\dfrac{d\theta}{dr}.\end{cases}$$

从二阶常微分方程的一般存在性与唯一性定理得知, 它的解由两个初值条件所唯一确定, 亦即过定点、定方向有唯一的一条测地线.

(ii) 由第一变分公式 (19) 知, 若 Γ_0 是测地线, 那么成立 $\left.\dfrac{d}{du}L(u)\right|_{u=0}=0$, 这说明对 Γ_0 作局部变分时, 其长度必然加长. 这也就说明了测地线的几何特性: **局部的**每段都是最短路径. 例如, 球面上的大圆弧在小于半圆时是最短路径, 但大于半圆时就不再是端点之间的最短路径了. 所以前述修饰词 "局部的" 一般来说是必要的!

(iii) 在 $M^2(f)$ 上, $\theta=\theta_0$ (常数) 显然满足测地线方程. 这是因为此时 $\alpha\equiv$

$0, \theta = \theta_0$, 所以 $\dfrac{da}{ds} = 0, \dfrac{d\theta}{ds} = 0$. 这就说明在 $M^2(f)$ 上经线必为测地线.

定理 1　设 Γ 是 $M^2(f)$ 上的一条测地线, 则

$$f(r(s)) \sin a(s) = 常数.$$

证明　设 $\Gamma = \{(r(s), \theta(s))\}$ 是 $M^2(f)$ 中的一条测地线, 即有

$$\begin{cases} \dfrac{dr}{ds} = \cos a, \\ f(r(s))\dfrac{d\theta}{ds} = \sin a, \\ \dfrac{da}{ds} + f'(r)\dfrac{d\theta}{ds} = 0. \end{cases}$$

运用上述条件, 对于定义在 Γ 上的函数 $f(r(s)) \sin a(s)$ 求微分得

$$\begin{aligned} &\frac{d}{ds}[f(r(s)) \sin a(s)] \\ &= f'(r)\frac{dr}{ds} \sin a + f(r) \cos a \frac{da}{ds} \\ &= f'(r) f(r) \cos a \frac{d\theta}{ds} + f(r) \cos a \frac{da}{ds} \\ &= f(r) \cos a \left[\frac{da}{ds} + f'(r)\frac{d\theta}{ds}\right] \equiv 0. \end{aligned} \tag{22}$$

因此, $f(r) \sin a$ 在 Γ 上取固定值, 亦即为一常数.

推论 1　($M^2(f)$ 上的正弦定理) 对于 $\triangle OAB$ 恒有

$$\frac{\sin A}{f(a)} = \frac{\sin B}{f(b)}. \tag{23}$$

注　$M^2(f)$ 上的三角形是指由测地线组成的三角形. 因为 O 点是原点, 因此 OA, OB 是两条矢径或经线, 由上述分析 (iii) 知必为测地线.

证明　由上述定理 1 得

$$f(b) \sin(\pi - A) = f(a) \sin B.$$

所以

$$\frac{\sin A}{f(a)} = \frac{\sin B}{f(b)}.$$

注意, 上述定理一般只有在三角形的一个顶点是 $M^2(f)$ 的原点时才成立!

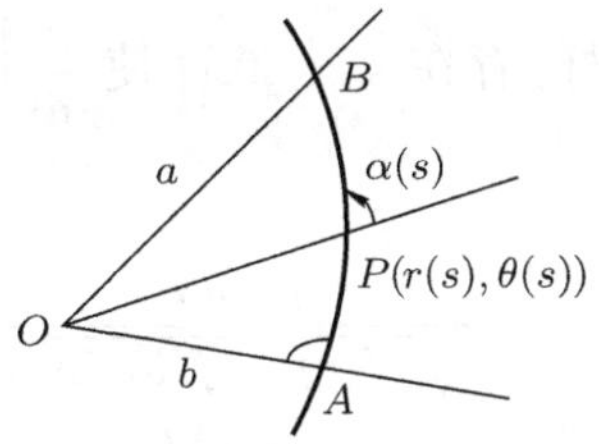

图 6–10

推论 2　($M^2(f)$ 上的余弦定理) 对于 $\triangle OAB$ 恒有

$$c = AB = \int_b^a \frac{f(r)dr}{\pm\sqrt{f^2(r) - [f(b)\sin A]^2}}, \tag{24}$$

被积函数中正、负号的取法下面将加以说明.

证明　如图 6–10 所示, 设 $P(r(s), \theta(s))$ 是测地线 AB 上的动点, $0 \leqslant s \leqslant c$, 则有

$$\frac{dr}{ds} = \cos\alpha = \pm\sqrt{1 - \sin^2\alpha}. \tag{25}$$

如果 s 在 $[0, c]$ 内变动时 $\dfrac{dr}{ds} > 0$, 即 $r(s)$ 是单调上升函数, 则 (25) 式中根号前取 “+” 号. 此时 $b < a$; 反之, 如果 s 在 $[0, c]$ 内变动时 $\dfrac{dr}{ds} < 0$, 即 $r(s)$ 是单调下降函数, 则 (25) 式中根号前取 “−” 号, 此时 $b > a$, 如图 6–11 所示. 再由定理 1, 从 $f(r(s))\sin\alpha(s) = f(b)\sin A$ 解得 $\sin\alpha(s)$ 代入 (25) 式, 得

$$ds = \frac{f(r)dr}{\pm\sqrt{f^2(r) - [f(b)\sin A]^2}},$$

两边积分, 便得

$$c = \int_0^c ds = \int_b^a \frac{f(r)dr}{\pm\sqrt{f^2(r) - [f(b)\sin A]^2}}.$$

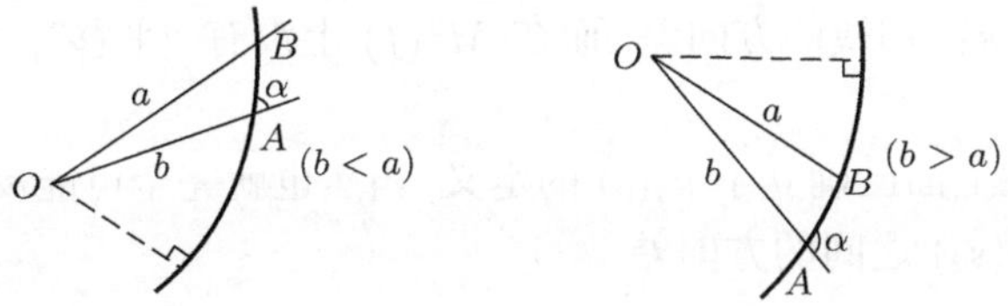

图 6–11

注意, 如果如图 6–12 那样, 存在 $s_0 \in [0,c]$ 使 $\left.\frac{dr}{ds}\right|_{s=s_0}=0$, 那么, 上式将分两段来积分, 即

$$
\begin{aligned}
c=&\int_b^{r(s_0)}\frac{f(r)dr}{-\sqrt{f^2(r)-[f(b)\sin A]^2}}\\
&+\int_{r(s_0)}^{a}\frac{f(r)dr}{+\sqrt{f^2(r)-[f(b)\sin A]^2}}.
\end{aligned}
$$

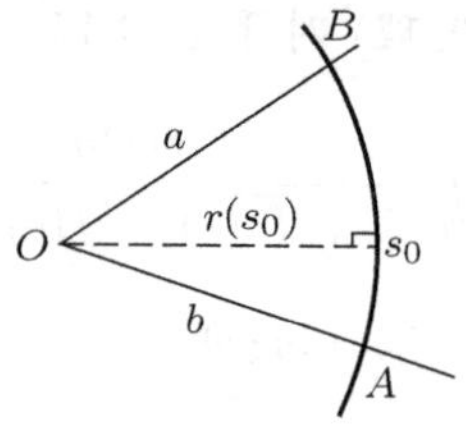

图 6–12

又因为 $\frac{dr}{ds}=\cos\alpha, \alpha\in[0,\pi]$, 因此一般说来, 对 $s\in[0,c]$, $\frac{dr}{ds}$ 至多只有一个零点 s_0. 如果对任何 $s\in[0,c]$, $\frac{dr}{ds}\equiv 0$, 即 $r=$ 常数, 故 $\alpha=$ 常数. 我们把这些条件代入测地线方程 (21) 再来讨论这个特殊三角形, 由于此情形太特殊, 我们就不感兴趣了.

(五) $M^2(f)$ 上的平移与三维曲率, Gauss 公式

前段讨论的基本思想是抓住欧氏平面曲线曲率在弧长变分公式中所扮演的角色, 把曲线曲率的概念推广到任何一个抽象旋转面 $M^2(f)$ 上的曲线, 并且求得其极坐标计算公式为

$$k_g(s)=\frac{d\alpha}{ds}+f'(r)\frac{d\theta}{ds}.$$

采用这种办法的一个原因是在 $M^2(f)$ 上还没有 "平行移动" 的概念, 所以一条曲线 Γ 上相异两点 $P(s_1), P(s_2)$ 的单位切向量 $\boldsymbol{t}(s_1), \boldsymbol{t}(s_2)$ 的方向差也还没有定义. 因此就无法采用像欧氏平面那样 $k(s)=\frac{d\sigma}{ds}$ 的曲率定义. (因为 $d\sigma\approx\Delta\sigma$ 表示 $P(s_1)$ 与 $P(s_2)$ 切线的方向差, 而在 $M^2(f)$ 上没有 "平移", 所以也无法定义方向差 $\Delta\sigma$.)

其实, 既然在上面已确立了 $k_g(s)$ 的定义, 当然也就完全可能反过来用 $k_g(s)$ 来定义 $\boldsymbol{t}(s_1)$ 和 $\boldsymbol{t}(s_2)$ 之间的方向差:

$$\Delta(s_1,s_2)=\boldsymbol{t}(s_2)\text{ 和 }\boldsymbol{t}(s_1)\text{ 的方向差}=\int_{s_1}^{s_2}k_g(s)ds.$$

如图 6–13 所示, 我们可以把那个与 $\boldsymbol{t}(s_2)$ 之间的夹角恰为 $\Delta(s_1,s_2)$ 的单位切向量 $\boldsymbol{t}^*$ 想成是 $\boldsymbol{t}(s_1)$ **沿着曲线** Γ 由 $P(s_1)$ 点 "**平移**" 到 $P(s_2)$ 点所得的向量. 要注意的是: 这样所定的 "平移" 是**依赖于曲线** Γ **的**! 换言之, 我们完全可以采取上面的办法来定义沿着一条给定曲线的平移. 但是这种定义下的平移**不能**保证沿着两条具有相同的始点与终点的曲线的平移会有相同的结果. 另外, 在欧氏平面上, 向量由 A 点平移到 B 点, 其长度是保持不变的. 所以我们在 $M^2(f)$ 上定义平移的概念也应有这个性质.

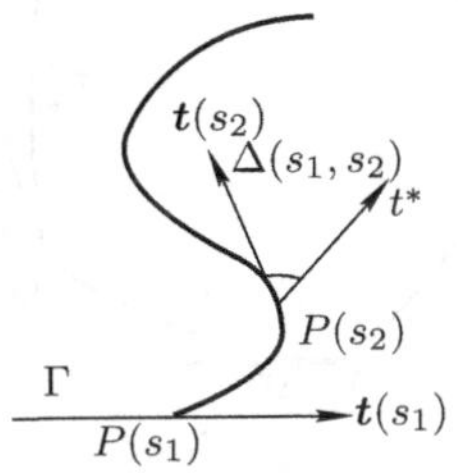

图 6–13

定义 设 Γ 是 $M^2(f)$ 中的一条以 A 为始点、B 为终点的光滑曲线, $k_g(s)$ 是 Γ 的测地曲率, 对于 $M^2(f)$ 在 A 点 (对应 $s=a$) 的一个切向量 $\boldsymbol{v}$, 它沿着 Γ 由 A 点平移到 B 点 (对应于 $s=b$), 结果是 $M^2(f)$ 在 B 点的切向量 $\tau_\Gamma(\boldsymbol{v})$, 其定义如下:

$$\begin{aligned}&|\tau_\Gamma(\boldsymbol{v})|=|\boldsymbol{v}|,\ \text{即 } \boldsymbol{v} \text{ 经平移后长度不变},\\ &\tau_\Gamma(\boldsymbol{v}) \text{ 和 } \boldsymbol{t}(b) \text{ 的夹角} = \boldsymbol{v} \text{ 和 } \boldsymbol{t}(a) \text{ 的夹角 } -\int_a^b k_g(s)ds.\end{aligned} \tag{26}$$

注意, 这里 $\boldsymbol{v}$ 是 $M^2(f)$ 的切向量, 不一定是曲线 Γ 的切向量. 我们把切向量 $\tau_\Gamma(\boldsymbol{v})$ (在 B 点处) 称为是与 $\boldsymbol{v}$ (在 A 点处) 沿 Γ 互相平行的.

分析 (i) 采用上述定义, 一条测地线 Γ 的各点单位切向量 $\boldsymbol{t}(s)$ 是沿 Γ 互相平行的, 亦即

$$\boldsymbol{t}(s_2)=\tau_{\Gamma[s_1,s_2]}(\boldsymbol{t}(s_1)).$$

(ii) 如果 Γ 是一条封闭的光滑测地线 $\Gamma_{[a,b]}$, 它的始点 A (对应于 $s=a$) 与终点 B (对应于 $s=b$) 相同, 则 $\angle(\boldsymbol{t}(a),\boldsymbol{t}(b))$ 应该看成是 2π. 因此 A 点处向量 $\boldsymbol{v}$ 经过沿 Γ 平移一周后得向量 $\tau_{\Gamma[a,b]}(\boldsymbol{v})$, 两者之间夹角为 2π, 即

$$\boldsymbol{v} \text{ 与 } \tau_{\Gamma[a,b]}(\boldsymbol{v}) \text{ 的夹角} = 2\pi.$$

(iii) 多边形 $A_1A_2\cdots A_n$ 由 n 段测地线 $\{\Gamma_i|1\leqslant i\leqslant n\}$ 围成, α_i 是它在 A_i 点的外角 (如图 6–14 所示), 则

$$\boldsymbol{v} \text{ 和 } \tau_{\Gamma_n}\circ\tau_{\Gamma_{n-1}}\circ\cdots\circ\tau_{\Gamma_1}(\boldsymbol{v}) \text{ 之间的夹角} = 2\pi-\sum_{i=1}^{n}\alpha_i. \tag{27}$$

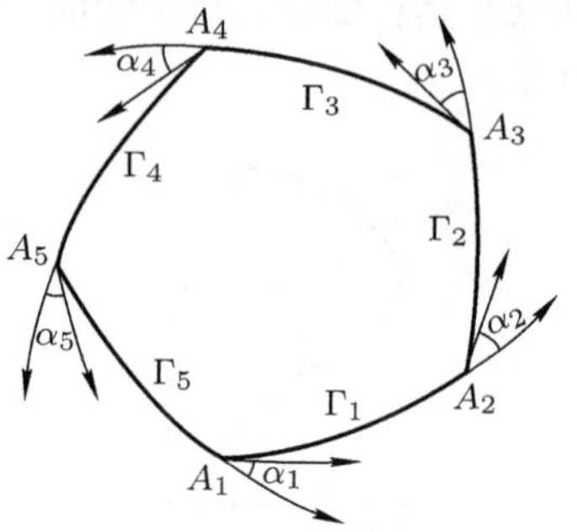

图 6–14

说明 令 $\boldsymbol{t}_i$ 是 Γ_i 在 A_i 点的单位切向量, $\boldsymbol{t}_i^*$ 是 Γ_i 在 A_{i+1} 点的单位切向量 $(A_{n+1}=A_1)$, 则外角 $\alpha_i=\angle(\boldsymbol{t}_{i-1}^*,\boldsymbol{t}_i)$, 而 $\boldsymbol{t}_i^*=\tau_{\Gamma_i}\tau_\Gamma(\boldsymbol{t}_i)$. 又因为 Γ_i 都是测地线段, 它们的测地曲率 $k_g=0$. 再利用 (26) 式, 把 $\boldsymbol{v}$ 取为 $\boldsymbol{t}_1$, 便可以推出 (27) 式.

(iv) 设 $\Gamma=\{P(s)|a\leqslant s\leqslant b\}$ 是一条光滑的封闭曲线, 则 $\angle(\boldsymbol{t}(a),\boldsymbol{t}(b))$ 应该看成是 2π. 因此

$$\angle(\tau_\Gamma(\boldsymbol{t}(a)),\boldsymbol{t}(a))=2\pi-\int_a^b k_g(s)ds.$$

设曲线多边形 $A_1A_2\cdots A_n$ 由 n 段光滑曲线 $\{\Gamma_i|1\leqslant i\leqslant n\}$ 联结而成, α_i 是它在 A_i 点的外角, 则有

$$\begin{aligned}&\boldsymbol{v} \text{ 和 } \tau_{\Gamma_n}\circ\cdots\circ\tau_{\Gamma_2}\circ\tau_{\Gamma_1}(\boldsymbol{v}) \text{ 之间的夹角}\\&=2\pi-\sum_{i=1}^{n}\alpha_i-\sum_{i=1}^{n}\int_{\Gamma_i}k_g(s)ds.\end{aligned} \tag{28}$$

如果用 Ω 表示多边形 $A_1A_2\cdots A_n$ 所围成的区域, 我们可以把 $\displaystyle\sum_{i=1}^{n}\int_{\Gamma_i}k_g(s)ds$ 改写成 $\displaystyle\int_{\partial\Omega}k_g(s)ds$, 其中 $\partial\Omega$ 表示区域 Ω 的边界.

定理 2 如图 6–15 所示, 对于 $M^2(f)$ 中的区域 Ω 及其边界 $\partial\Omega$, 恒有下述公式成立:

$$2\pi-\sum_{i=1}^{n}\alpha_i-\int_{\partial\Omega}k_g(s)ds=\iint_\Omega KdA, \tag{29}$$

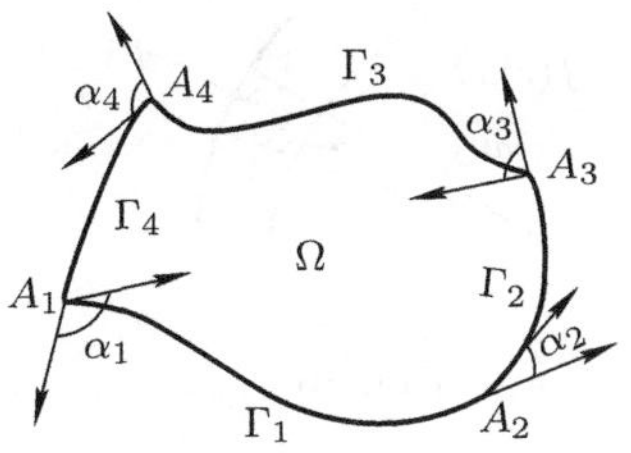

图 6–15

其中

$$K(r,\theta) = -\frac{f''(r)}{f(r)}$$

称为 $M^2(f)$ 在 (r,θ) 点的二维曲率, $dA = f(r)dr \wedge d\theta$ 是 $M^2(f)$ 的面积元素.

证明

$$\begin{aligned}\int_{\partial\Omega} k_g(s)ds &= \sum_{i=1}^{n}\int_{\Gamma_i}[d\alpha + f'(r)d\theta] \\ &= \sum_{i=1}^{n}\int_{\Gamma_i} d\alpha + \int_{\partial\Omega} f'(r)d\theta. \end{aligned} \tag{30}$$

不难由 α 和外角 α_i 的定义看出

$$\sum_{i=1}^{n}\int_{\Gamma_i} d\alpha + \sum_{i=1}^{n}\alpha_i = 2\pi. \tag{31}$$

(这个事实不是显然的, 详细证明可参阅有关微分几何的书, 例如 W. Klingenberg 著《A Course in Differential Geometry》第六章.)

其次, 由 Green 定理可得

$$\int_{\partial\Omega} f'(r)d\theta = \iint_{\Omega} f''(r)dr \wedge d\theta = \iint_{\Omega} \frac{f''(r)}{f(r)}dA. \tag{32}$$

(因为 (r,θ) 是 $M^2(f)$ 上的 "极坐标", 由图 6–16 容易知道, $M^2(f)$ 的面积元素 $dA = f(r)dr \wedge d\theta$.) 结合 (30), (31), (32) 式, 即得

$$2\pi - \sum_{i=1}^{n}\alpha_i - \int_{\partial\Omega} k_g(s)ds = \iint_{\Omega} K dA.$$

注 上述曲率 $K = -\dfrac{f''(r)}{f(r)}$ 是 $M^2(f)$ 在 (r,θ) 点的二维曲率, 它是二维空间的基本局部几何量, 即 Gauss 曲率在 $M^2(f)$ 这种特殊曲面的情形. 公式 (29) 也就是著名的 Gauss-Bonnet 公式.

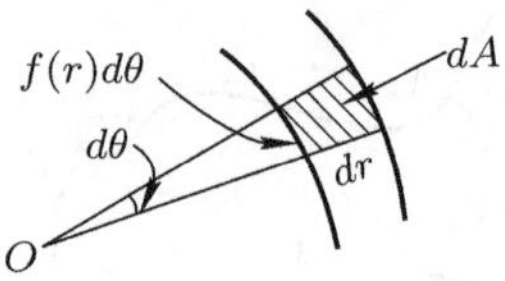

图 6–16

第二节 欧氏、球面、非欧几何的统一理论

在本章开头我们已指出, 欧氏、球面、非欧这三种古典几何的 "共性" 是都具有相同的叠合公理, 也就是关于空间中任一方向它们都是成反射对称的. 另外, 我们从上节的例 1 知, 二维的欧氏、球面与非欧空间都是齐性抽象旋转面, 现在有了关于抽象旋转面的两个基本定理 1 和定理 2, 就容易用来解答上述三种几何的种种基本问题, 首先, 让我们推导齐性抽象旋转面的唯一性定理:

定理 3 设 $M^2(f)$ 为一齐性抽象旋转面, 则

(i) $K=-\dfrac{f''(r)}{f(r)}=c$ (常数).

(ii) $f(r)=\begin{cases} r, & \text{当 } c=0 \text{ 时}, \\ \dfrac{1}{\sqrt{c}}\sin\sqrt{c}r, & \text{当 } c>0 \text{ 时}, \\ \dfrac{1}{\sqrt{-c}}\text{sh}\sqrt{-c}r, & \text{当 } c<0 \text{ 时}. \end{cases}$

证明 首先, 我们证明对 $M^2(f)$ 中任意两点 P 和 P', 成立 $K(P)=K(P')$. 这就说明 K 是一常数.

设 Ω 是包含 P 点的一个区域, 由定理 2 知道

$$2\pi-\sum_{i=1}^{n}\alpha_i-\int_{\partial\Omega}k_g(s)ds=\iint_{\Omega}KdA.$$

上述等式的左边是明确的几何量 (外角 α_i 和测地曲率 k_g 都是几何量). 另外, 因为 $M^2(f)$ 是齐性的, 则存在一保长变换 ρ, 使 $\rho(P)=P',\rho(\Omega)=\Omega'$. 显然 $P'\in\Omega'$, 但是角度 α_i 及测地曲率都是经过保长变换不变的, 所以 (29) 式左边经保长变换是不变的, 于是得到

$$\iint_{\Omega}K(P)dA=\iint_{\Omega'}K(P')dA, \tag{33}$$

我们再令区域 Ω 收缩到 P 点, 则对应的 Ω' 收缩到 P' 点. 由上式就可得到 $K(P)=K(P')$. 这说明 K 是常数! 设其值为 c, 即 $M^2(f)$ 的特征函数需满足下

列二阶常微分方程

$$f''(r)+cf(r)=0. \tag{34}$$

再由 $f(r)$ 所满足的初值条件 $f(0)=0$ 和 $f'(0)=1$, 就得出 $f(r)$ 必须是定理 3 (ii) 所给出的那些函数.

上述定理简单地解答了齐性抽象旋转面的唯一性问题, 因此也解答了欧氏平面、球面、非欧平面的唯一性问题, 详言之, 一个具有叠合公理的二维空间, 或说一个关于任何方向 (直线) 成反射对称的二维空间, 必为齐性抽象旋转面 (见上节中例 1). 因此由定理 2 知其特征函数只有三类, 并且由其曲率常数 K 所唯一确定. 当 $K=0$ 时, 即为欧氏平面; 当 $K>0$ 时, 为球面; 当 $K<0$ 时, 为非欧平面. 因而也解决了欧氏平面、球面、非欧平面的唯一性问题.

定理 4 (Bolyai 绝对正弦定理) 对于欧氏平面、球面或非欧平面上的任意 $\triangle ABC$, 恒有

$$\frac{\sin A}{\odot a}=\frac{\sin B}{\odot b}=\frac{\sin C}{\odot c}. \tag{35}$$

证明 因为欧氏、球面或非欧平面都是齐性抽象旋转面 $M^2(f)$, 所以我们可以把 A,B,C 中任一点看做 O 点 (即旋转中心) 而对它运用定理 1 的推论 1, 即有

$$\frac{\sin A}{f(a)}=\frac{\sin B}{f(b)}=\frac{\sin C}{f(c)}.$$

另一方面, 以 O 点为圆心、r 为半径 (在 $M^2(f)$ 上) 的圆周长为 $2\pi f(r)$, 故将上式分母分别乘上 2π 即得 (35) 式.

注 上面的讨论实际上也证明了欧氏、非欧或球空间 (三维) 中关于球面的三角公式 (主要是指正弦定理), 因为只需把球面作为这三种空间中的抽象旋转面即可, 这种证明当然是不依赖于平行公设的. 特别在三维欧氏空间中的有关球面三角公式 (即第四章中所提到的正弦定理、余弦定理等) 的证明是可以完全不依赖于平行公设的. (当然, 第四章中的证明方法利用了平行公设.)

我们对于欧氏 (平面) 几何与球面几何已比较熟悉, 这里不再加以研讨了. 下面我们利用定理 3 和定理 4 来导出一些有关非欧 (平面) 几何的事实.

首先, 从定理 3 知道, 非欧平面上的二维曲率 $K<0$, 令 $K=-\dfrac{1}{k^2}$, 因此 $f(r)=k\mathrm{sh}\dfrac{r}{k}$. 因为在 $M^2(f)$ 上, 半径为 r 的圆周长为 $2\pi f(r)$, 所以得到

推论 1 非欧平面上半径为 r 的圆周长为 $2\pi k\mathrm{sh}\dfrac{r}{k}$, 其中 k 是一个正常数.

其次, 设 $\triangle ABC$ 为非欧平面上的一个三角形, 由 (29) 式及直线的测地曲率 $k_g = 0$ 得

$$2\pi - \sum_{i=1}^{3} \alpha_i = \iint_{\triangle ABC} K dA = -\iint_{\triangle ABC} \frac{1}{k^2} dA$$
$$= -\frac{1}{k^2} S_{\triangle ABC}, \tag{36}$$

其中 α_i $(i = 1, 2, 3)$ 表示 $\triangle ABC$ 的三个外角, $S_{\triangle ABC}$ 表示其面积. 显然,

$$\angle A = \pi - \alpha_1, \quad \angle B = \pi - \alpha_2, \quad \angle C = \pi - \alpha_3.$$

因此由 (36) 式得到

$$(\angle A + \angle B + \angle C) - \pi = -\frac{1}{k^2} S_{\triangle ABC}$$

或

$$S_{\triangle ABC} = k^2[\pi - (\angle A + \angle B + \angle C)]. \tag{37}$$

我们把 $\pi - (\angle A + \angle B + \angle C)$ 称为 $\triangle ABC$ 的**角亏**. 因此得到

推论 2 非欧几何中三角形的面积与角亏成正比, 特别地, 非欧几何中任何三角形的面积不能超过 $k^2\pi$.

另外, 从 (37) 式立即可知 $\pi > \angle A + \angle B + \angle C$, 这就是我们所熟知的非欧几何中任何三角形内角和小于平角的事实.

下面我们较详细地研讨一下非欧三角的公式.

首先, 由 Bolyai 绝对正弦定理及定理 3 知 $f(r) = k\mathrm{sh}\frac{r}{k}$, 即得非欧正弦定理

$$\frac{\sin A}{\mathrm{sh}\frac{a}{k}} = \frac{\sin B}{\mathrm{sh}\frac{b}{k}} = \frac{\sin C}{\mathrm{sh}\frac{c}{k}}. \tag{38}$$

其次, 我们利用定理 1 的推论 2 ($M^2(f)$ 上的余弦定理) 把 $f(r) = k\mathrm{sh}\frac{r}{k}$ 代入公式 (24) 中, 进行积分再化简, 便得非欧平面上的余弦定理 (具体计算留给读者):

$$\mathrm{ch}\frac{a}{k} = \mathrm{ch}\frac{b}{k} \cdot \mathrm{ch}\frac{c}{k} - \mathrm{sh}\frac{b}{k} \cdot \mathrm{sh}\frac{c}{k} \cdot \cos A. \tag{39}$$

注意, 我们利用 (24) 式时, 不妨假设 $\frac{dr}{ds} > 0$, 故此时被积函数中根号前取 "+" 号, 因此 $\cos A < 0$. 故在化简时应取 $\cos A = -\sqrt{1 - \sin^2 A}$. 这点需要特别留心!

利用非欧正弦定理 (38) 式和余弦定理 (39) 式, 可以讨论非欧直角三角形的边角关系, 设 $\triangle ABC$ 是直角三角形, 其中 $\angle C$ 为直角, 那么成立下述十个公式:

$$\begin{aligned}
\mathrm{sh}\frac{a}{k} &= \mathrm{sh}\frac{c}{k}\sin A,\\
\mathrm{sh}\frac{b}{k} &= \mathrm{sh}\frac{c}{k}\sin B,\\
\mathrm{th}\frac{a}{k} &= \mathrm{sh}\frac{b}{k}\tan A,\\
\mathrm{th}\frac{b}{k} &= \mathrm{sh}\frac{a}{k}\tan B,\\
\mathrm{ch}\frac{c}{k} &= \mathrm{ch}\frac{a}{k}\cdot\mathrm{ch}\frac{b}{k},\\
\mathrm{th}\frac{a}{k} &= \mathrm{th}\frac{c}{k}\cos B,\\
\mathrm{th}\frac{b}{k} &= \mathrm{th}\frac{c}{k}\cos A,\\
\cos B &= \mathrm{ch}\frac{b}{k}\sin A,\\
\cos A &= \mathrm{ch}\frac{a}{k}\sin B,\\
\mathrm{ch}\frac{c}{k} &= \cot A\cot B.
\end{aligned} \tag{40}$$

(读者补证之.)

下面我们介绍 Лобачевский 函数的概念.

在非欧几何中共面两射线 $\overrightarrow{BA}$ 与 $\overrightarrow{CE}$ 在直线 BC 同侧且不相交, 但在 $\angle CBA$ 内部任一线 $\overrightarrow{BD}$ 必与 $\overrightarrow{CE}$ 相交, 则称射线 $\overrightarrow{BA}$ 平行于 $\overrightarrow{CE}$, 记作 $\overrightarrow{BA}//\overrightarrow{CE}$, 如图 6–17 所示, 这里需要注意, 射线 $\overrightarrow{BA}$ 平行于 $\overrightarrow{CD}$, 但是射线 $\overrightarrow{AB}$ 并不平行于 $\overrightarrow{DC}$. 当 $BC\perp CE$ 时, 称线段 BC 为 $\angle CBA$ 的**平行距**, 称 $\angle CBA$ 为线段 BC 的**平行角**. 显然如果 $\overrightarrow{BA}//\overrightarrow{CD}, BC\perp CD$, 我们作关于 BC 的一个轴对称得 $\overrightarrow{BA'}//\overrightarrow{CD'}$. $(D', C, D$ 是共线的!) 由 $//_N$ (即非欧平行公理) 立刻可知平行角 $\angle CBA$ 必为锐角, 因此 A', B, A 不在同一直线上. 换言之, BA 与 BA' 是不同的直线, 如果记直线 CD 为 l, 把射线 $\overrightarrow{BA}//\overrightarrow{CD}$ 称为直线 BA 沿 $\overrightarrow{CD}$ 方向平行于 l, 记作 $BA//l$. 那么直线 BA' 沿 $\overrightarrow{CD'}$ 方向平行于 l, 记作 $BA'//l$. 这就是第五章第一节提到的左、右平行线的概念.

设 $\angle CBA = a$, 平行距 BC 的长度为 x, 我们可以把平行角 a 作为平行距 x 的函数, 记作 $a=\pi(x)$. 此函数称为 Лобачевский **函数**. 现在我们来求这个函数的解析表达式, 它充分反映了非欧几何的特性.

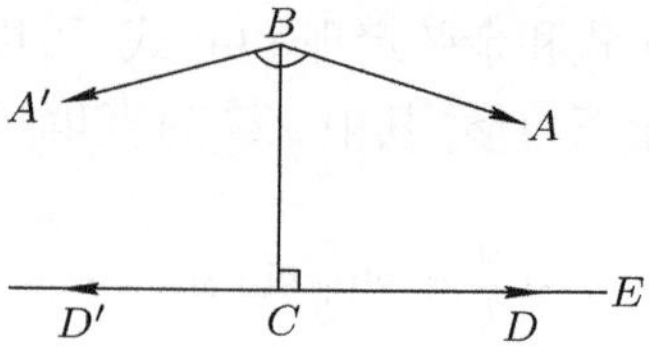

图 6–17

首先, 我们把平行概念作如下设想: 设有直角三角形 $\triangle ABC$, 其中 $\angle C$ 是直角, 如图 6–18 所示. 当边 CB 的长度趋于无限时, 或说当 B 点沿 $\overrightarrow{CB}$ 趋于无穷远时, 则 $\overrightarrow{AB}//\overrightarrow{CB}$. 因此, $\angle A = \alpha$ 就是平行角, $AC = b$ 就是平行距. 我们知道直角三角形 $\triangle ABC$ 有如下边角关系 (见 (40) 式中第三式):

$$\mathrm{th}\frac{a}{k} = \mathrm{sh}\frac{b}{k}\tan A.$$

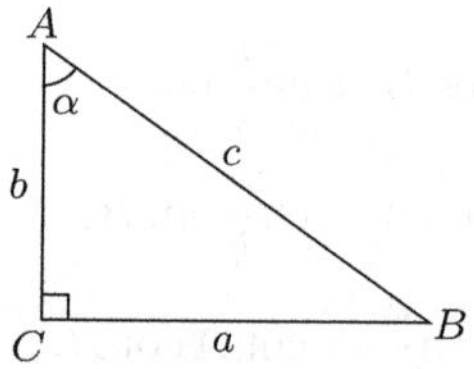

图 6–18

但是当 $a \to \infty$ 时, $\mathrm{th}\dfrac{a}{k} \to 1$. 因此对于平行角 α 及平行距 b 来说成立

$$1 = \mathrm{sh}\frac{b}{k}\tan\alpha \quad 或 \quad \frac{1}{\tan\alpha} = \frac{1}{2}(\mathrm{e}^{\frac{b}{k}} - \mathrm{e}^{-\frac{b}{k}}).$$

所以

$$\frac{1-\tan^2\dfrac{\alpha}{2}}{2\tan\dfrac{\alpha}{2}} = \frac{1}{2}(\mathrm{e}^{\frac{b}{k}} - \mathrm{e}^{-\frac{b}{k}}),$$

$$\tan^2\frac{\alpha}{2} + \tan\frac{\alpha}{2}(\mathrm{e}^{\frac{b}{k}} - \mathrm{e}^{-\frac{b}{k}}) - 1 = 0,$$

$$\left(\tan\frac{\alpha}{2} - \mathrm{e}^{-\frac{b}{k}}\right)\left(\tan\frac{\alpha}{2} + \mathrm{e}^{\frac{b}{k}}\right) = 0,$$

从而

$$\tan\frac{\alpha}{2} = \mathrm{e}^{-\frac{b}{k}}.$$

(因为 $\tan\dfrac{\alpha}{2} > 0$, 故 $\tan\dfrac{\alpha}{2} = -\mathrm{e}^{\frac{b}{k}} < 0$ 不合要求.) 记平行距为 x, 即得 Лобачевский

函数的解析表达式为

$$\alpha=\pi(x)=2\arctan \mathrm{e}^{-\frac{x}{k}}. \tag{41}$$

由此可知, 平行角 α 是平行距 x 的单调下降函数.

下面简单介绍一下非欧解析几何学.

有了一套好用易算的非欧三角公式, 即非欧正弦定理、余弦定理及直角三角形的边角关系公式 (40), 就不难把非欧平面坐标化, 然后用解析法来研讨各种非欧几何的问题. 这就是非欧解析几何学. 具体地我们可用以下方式来建立坐标系.

设 Ou, Ov 是非欧平面上两条互相正交的直线. 我们把交点 O 作为原点, 把直线 Ou, Ov 作为坐标轴, 建立直角坐标系, 如图 6–19 所示.

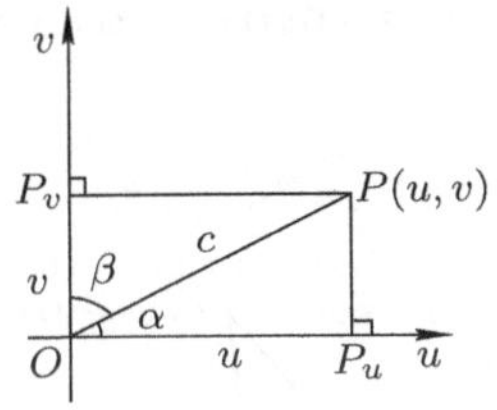

图 6–19

设 P 为非欧平面上任一点, 作 $PP_u \perp Ou, PP_v \perp Ov$ (P_u, P_v 分别为垂足). 把 OP_u 的长度记为 u, 把 OP_v 的长度记为 v. 我们称一对有序实数 (u,v) 为 P 点的**轴坐标**.

首先, 我们来建立此坐标系下两点之间的距离公式.

设 $OP=c, \angle POP_u=\alpha, \angle POP_v=\beta$, 如图 6–19 所示, 则 $\alpha+\beta=\dfrac{\pi}{2}$. 因此 $\cos\beta=\sin\alpha$. 再由 (40) 式中第六式, 便得

$$\cos\alpha=\frac{\mathrm{th}\dfrac{u}{k}}{\mathrm{th}\dfrac{c}{k}},\qquad \sin\alpha=\frac{\mathrm{th}\dfrac{v}{k}}{\mathrm{th}\dfrac{c}{k}}, \tag{42}$$

因此 $\mathrm{th}^2\dfrac{c}{k}=\mathrm{th}^2\dfrac{u}{k}+\mathrm{th}^2\dfrac{v}{k}$. 如果假设

$$x=\mathrm{th}\frac{u}{k},\quad y=\mathrm{th}\frac{v}{k}, \tag{43}$$

称有序数对 (x, y) 为 P 点的 Beltrami **坐标**① . 那么由 (42) 式知

$$\cos\alpha = \frac{x}{\text{th}\dfrac{c}{k}}, \quad \sin\alpha = \frac{y}{\text{th}\dfrac{c}{k}}, \quad x^2 + y^2 = \text{th}^2\frac{c}{k}.$$

再由 $\dfrac{1}{\text{ch}^2\dfrac{c}{k}} = 1 - \text{th}^2\dfrac{c}{k}$, 便得

$$\text{ch}\frac{c}{k} = \frac{1}{\sqrt{1 - x^2 - y^2}}. \tag{44}$$

设 P_1 点和 P_2 点的 Beltrami 坐标分别为 (x_1, y_1) 和 (x_2, y_2), 令 $OP_1 = c_1$, $OP_2 = c_2, P_1P_2 = c, \angle P_1OP_2 = \gamma$, 那么 $\gamma = \alpha_2 - \alpha_1$ (如图 6–20 所示). 因此

$$\cos\gamma = \cos(\alpha_2 - \alpha_1) = \cos\alpha_1\cos\alpha_2 + \sin\alpha_1\sin\alpha_2.$$

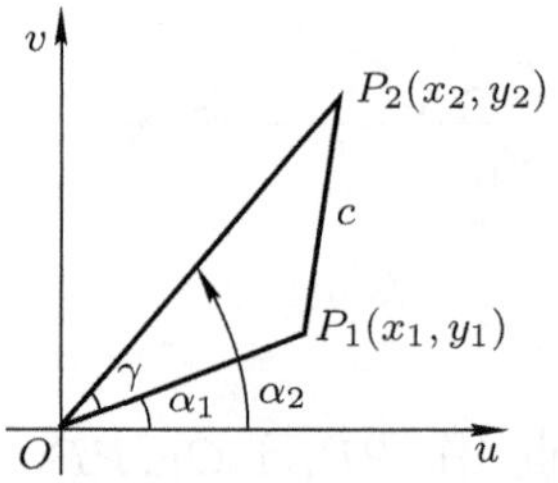

图 6–20

再对 $\triangle P_1OP_2$ 利用余弦定理

$$\text{ch}\frac{c}{k} = \text{ch}\frac{c_1}{k}\cdot\text{ch}\frac{c_2}{k} - \text{sh}\frac{c_1}{k}\cdot\text{sh}\frac{c_2}{k}\cdot\cos\gamma,$$

并利用公式 (42), (43), (44), 经过计算便得 P_1, P_2 两点之间的距离计算公式

$$\text{ch}\frac{c}{k} = \frac{1 - x_1x_2 - y_1y_2}{\sqrt{1 - x_1^2 - y_1^2}\cdot\sqrt{1 - x_2^2 - y_2^2}}. \tag{45}$$

下面利用 (45) 式来建立非欧平面上直线的方程, 我们仍采用 Beltrami 坐标.

已知直线 l, 自原点向 l 作法线 ON, 其中 N 是垂足. 令

$$ON = p, \quad \angle NOu = \alpha,$$

如图 6–21 所示.

①利用 Лобачевский 函数容易证明, 给出实数序对 (x, y), 当 $x^2 + y^2 = 1$ 时, 对应的 $\overrightarrow{P_uP}//\overrightarrow{OP}//\overrightarrow{P_vP}$. 因此当 $x^2 + y^2 < 1$ 时, 给出有序数对 (x, y) 就能唯一确定一点 P.

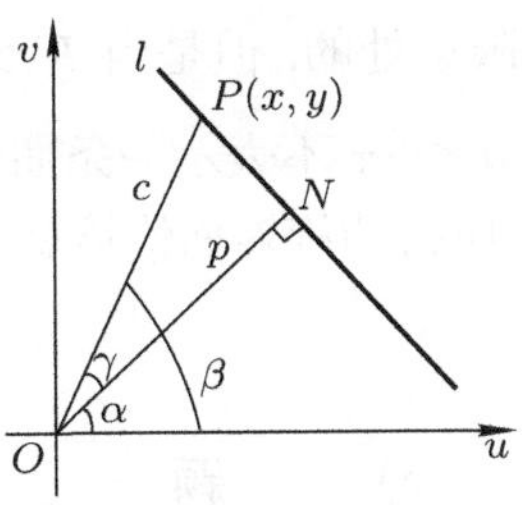

图 6–21

设 P 点是直线 l 上的动点, 其 Beltrami 坐标为 (x,y), 令 $OP=c$,

$$\angle POu=\beta,\quad \angle PON=\gamma,$$

则 $\gamma=\beta-\alpha$, 由直角 $\triangle PON$ 的边角关系知道

$$\begin{aligned}\mathrm{th}\frac{p}{k}&=\mathrm{th}\frac{c}{k}\cos\gamma=\mathrm{th}\frac{c}{k}\cos(\beta-\alpha)\\&=\cos\alpha\mathrm{th}\frac{c}{k}\cos\beta+\sin\alpha\mathrm{th}\frac{c}{k}\sin\beta\\&=\cos\alpha\mathrm{th}\frac{u}{k}+\sin\alpha\,\mathrm{th}\frac{v}{k}\\&=x\cos\alpha+y\sin\alpha.\end{aligned}$$

因此我们得到结论:

非欧平面上的直线 l 的点法式方程为

$$x\cos\alpha+y\sin\alpha=\mathrm{th}\frac{p}{k},$$

其中 α 是法线与 u 轴间的夹角, p 是原点到直线 l 的距离, (x,y) 是直线 l 上动点 P 的 Beltrami 坐标. 由此可知, 在非欧平面上, 取 Beltrami 坐标以后, 直线是一次方程. 因此在非欧平面上直线的一般方程为

$$Ax+By+C=0.$$

有了直线方程, 再运用非欧三角公式就可以完全建立非欧解析几何学, 也就是说, 我们可以用计算来讨论非欧几何问题, 这也就回答了非欧几何体系本身的存在性问题 (或称相容性问题)!

最后, 我们利用抽象旋转面 $M^2(f)=\{(r,\theta)|ds^2=dr^2+f^2(r)d\theta^2\}$ 来讨论一下三种古典几何的范围, 当二维曲率 $K=0$ 或 $K<0$ 时, 即欧氏或非欧几何时, 特征函数 $f(r)=r$ 或 $k\,\mathrm{sh}\frac{r}{k}$. 因此对任何 $r>0,f(r)\neq 0$. 所以欧氏平面

或非欧平面都是可以伸展到无限远处的, 但是当 $K>0$ 时, $f(r)=k\sin\dfrac{r}{k}$, 显然 $f(k\pi)=0$, 因此对 $r=k\pi, 0\leqslant\theta\leqslant 2\pi$ 不表示一条曲线 (纬线), 因为此时其弧长为零. 如果把它作为一点看待, 所得的旋转面恰恰就是以 k 为半径的球面, 请读者自证之.

习 题

1. 试将 $f(r)$ 的三种可能形式, 即 $f(r)=r, k\sin\dfrac{r}{k}, k\mathrm{sh}\dfrac{r}{k}$ 代入 $M^2(f)$ 中的余弦定理 (24) 式, 求出三种古典几何中的余弦定理.

2. 利用非欧几何中正弦定理和余弦定理导出非欧直角三角形十个边角关系的公式, 即 (40) 式, 类似地导出球面几何中直角三角形的边角关系.

3. 试证: 在非欧直角三角形中, 设 A, B 为两个锐角, 则成立

$$\cos A = T(a)\sin B,$$
$$\cos B = T(b)\sin A,$$

其中 $T(x)=\dfrac{1}{\sin\pi(x)}$, $\pi(x)$ 是 Лобачевский 函数.

4. 试证在充分小的区域中非欧几何与欧氏几何没有差别, 即当 $k\gg a,b,c$ 时, $\triangle ABC$ 的内角和为 π.

5. 试证非欧三角形的正弦定理和余弦定理可以看做半径为 $k\mathrm{i}$ $(\mathrm{i}=\sqrt{-1})$ 的球面三角中的正弦定理和余弦定理.

$\left(\text{提示: } \sin\dfrac{x}{k\mathrm{i}}=\dfrac{1}{\mathrm{i}}\mathrm{sh}\dfrac{x}{k}, \cos\dfrac{x}{k\mathrm{i}}=\mathrm{ch}\dfrac{x}{k}.\right)$

6. 设抽象曲面 $M=\left\{(x,y)\left|ds^2=\dfrac{k^2}{y^2}(dx^2+dy^2)\right.\right\}(y>0)$ 上有一族曲线 $\Gamma_u=\{(x(s,u),y(s,u))|a\leqslant s\leqslant b\}$, 它们的始点和终点均相同, 且 s 是 Γ_0 的弧长, 即成立

$$\left.\frac{\partial x}{\partial u}\right|_{s=a,b}=\left.\frac{\partial y}{\partial u}\right|_{s=a,b}=0,$$
$$\frac{k^2}{y^2}\left[\left(\frac{\partial x}{\partial s}\right)^2+\left(\frac{\partial y}{\partial s}\right)^2\right]_{u=0}=1.$$

试证 Γ_u 弧长的第一变分为

$$\left.\frac{d}{du}L(u)\right|_{u=0}=-\int_a^b\left(\cos\alpha+k\frac{d\alpha}{ds}\right)<\boldsymbol{n},\quad \boldsymbol{v}>ds,$$

其中 $\boldsymbol{n}(s)$ 是 Γ_0 在 s 点的单位法向量, $\boldsymbol{v}$ 是变分向量场, 即

$$\boldsymbol{v}=\frac{1}{y}\left(\frac{\partial x}{\partial u}\boldsymbol{e}_x+\frac{\partial y}{\partial u}\boldsymbol{e}_y\right).$$

7. 试证上面习题 6 中的曲面 M 上的测地线在半平面 $y>0$ 上的像是圆心在 x 轴上与 x 轴正交的半圆 (或半直线), 说明曲面 M 是非欧 (平面) 几何的一个模型 (称为 Poincaré 模型).

8. 设非欧平面上两条直线的方程为

$$A_ix+B_iy+C_i=0\quad(i=1,2),$$

其中 (x,y) 是动点 P 的 Beltrami 坐标, 试证其夹角 φ 由下式决定

$$\cos\varphi=\frac{A_1A_2+B_1B_2-C_1C_2}{\sqrt{A_1^2+B_1^2-C_1^2}\sqrt{A_2^2+B_2^2-C_2^2}}.$$

由此可知, 两条直线正交的充要条件是

$$A_1A_2+B_1B_2-C_1C_2=0.$$

9. 设有非欧平面上两点 $P_1(x_1,y_1)$ 及 $P_2(x_2,y_2)$, 其中 (x,y) 是 Beltrami 坐标, 试证 P_1,P_2 两点之间的距离

$$c=\frac{k}{2}\log\frac{D_{12}-\sqrt{D_{12}^2-D_{11}D_{22}}}{D_{12}+\sqrt{D_{12}^2-D_{11}D_{22}}},$$

其中 $D_{11}=x_1^2+y_1^2-1, D_{22}=x_2^2+y_2^2-1$, $D_{12}=x_1x_2+y_1y_2-1$.

第七章　射影性质与射影几何

几何学的研究到了 19 世纪中期又有了新发展, J. Poncelet (1788—1867), J. Steiner (1793—1863), Von Staudt (1798—1867) 等人的著作, 有系统地把早先 Kepler (1571—1630), Desargues (1593—1662), Passel (1623—1662) 等人的想法和结果发展成内容丰富的**射影几何学** (Projective Geometry).

射影几何学所研讨的课题是空间 (或平面) 的射影性质. 什么是射影性质呢? 那就得先介绍一下射影变换这个几何思想. 因为射影性质的定义就是那种在射影变换之下保持不变的几何性质.

设 π_1, π_2 是空间的两个相异平面, O 点是 π_1, π_2 之外的一个定点, 如图 7–1 所示. 我们可以定义一个以 O 点为 "**透视中心**", 把 π_1 上的点投影到 π_2 上的点的映射, $\pi_1 \frac{O}{\Lambda} \pi_2$, 叫做以 O 点为心、从 π_1 到 π_2 的透视投影:

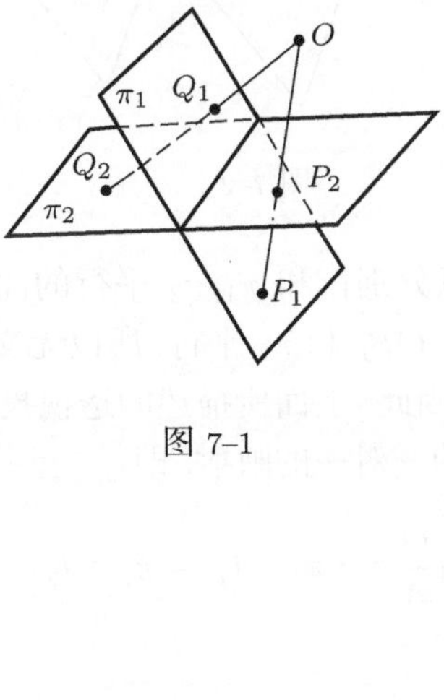

图 7–1

$$\pi_1 \frac{O}{\Lambda} \pi_2 : \pi_1 \to \pi_2, \tag{1}$$

设 $P_1 \in \pi_1$ 和 $P_2 \in \pi_2$ 是对应点, 则 O, P_1, P_2 三点共线.

射影变换就是由有限个透视投影所组合而成的变换 (或称对应).

一个平面几何的性质或事物, 如果在任何透视投影下保持不变 (当然在它们的组合之下也是保持不变的), 就叫做一种射影性质或事物. 例如, 直线的投影依然是直线, 或说共线的点列的投影仍是共线的点列, 非蜕化的二次锥线的投影依然是非蜕化的二次锥线, 所以它们都是射影几何讨论的事物. 其次, 两线相交、相切、三点共线、三线共点等都是射影性质. 但是, 长度、角度、面积等几何量则并非投影不变的, 所以也就不是射影性质. 从上面简要的介绍可以看到: 射影几何学所研讨的是一些比长度、角度等度量几何性质更加基本的几何性质, 因为射影性质的唯一特征就是在投影 (或射影变换) 之下的不变性, 所以射影变换当然就是整个射影几何学的 "主角" 了!

但是上面所描述的透视投影尚有不足之处, 还需要引进适当的概念来加以补充, 使之完美无缺! 现分析如下:

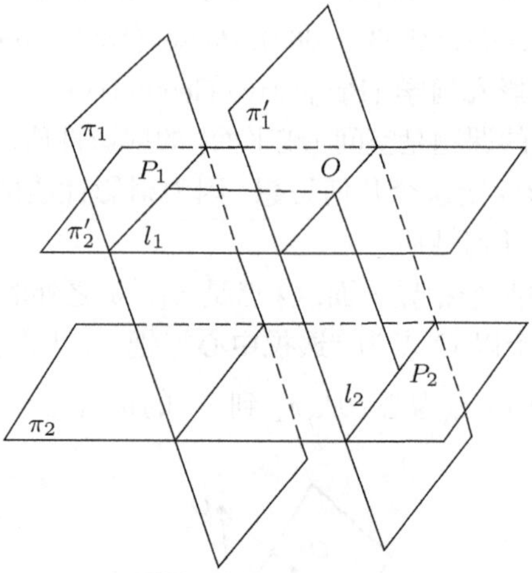

图 7–2

如图 7–2 所示, 过 O 点分别作和 π_1, π_2 平行的面 π_1', π_2'. 设 $\pi_1 \bigcap \pi_2' = l_1$, $\pi_2 \bigcap \pi_1' = l_2$, 则当 $P_1 \in l_1$ 时, OP_1 和 π_2 平行, 所以无交点; 而当 $P_2 \in l_2$ 时, OP_2 和 π_1 平行, 所以也无交点. 因此, 上面所描述的透视投影, 其实只是一个定义在 $\{\pi_1 - l_1\}$ 与 $\{\pi_2 - l_2\}$ 之间的一对一的映射, 即

$$\pi_1 \frac{O}{\Lambda} \pi_2 : \pi_1 - l_1 \to \pi_2 - l_2. \tag{1'}$$

远在 17 世纪初, 大天文学家 Kepler 就已提出补充上述缺陷的办法, 那就是给平面补充一条**无穷远直线**. 把平行线想象成相交于同一无穷远点的直线, 具体的做法是把整个空间加上由无穷远点组成的一个平面 π_∞, 它的点和空间的平行线族逐一对应, 而且把一个平行线族的共同交点定义为其所对应的那个无穷远点. 补充了 π_∞ 后的空间叫做**射影空间**. 相应地, 补上一条无穷远直线 $l_\infty^{(1)}$ 后的平面 π_1 叫做一个**射影平面**, 记作 π_1^*, 即

$$\pi_1^* = \pi_1 \bigcup l_\infty^{(1)}, \quad \pi_1^* \bigcap \pi_\infty = l_\infty^{(1)}. \tag{2}$$

对于如上面这样扩充的射影平面 π_1^* 和 π_2^* ($\pi_2^* = \pi_2 \bigcup l_\infty^{(2)}$), 就可以把透视投影扩充得完美无缺了, 即

$$\pi_1^* \frac{O}{\Lambda} \pi_2^* : \pi_1^* \to \pi_2^*. \tag{3}$$

本章将对平面射影几何的精要作一简明的介绍. 主要在于说明射影几何的基本方法和富于启发性的几何思想.

第一节 射影性质与射影几何定理的几个基本实例

上面我们简单地介绍了一个新的几何观点, 那就是射影变换与射影性质. 在这章的第一节, 就让我们先来做一番温故知新的工作, 用新的射影观点来温习一下原先的欧氏几何知识.

一、Pappus 定理

早在公元 300 年左右, Pappus 就发现了下述耐人寻味的定理 (参阅第二章):

在平面上任给两条直线 l_1, l_2 上分别任取三点 A_1, B_1, C_1 和 A_2, B_2, C_2. 令 P, Q, R 分别是 A_1B_2 和 A_2B_1, A_1C_2 和 A_2C_1, B_1C_2 和 B_2C_1 的交点, 则 P, Q, R 三点共线 (如图 7–3 所示).

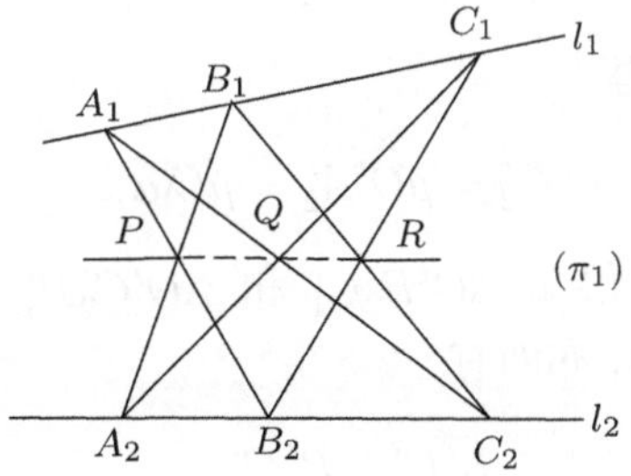

图 7–3

在第三章之末, 我们把它的向量法证明列为习题. 现在让我们用射影的观点来研讨它的证明.

分析 (i) 上述 Pappus 定理的叙述中只涉及了点线关系与三点共线等, 它们都是在透视投影之下保持不变的射影性质. 换言之, Pappus 定理其实是射影几何中的一个定理.

(ii) 既然 Pappus 定理说明的是在射影变换之下不变的性质, 那么是不是可以适当地运用射影变换, 把它变成一种比较容易证明的某种特殊形式呢? 假如可以的话, 我们也就可以把它的证明归于这种易证的特殊形式来加以解决.

(iii) 令图 7–3 所示的 l_1, l_2 所在平面为 π_1, 在 π_1 之外任取一点 O. 令 O, P, Q 所定的平面为 π_2', 并任取一**不过** O 点的与 π_2' 平行的平面 π_2, 我们以 $l_1', l_2', A_1', B_1', \cdots$ 表示图 7–3 中各线、点在透视投影 $\pi_1^* \dfrac{O}{\Lambda} \pi_2^*$ 之下的像. 由上述作图看出

$$P, Q \in l_\infty^{(2)} \subset \pi_2^*,$$

因此, 我们所要证的命题归结为证明 R 也属于 $l_\infty^{(2)}$!

总结上面的分析, Pappus 定理可以归于下述特殊形式的 Pappus 定理来加以证明:

设 $A_1', B_1', C_1' \in l_1'; A_2', B_2', C_2' \in l_2'$; 而且有

$$A_1'B_2' // A_2'B_1' \quad 和 \quad A_1'C_2' // A_2'C_1',$$

求证 $B_1'C_2' // B_2'C_1'$.

证明 如图 7–4 所示, 设 l_1' 与 l_2' 相交于 O', $\overrightarrow{O'B_2'} = \boldsymbol{a}$, $\overrightarrow{O'C_1'} = \boldsymbol{b}$. 因为 $\overrightarrow{O'A_2'}$ 与 $\boldsymbol{a}$ 共线, $\overrightarrow{O'A_1'}$ 与 $\boldsymbol{b}$ 共线, 所以

$$\overrightarrow{O'A_2'} = \lambda \boldsymbol{a}, \quad \overrightarrow{O'A_1'} = \mu \boldsymbol{b}.$$

再由假设 $A_1'B_2' // A_2'B_1'$ 及相似三角形定理即得

$$\overrightarrow{O'B_1'} = \lambda \overrightarrow{O'A_1'} = \lambda(\mu \boldsymbol{b}). \tag{4}$$

同理, 由 $A_1'C_2' // A_2'C_1'$, 即得

$$\overrightarrow{O'C_2'} = \mu \overrightarrow{O'A_2'} = \mu(\lambda \boldsymbol{a}). \tag{5}$$

由 $\lambda\mu = \mu\lambda$ 及 (4), (5) 式, 得知 $\triangle O'B_2'C_1'$ 和 $\triangle O'C_2'B_1'$ 有一公共角而且两夹边对应成比例, 所以它们相似, 亦即有

$$B_1'C_2' // B_2'C_1'.$$

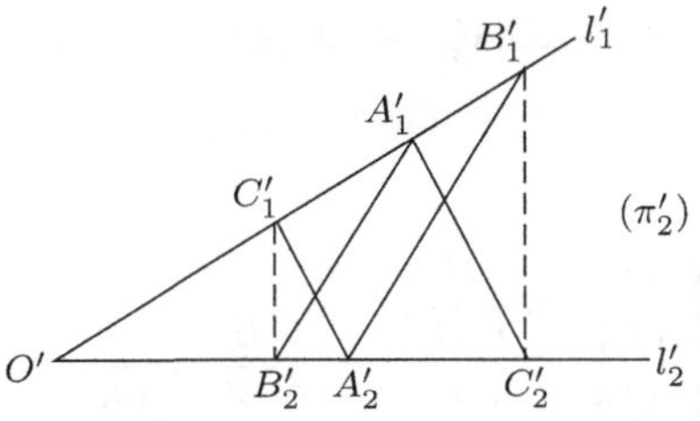

图 7–4

二、Desargues 定理

设有 $\triangle ABC$ 和 $\triangle A'B'C'$, 若其三对对应顶点连线 AA', BB', CC' 交于一点, 则其三对对应边的交点共线 (如图 7–5 所示). 反之, 若其三对对应边的交点共线, 则其三对对应顶点的连线交于一点.

证 1 (i) 上述定理其实包括两个互逆的命题, 而我们只需要证明其中之一, 另一个命题可以把已证者改用到 $\triangle AA'Q$ 和 $\triangle BB'R$ 上去即可直接推论而得.

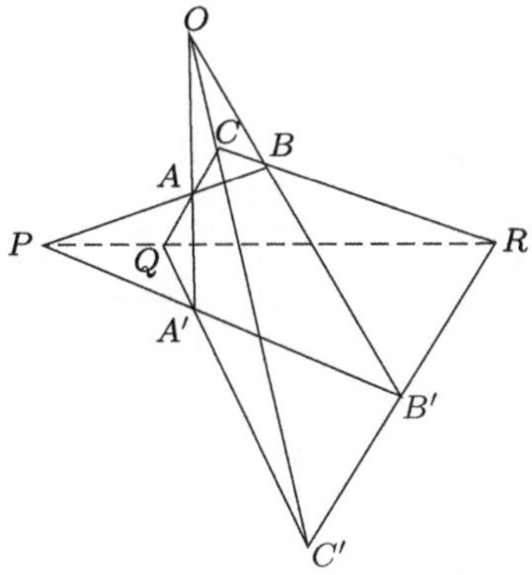

图 7–5

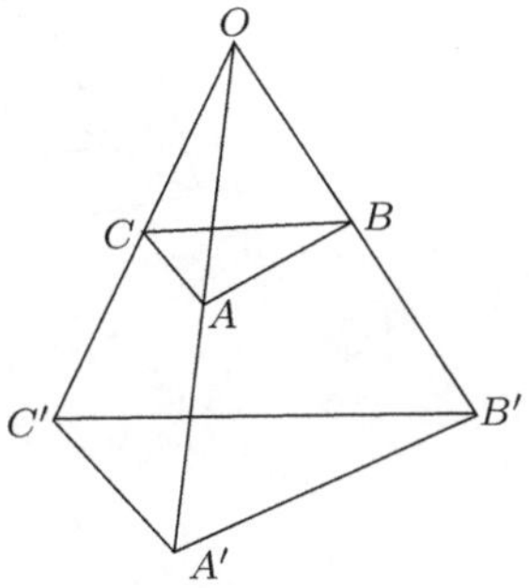

图 7–6

(ii) 我们也可以像前述对于 Pappus 定理的讨论一样, 运用适当的透视投影, 把上述定理变换成 $P, Q \in l_\infty$ 的情形, 然后只要再去证明 R 也必须属于 l_∞.

Desargues 定理的特殊情形: 设

$$AB // A'B' \quad 和 \quad AC // A'C',$$

则 BC 和 $B'C'$ 亦必互相平行 (如图 7–6 所示). 现证明如下:

由假设

$$\triangle OAB \sim \triangle OA'B', \tag{6}$$

$$\triangle OAC \sim \triangle OA'C'.$$

用相似三角形定理即得

$$\begin{cases} \dfrac{OA}{OA'} = \dfrac{OB}{OB'}, \\ \dfrac{OA}{OA'} = \dfrac{OC}{OC'} \end{cases} \Rightarrow \frac{OB}{OB'} = \frac{OC}{OC'}. \tag{7}$$

再用相似三角形的逆定理, 即有

$$\triangle OBC \sim \triangle OB'C'. \tag{8}$$

所以 $BC//B'C'$.

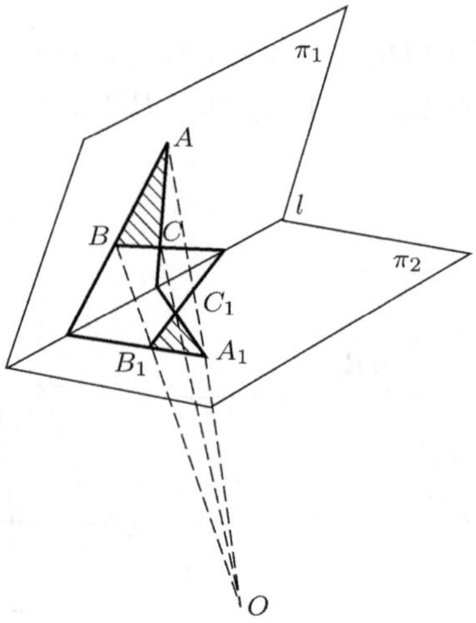

图 7–7

证 2 (i) 在**空间**之中, 若有**不共面**的 $\triangle A_1B_1C_1$ 和 $\triangle ABC$. 而且 A_1A, B_1B, C_1C 这三对对应顶点连线交于一点 O, 则不难看到它们的三对对应边的交点都应当在这两个三角形分别所张的两个平面 π_1 和 π_2 的交线上 (如图 7–7 所示), 所以这三个交点共线. 这就说明对于不共面的 $\triangle A_1B_1C_1$ 和 $\triangle ABC$, Desargues 定理本质上是点、线、面在空间中交截关系的直接推论!

(ii) 对于共面的 $\triangle ABC$ 和 $\triangle A'B'C'$ 的 Desargues 定理, 可以归于上述 (已证的) 不共面的情形来加以证明.

在 $\triangle ABC$ 和 $\triangle A'B'C'$ 所在的平面 π 之外任取一点 O_1, 联结 OO_1, 然后在

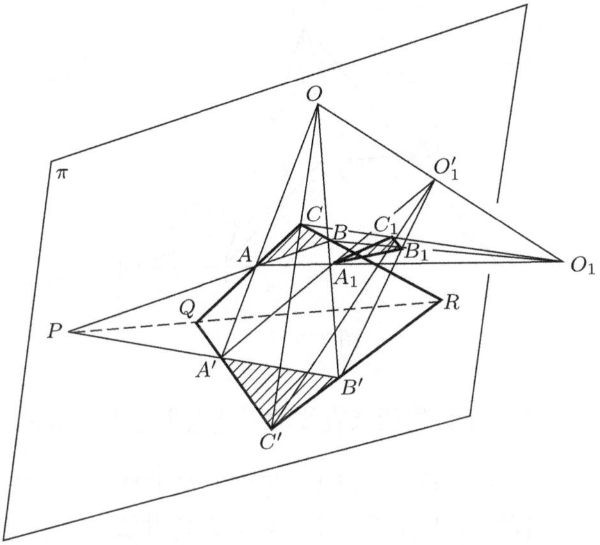

图 7–8

线段 OO_1 上再任取一点 O_1'. 令

$$\begin{aligned}&O_1A \text{ 和 } O_1'A' \text{ 的交点为 } A_1,\\&O_1B \text{ 和 } O_1'B' \text{ 的交点为 } B_1,\\&O_1C \text{ 和 } O_1'C' \text{ 的交点为 } C_1.\end{aligned} \tag{9}$$

($\triangle A_1B_1C_1$ 所在的平面为 π_1, 如图 7–8 所示.) 则由所作, $\triangle A_1B_1C_1$ 和 $\triangle ABC$ 的三对对应顶点连线交于 O_1 点; $\triangle A_1B_1C_1$ 和 $\triangle A'B'C'$ 的三对对应顶点连线交于 O_1' 点.

令 l 为 π 和 π_1 的交截线, P, Q, R 分别是

$$A_1B_1 \text{ 和 } AB,\quad A_1C_1 \text{ 和 } AC,\quad B_1C_1 \text{ 和 } BC$$

的交点, 则 P, Q, R 都属于 l. 其次, $\triangle AA_1A'$ 和 $\triangle BB_1B'$ 不共面, 而且其三对对应边的交点分别是共线的 O, O_1, O_1', 所以它们的三对对应顶点连线共点, 亦即 A_1B_1 和 $A'B'$ 也交于 P 点. 同理也可以证明 A_1C_1 和 $A'C'$ 交于 Q 点; B_1C_1 和 $B'C'$ 交于 R 点. 这样就证明了 $\triangle ABC$ 和 $\triangle A'B'C'$ 的三对对应边的交点共线, 因为它们都是属于 l 的 P, Q, R!

证 3 我们也可以用 Pappus 定理直接推导而得 Desargues 定理. 如图 7–9 所示, $\triangle PQR$ 和 $\triangle P'Q'R'$ 的对应顶点连线交于 O 点, 它们的三对对应边分别交于 A, B, C 三点.

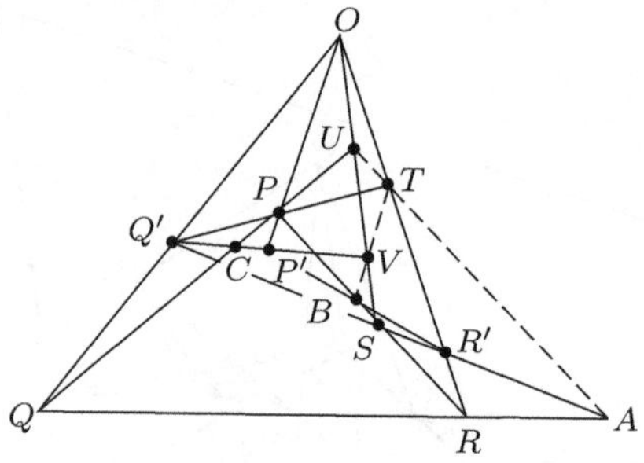

图 7–9

我们分别对于下列三组分居两条直线的六点点集运用 Pappus 定理, 可得

$$
\begin{aligned}
\{Q,Q',O;S,R,P\} &\Longrightarrow A,T,U \text{ 共线};\\
\{P',P,O;S,R',Q'\} &\Longrightarrow B,T,V \text{ 共线};\\
\{Q',T,P;U,S,V\} &\Longrightarrow A,B,C \text{ 共线}.
\end{aligned}
\tag{10}
$$

注 我们来比较一下证法一和证法二的差别. Desargues 定理只涉及直线共点和点共线的问题, 因此是属于射影几何中的一个命题. 我们可以只采用点、线、面的交截关系来证明它. 这就是证法二中所采用的方法. 但是, 在证法二中是先证**空间**的 Desargues 定理, 然后再证**平面**的 Desargues 定理的! 证法一 (本质上证法三也如此) 是直接利用一个射影变换把它变成一种特殊的形式来加以证明的. 而对此特殊形式的 (平面) Desargues 定理的证明利用了相似形, 即把此平面看成欧氏平面 (即此平面具有度量性质) 来加以证明的! 其实, 如果我们利用平面上的度量性质, 直接就可以证明 Desargues 定理的一般形式. 不过证明过程比上述证法一麻烦得多. 但是在平面上只用联结公理是不能证明 Desargues 定理的 (参阅 Hilbert 著《几何基础》第五章 §23)!

三、调和点列

在一条直线上的四点 A,B,P,P' 成调和点列的定义是指**有向线段** AP, BP, AP', BP' 的下述比值为 –1, 即

$$\frac{AP}{BP}\cdot\frac{BP'}{AP'}=-1. \tag{11}$$

由点 A,B,P 找到点 P' 使 A,B,P,P' 成为调和点列的方法如图 7–10 所示, 其中 O 为直线 AP 外任意一点, R 为线段 OA 上任意一点, D 为 BR 与 OP 的交点, Q 为 AD 与 OB 的交点, P' 即为直线 QR 与直线 AP 的交点. 在下一节中可以看出 P' 的位置是唯一确定的, 与点 O,R 的选取无关.

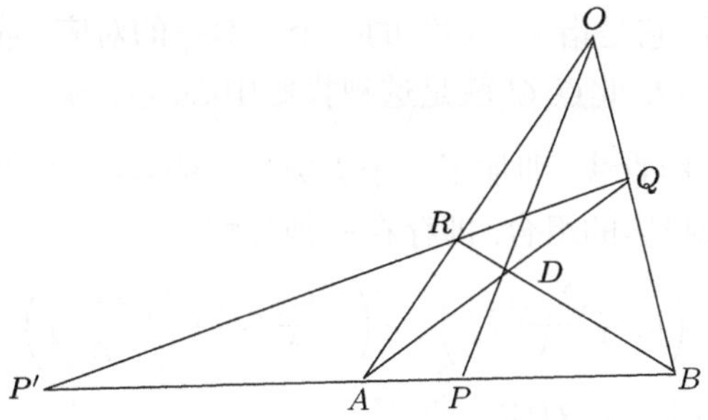

图 7–10

因为上述几何图形显然是在透视投影之下保持不变的, 所以调和点列是一种射影事物, 亦即调和点列的透视投影 (或射影变换) 的像点依然成调和点列.

如果 P' 是无穷远点 P'_∞, 即直线 $AB//RQ$, 那么定义 $(AB;PP'_\infty)=\dfrac{AP}{BP}=-1$, 故 $AP=-BP$, 即 P 点是线段 AB 的中点. 反之, 若 P 是线段 AB 的中点, 则与它成调和的点为无穷远点 P'_∞.

第二节　直线之间 (或直线束之间) 的射影对应

一、射影对应

在射影几何学中, 最简单也是最基本的概念莫过于射影直线之间的射影对应. 它们是一系列直线之间的透视投影的组合. 例如, 下面图 7–11 所示的是三个透视投影的组合, 它也是一个由 $l^*=l_1^*$ 到 $l'^*=l_4^*$ 的射影对应:

$$\rho: l^*\to l'^*;\quad \rho=\left(l_3^*\frac{O_3}{\Lambda}l_4^*\right)\cdot\left(l_2^*\frac{O_2}{\Lambda}l_3^*\right)\cdot\left(l_1^*\frac{O_1}{\Lambda}l_2^*\right).$$

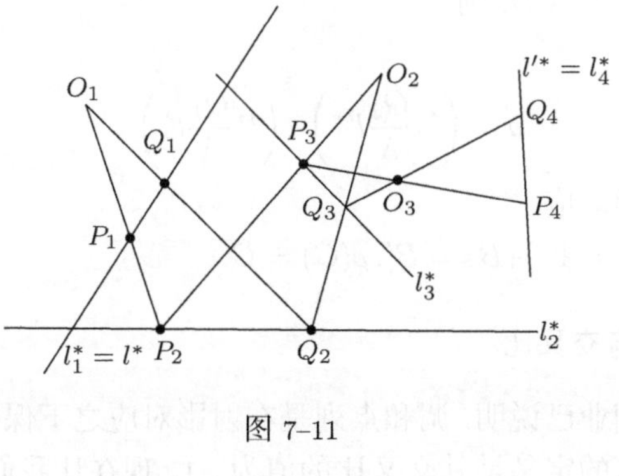

图 7–11

在本章开头我们已经提到过透视投影的概念, 而射影直线 $l^*\to l'^*$ 的透视投影也可以这样来理解, 它是指 $l^* \to l'^*$ 的一个一对一的对应 (或映射), 而且其对应点的连线交于一点 O. 此点 O 就是透视投影中心.

定义 一个由射影直线 (即加了一个无穷远点的直线) l^* 到 l'^* 的映射 ρ, 若能分解成有限个透视投影的组合, 即存在一种分解:

$$\rho = \left(l_{n-1}^* \frac{O_{n-1}}{\Lambda} l'^*\right) \cdots \left(l_2^* \frac{O_2}{\Lambda} l_3^*\right) \cdot \left(l^* \frac{O_1}{\Lambda} l_2^*\right),$$

则称 $\rho : l^* \to l'^*$ 为一个射影对应.

例 1 设 A, B, C 和 A', B', C' 分别是直线 l^* 和 l'^* 上任取的三点, 试作一射影对应 $\rho : l^* \to l'^*$, 使得

$$\rho(A) = A', \quad \rho(B) = B', \quad \rho(C) = C'.$$

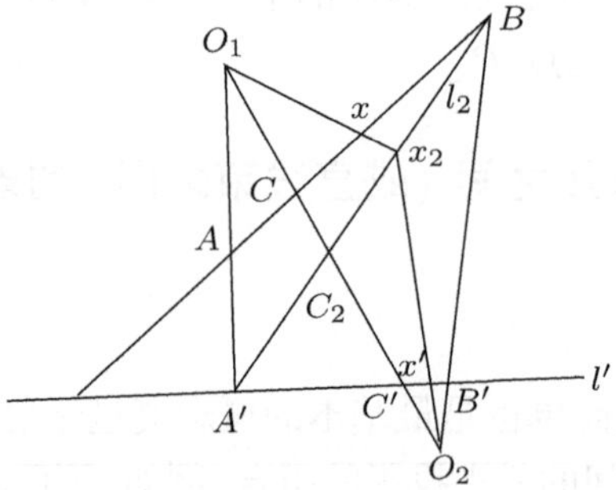

图 7–12

解 如图 7–12 所示, 联结 AA' 和 CC' 交于 O_1 点, 再联结 BB' 和 CC' 交于 O_2 点. 令 l_2 为直线 $A'B$, 则

$$\rho = \left(l_2^* \frac{O_2}{\Lambda} l'^*\right) \cdot \left(l^* \frac{O_1}{\Lambda} l_2^*\right) \tag{12}$$

即为所求的一个射影对应.

容易看出, $\rho(A) = A', \rho(B) = B', \rho(C) = C'$.

二、调和点列与交叉比

在第一节中我们业已说明, 调和点列是在射影对应之下保持不变的事物, 而调和点列的度量几何的定义是其交叉比的值为 -1. 现在让我们再说明**交叉比**本身就是在**射影对应**之下的**不变量**!

定义 对于一条直线上的任给有序四点 A, B, C, D, 我们把下述有向线段的比值称为 A, B, C, D 的**交叉比**, 简称**交比**. 并且以符号 $R(AB;CD)$ 表示这个值, 即

$$R(AB;CD) = \frac{AC}{BC} \cdot \frac{BD}{AD}. \tag{13}$$

为简便起见, 把它简记作 $(AB;CD)$.

其次, 对于任给有序的四个实数 x_1, x_2, x_3, x_4, 我们定义其交叉比为

$$R(x_1x_2;x_3x_4) = \frac{x_3 - x_1}{x_3 - x_2} \cdot \frac{x_4 - x_2}{x_4 - x_1}. \tag{13$'$}$$

以上定义 A, B, C, D 四点的交叉比都是指有穷点.

分析 (i) 设在 A, B, C, D 所在直线上取定通常的坐标, 使得其上有向线段的长度就是其终点与始点的坐标之差. 令 x_1, x_2, x_3, x_4 分别是 A, B, C, D 的坐标, 则显然有

$$(AB;CD) = (x_1x_2;x_3x_4). \tag{14}$$

(ii) 不难由 (13′) 式和代数运算, 直接验证交叉比有下列基本性质:

(a) $(x_2x_1;x_3x_4) = (x_1x_2;x_3x_4)^{-1} = (x_1x_2;x_4x_3)$,

(b) $(x_1x_2;x_3x_4) = (x_3x_4;x_1x_2) = (x_2x_1;x_4x_3)$,

(c) $(x_1x_2;x_3x_4) = 1 - (x_1x_3;x_2x_4)$, (15)

(d) 设 a, b, c, d 是任给满足 $ad-bc \neq 0$ 的常数, 令 $y_i = \dfrac{ax_i + b}{cx_i + d}$ $(i = 1, 2, 3, 4)$, 则 $(y_1y_2;y_3y_4) = (x_1x_2;x_3x_4)$.

上述 (a), (b), (c) 是一目了然的. 下面验证 (d). 我们有

$$\begin{aligned} y_i - y_j &= \frac{ax_i + b}{cx_i + d} - \frac{ax_j + b}{cx_j + d} \\ &= \frac{ad - bc}{(cx_i + d)(cx_j + d)}(x_i - x_j) \quad (i \neq j). \end{aligned} \tag{16}$$

取定 (i, j) 并将 (16) 式代入 (13′) 式, 相消后即得

$$(y_1y_2;y_3y_4) = (x_1x_2;x_3x_4).$$

由 (d) 可知交叉比 $(x_1x_2;x_3x_4)$ 经过一个分式线性变换是不变的. 这也说明了直线上四点 A, B, C, D 的交叉比, 如果用其坐标 x_1, x_2, x_3, x_4 来表示, 则与直线上坐标的选取是无关的, 亦即在线性变换下不变.

其次, 由 (15) 和 (14) 式, 得

(a) $(BA;CD)=(AB;CD)^{-1}=(AB;DC)$,

(b) $(AB;CD)=(CD;AB)=(BA;DC)$, (17)

(c) $(AB;CD)=1-(AC;BD)$.

(iii) 我们可以把交叉比的定义扩充一下, 使得其中一点 (或一实数) 可以是无穷远点 (或无穷大), 即

$$\begin{aligned}(AB;CP_\infty)&=\frac{AC}{BC},\\(x_1x_2;x_3\infty)&=\frac{x_3-x_1}{x_3-x_2}.\end{aligned}\tag{18}$$

换句话说, 我们把 $\dfrac{BP_\infty}{AP_\infty}$ 和 $\dfrac{\infty-x_2}{\infty-x_1}$ 都定义成它们的极限值 1.

符号 我们将用符号 $H(AB;CD)$ 表示 A,B,C,D 成调和点列, 即

$$H(AB;CD)\Longleftrightarrow(AB;CD)=-1.\tag{19}$$

例 2 设 $A_0,A_1,\cdots,A_n,\cdots$ 分别为实数轴上取整坐标 $0,1,\cdots,n,\cdots$ 的点列, 则有

$$H(A_0A_2;A_1P_\infty),H(A_1A_3;A_2P_\infty),\cdots,H(A_{n-1}A_{n+1};A_nP_\infty),\cdots.$$

例 3 设 $B_0,B_1,\cdots,B_n,\cdots$ 分别是实数轴上取坐标 $1,\dfrac{1}{2},\dfrac{1}{4},\cdots,\left(\dfrac{1}{2}\right)^n,\cdots$ 的点列, 则有

$$H(A_0B_0;B_1P_\infty),H(A_0B_1;B_2P_\infty),\cdots,H(A_0B_{n-1};B_nP_\infty),\cdots.$$

为了验证上面两例, 只需运用下述引理.

引理 *设 P_∞ 是无穷远点, 那么直线上四点 A,B,C,P_∞ 成调和点列的充要条件是 C 为线段 AB 的中点.*

例 4 对于任给相异实数 x_2,x_3,x_4, 都可以求得适当的 a,b,c,d, 使得

$$\begin{cases}ad-bc=\pm1,\\y_2=\dfrac{ax_2+b}{cx_2+d}=1,\\y_3=\dfrac{ax_3+b}{cx_3+d}=0,\\y_4=\dfrac{ax_4+b}{cx_4+d}=\infty.\end{cases}\tag{20}$$

解

$$\begin{cases} y_3 = 0, \\ y_4 = \infty, \\ y_2 = 1 \end{cases} \Longrightarrow \begin{cases} ax_3 + b = 0, \\ cx_4 + d = 0, \\ ax_2 + b - (cx_2 + d) = 0. \end{cases} \tag{21}$$

把 (21) 式设想成 a, b, c, d 的三个齐次一次方程组, 其系数矩阵为

$$\begin{pmatrix} x_3 & 1 & 0 & 0 \\ 0 & 0 & x_4 & 1 \\ x_2 & 1 & -x_2 & -1 \end{pmatrix}. \tag{22}$$

其非零解为

$$\begin{cases} a = \lambda(x_2 - x_4), \\ b = \lambda x_3(x_4 - x_2), \\ c = \lambda(x_2 - x_3), \\ d = \lambda x_4(x_3 - x_2), \end{cases} \tag{23}$$

其中 λ 为待定系数. 代入 $ad - bc = 1$, 即得

$$\lambda^2(x_4 - x_3)(x_3 - x_2)(x_2 - x_4) = \pm 1. \tag{24}$$

由 (24) 式解得 λ, 代入 (23) 式即得所求之 a, b, c, d.

我们称

$$y = \frac{ax + b}{cx + d}, \quad ad - bc \neq 0$$

为分式线性变换. 如果 x, y 为直线 l 上的点的坐标, 它所表示的点变换也称为分式线性变换.

例 4 告诉我们, 直线上任意三点, 除了相差一个分式线性变换外, 我们总可以假定它们的坐标为 $1, 0, \infty$.

定理 1　*设 $\rho : l^* \to l'^*$ 为任给射影对应. A, B, C, D 是 l^* 上任给四点, $A' = \rho(A), B' = \rho(B), C' = \rho(C), D' = \rho(D)$. 则恒有*

$$(A'B'; C'D') = (AB; CD). \tag{25}$$

此定理说明, 交叉比在射影变换下保持不变, 因此交叉比是**射影不变量**.

证明　(i) 由 (15) 式中 (d) 知道交叉比的计算在分式线性变换下保持不变, 因此与直线上的坐标系的选取无关 (即在线性变换之下保持不变). 设 $t, x \in R \cup \{\infty\}$ 分别是 l^*, l'^* 上的选定坐标系, 则上述射影对应 $\rho : l^* \to l'^*$ 就可以用坐标形式写成 $x = \rho(t)$. 而定理 1 的证明也就转换成证明下式成立

$$(\rho(t_1)\rho(t_2); \rho(t_3)\rho(t_4)) = (t_1 t_2; t_3 t_4). \tag{25'}$$

(ii) 设 $x_1=\rho(0), x_2=\rho(1), x_3=\rho(\infty)$, 则由例 3, 存在 a,b,c,d 使

$$y=\frac{ax+b}{cx+d}=w(x)\quad(=w(\rho(t))).$$

且

$$\begin{aligned}y_1&=w(x_1)=w(\rho(0))=0;\\y_2&=w(x_2)=w(\rho(1))=1;\\y_3&=w(x_3)=w(\rho(\infty))=\infty.\end{aligned}$$

因此, 如果我们能够证明上述函数 $y=w(\rho(t))$ 是恒等函数, 即 $w(\rho(t))\equiv t$, 那也就证明了此定理.

(iii) 由引理知道

$$(t_1t_2;t_3\infty)=-1\Longleftrightarrow t_3=\frac{1}{2}(t_1+t_2).\tag{26}$$

令 $B\subset\mathbf{R}$ 是由所有能写成 $\frac{m}{2^n}$ (m,n 是整数) 这种形式的数所成的集合. 我们先证 $t\in B$ 时, $w(\rho(t))\equiv t$ 成立. 这是因为

$$w(\rho(0))=0,\quad w(\rho(1))=1,\quad w(\rho(\infty))=\infty.\tag{27}$$

若 $t=\frac{1}{2}$, 则 $(01;t\infty)=-1$, 所以

$$\begin{aligned}-1&=(01;t\infty)\\&=(\rho(0)\rho(1);\rho(t)\rho(\infty))\\&=(w(\rho(0))w(\rho(1));w(\rho(t))w(\rho(\infty)))\\&=(01;w(\rho(t))\infty).\end{aligned}$$

上式中第二个等号成立的原因是调和点列经过射影对应后不变, 第三个等号成立的原因是交叉比经过分式线性变换后不变. 因此当 $t=\frac{1}{2}$ 时, $t=w(\rho(t))$, 类似地, 可证当 $t\in\left\{\frac{1}{2^n}\middle|n=1,2,\cdots\right\}$ 时, $t=w(\rho(t))$.

如果从 $(02;1\infty)=-1$ 出发, 可证当 $t=2$ 时, $t=w(\rho(t))$, 那么当 $t\in\{m|m=1,2,\cdots\}$ 时, $t=w(\rho(t))$ 成立. 由此可知, 当 $t\in\left\{\frac{m}{2^n}\middle|n,m=1,2,\cdots\right\}$ 时, $w(\rho(t))\equiv t$.

再利用 B 在 R 中的稠密性, 以及函数 $w(\rho(t))$ 的连续性, 可知对于任何实数 $t\in R$, 成立 $w(\rho(t))\equiv t$.

推论 设 $\rho: l^* \to l'^*$ 是一个射影对应, l^* 与 l'^* 上的坐标系分别为 t 与 x, 则 $x=\rho(t)$ 是一个分式线性变换.

证明 由定理 1 知道 $w(\rho(t)) \equiv t$, 所以 $\rho(t)=w^{-1}(t)$. 因为 w 是分式线性变换, 故其逆 w^{-1}也是分式线性变换.

定理 2 任何射影直线之间的射影对应 $\rho: l^* \to l'^*$ 由它在三个点所取的"值"唯一确定.

证明 设 $\rho_i: l^* \to l'^*, i=1,2$ 是两个射影对应. A, B, C 是 l^* 上取定的三点.

$$\rho_1(A)=\rho_2(A), \quad \rho_1(B)=\rho_2(B), \quad \rho_1(C)=\rho_2(C).$$

由定理 1 知, 对于 l^* 上任意一点 x, 恒有

$$(\rho_1(A)\rho_1(B);\rho_1(C)\rho_1(x))=(\rho_2(A)\rho_2(B);\rho_2(C)\rho_2(x)).$$

所以 $\rho_1(x)=\rho_2(x)$ 对于任何 $x \in l^*$ 皆成立, 亦即 $\rho_1 \equiv \rho_2$.

由定理 2 可以得到一个重要的推论.

推论 若 $l^* \to l'^*$ 之间的一个一一对应 ρ 使交叉比保持不变, 则 ρ 必为一个射影对应.

设 l_1^* 与 l_2^* 交于 P 点, 则任何一个透视投影 $l_1^* \frac{O}{\Lambda} l_2^*$ 显然保持上述交点 P 不动, 即 $\rho(P)=P$. 很自然地我们会问: 一个由 l_1^* 到 l_2^* 的射影对应 $\rho: l_1^* \to l_2^*$, 若有 $\rho(P)=P$, 它是否就一定是一个透视投影呢? 换言之, 保持直线交点不动, 是不是一个射影对应 $l_1^* \xrightarrow{\rho} l_2^*$ 是透视投影的充要条件呢?

定理 3 设 $\rho: l_1^* \to l_2^*$ 为一个射影对应, P 是 l_1^* 与 l_2^* 的交点, 则 ρ 是一个透视投影的充要条件是 $\rho(P)=P$.

证明 在 l_1 上任取 P 之外的两点 A_1, B_1. 记 $A_2=\rho(A_1), B_2=\rho(B_1)$. 联结 A_1A_2, B_1B_2. 设此两直线相交于 O 点, 则显然有 $l_1^* \frac{O}{\Lambda} l_2^*$ 与 ρ 在 P, A, B 三点的值相同, 由定理 2 即得 $\rho = l_1^* \frac{O}{\Lambda} l_2^*$.

Pappus 定理其实和上述定理 3 是等价的. 如图 7–13 所示, 设有 $l_1 \cap l_2 = P, l_1 \cap l' = U_1, l_2 \cap l' = V_2, O_1, P, O_2$ 三点共线, 则

$$\rho = \left(l' \frac{O_2}{\Lambda} l_2\right) \cdot \left(l_1 \frac{O_1}{\Lambda} l'\right)$$

是一个把 P, U_1, V_1 映射到 P, U_2, V_2 的射影对应, 由定理 3 得知它必是一个透视

投影, 亦即

$$\rho = l_1 \frac{O_3}{\Lambda} l_2,$$

这也等于说 X_1, O_3, X_2 三点共线, 其中 X' 是 l' 上的一个动点, 这也就是 Pappus 定理!

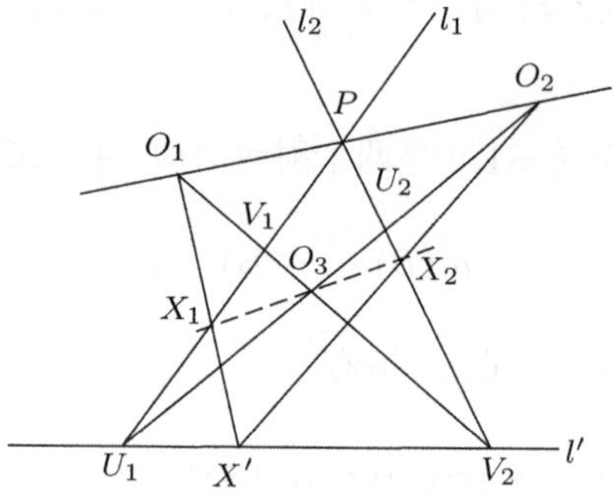

图 7–13

三、线束

定义 在射影平面上, 由所有过定点 P 的直线组成的集合叫做一个**线束**. 我们用符号 $\mathscr{L}_P$ 来表示它.

定义 设 $\mathscr{L}_{P_1}, \mathscr{L}_{P_2}$ 是两个相异的线束, l^* 是一条给定直线, $P_1, P_2 \notin l^*, X$ 是 l^* 上的动点, 则定义以 l^* 为轴的**透视投影**为

$$\mathscr{L}_{P_1} \frac{l^*}{\Lambda} \mathscr{L}_{P_2} : \mathscr{L}_{P_1} \to \mathscr{L}_{P_2}, \tag{28}$$

$$P_1 X \mapsto P_2 X.$$

如图 7–14 所示.

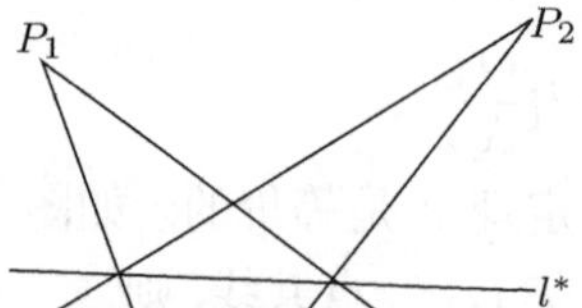

图 7–14

有限个上述透视投影的组合叫做线束之间的**射影对应**.

下面定义一个线束 $\mathscr{L}_P$ 中四条直线的交叉比. 任意取一条不过 P 点的直线 l^*. 设 l^* 与 $\mathscr{L}_P$ 中四条直线 a, b, c, d 的交点为 A, B, C, D. 把直线 l^* 上四点的交叉比 $(AB;CD)$ 定义为线束 $\mathscr{L}_P$ 中四条直线的交叉比 $(ab;cd)$, 即

$$(ab;cd) = (AB;CD).$$

因为直线到直线的透视投影保持交叉比不变 (定理 2), 所以上述定义与直线 l^* 的选取无关.

将上述定义和定理 2 相结合, 就不难证明下述定理.

定理 2′ *任何线束之间的射影对应 $\rho: \mathscr{L}_{P_1} \to \mathscr{L}_{P_2}$ 由它在三条直线所取的"值"唯一确定.*

分析 对于线束 $\mathscr{L}_P$, 我们可以把它和一条不过 P 点的直线 l^* 上的点逐一对应, 即

$$X \in l^* \mapsto PX \in \mathscr{L}_P.$$

因此, 我们可以用 l^* 上的坐标来把 $\mathscr{L}_P$ 中的元素 —— 直线 —— 坐标化. 具体地说, 设 l^* 上点的坐标为 $P(x)$, 定义 $\mathscr{L}_P$ 中直线 PX 的坐标为 x. 当然, 这样定义 $\mathscr{L}_P$ 中直线的坐标是与 l^* 的取法有关的. 但是, 若 l'^* 是另一条不过 P 点的直线, 那么 $l^* \to l'^*$ 是透视投影 (透视中心为 P), 因此用 $\mathscr{L}_P$ 中直线的坐标所确定的交叉比是与直线 l^* 的选取无关的. 若在 $\mathscr{L}_{P_1}, \mathscr{L}_{P_2}$ 中各选定上述坐标系 t 和 x, 则类似定理 1 的证明可知, 一个映射 $\rho: \mathscr{L}_{P_1} \to \mathscr{L}_{P_2}$ 是射影对应的充要条件就是 $x = \rho(t)$ 是一个分式线性变换. 于是可得

推论 *若 $\mathscr{L}_{P_1} \to \mathscr{L}_{P_2}$ 之间有一个一一对应 ρ 使交叉比保持不变, 则 ρ 必为一个射影对应.*

同样地, 我们可以得到

定理 3′ *设 $\rho: \mathscr{L}_{P_1} \to \mathscr{L}_{P_2}$ 是射影对应, $p =$ 直线 P_1P_2, 则 ρ 是一个透视投影的充要条件是 $\rho(p) = p$.*

例 5 共面两直线 l, l' 上有定点 A, A' 及动点 X, X', 使 $AX = A'X'$, 则直线 AX' 与 $A'X$ 的交点 P 的轨迹是直线.

证明 作一个对应

$$\rho: l \to l',$$
$$X \mapsto X'.$$

由 $AX = A'X'$ 知, 对于 l 上任意四点 X_1, X_2, X_3, X_4 及 l' 上的对应点 X'_1, X'_2, X'_3, X'_4, 成立

$$(X_1X_2; X_3X_4) = (X'_1X'_2; X'_3X'_4).$$

因此, 由定理 2 的推论知 ρ 必为射影对应. 再在线束 $\mathscr{L}_A$ 与 $\mathscr{L}_{A'}$ 之间引入一个对应

$$\begin{aligned}\hat{\rho}: \mathscr{L}_A &\to \mathscr{L}_{A'},\\ AX' &\mapsto A'X.\end{aligned}$$

显然 $\hat{\rho}$ 是射影对应. 但 $\hat{\rho}$ 保持 AA' 不动, 因此 $\hat{\rho}$ 是透视投影 $\mathscr{L}_A \xrightarrow{\hat{\rho}} \mathscr{L}_{A'}$, 亦即 AX' 与 $A'X$ 的交点 P 的轨迹是一条直线.

四、射影平面上的对偶原则与齐次坐标

在 (平面) 射影几何中, 讨论的对象有两种: 点和直线, 而且我们只讨论它们之间的交截关系 (或称从属关系). 因为在射影平面上, 我们有

对于任意两点 A 和 B, 有且仅有一条直线通过这两点.	对于任意两条直线 a 和 b, 有且仅有一个交点.

这样, 我们就可以发现, 如果把一个射影几何命题中的 "点" 换成 "直线", 而且把 "直线" 换成 "点", 把点的共线关系换成直线的共点关系, 那么我们就可以把一个命题改变成另一个命题. 同时, 如果一个射影几何的命题成立, 那么改变后的命题也必然成立. 我们把改变后的命题称为原命题的**对偶命题**, 也称这两个命题为**互相对偶的**. 因此, 在射影几何中, 一个命题与其对偶命题是同时成立的, 这就是 (平面) 射影几何的对偶原则.

特别地, 我们来观察一下 Desargues 定理 (如图 7–15 所示).

设三个点 A, B, C 不共线, 且 A', B', C' 也不共线, 直线 AB 与 $A'B'$ 交点为 P; BC 与 $B'C'$ 交点为 R; CA 与 $C'A'$ 交点为 Q. 那么, 若 P, R, Q 三点共线, 则直线 AA', BB', CC' 共点于 S.	设三条直线 a, b, c 不共点, 且 a', b', c' 也不共点, a, b 交点与 a', b' 交点的连线为 p; b, c 与 b', c' 交点的连线为 q; c, a 与 c', a' 交点的连线为 r. 那么, 若 p, q, r 三条直线共点, 则 a, a'; b, b'; c, c' 交点共线.

上述两个命题是互为对偶的, 且恰好一个是 Desargues 正定理, 另一个是逆定理.

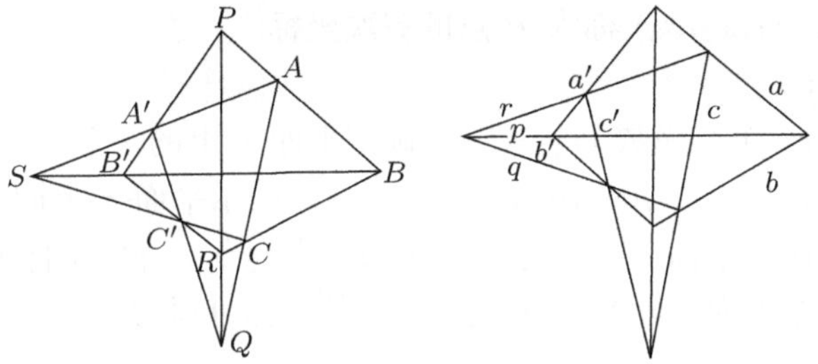

图 7–15

注　如果我们用公理法来建立二维射影几何 (上述 Desargues 定理也作为一条公理), 而对射影几何中公理体系的每一条公理加以考察, 那么可以发现其对偶命题或在此体系中已作公理, 或可以加以证明, 因此在射影几何中, 一个命题如果成立, 则其对偶命题也必然成立. 这就是射影几何中对偶原则成立的原因.

显然, 一条直线上的点列, 其对偶就是一个线束, 关于直线 (点列) 到直线 (点列) 的透视投影定义与线束到线束的透视投影定义, 恰好是对偶关系. 同时直线上四点的交叉比与线束中四条直线的交叉比的定义也成对偶关系, 因此定理 2 和 3 与定理 $2'$ 和 $3'$ 是互为对偶的命题. 所以, 既然我们已证明定理 2 和 3, 那么定理 $2'$ 和 $3'$ 也就必然成立了.

二维射影几何的对偶性还有明确的解析表示, 为此我们先引入齐次坐标的概念.

设在直线 l 上建立坐标 (即使 l 成为实数轴), 那么在 l 上加入无穷远点 P_∞ 后, l 成为射影直线 l^*, 但是无穷远点 P_∞ 没有坐标. 因此在 l^* 上必须另行规定坐标的概念.

定义　设直线 l 上 P 点的坐标为 x, 那么满足 $x_1 : x_2 = x$ (或 $\dfrac{x_1}{x_2} = x$) 的两个有序实数 (x_1, x_2) 称为 P 点的**齐次坐标**.

由上述定义我们知道:

(i) $x_2 \neq 0$ 的有序数对 (x_1, x_2) 确定 l 上的一个点;

(ii) 若 $\rho \neq 0$, 则 $(\rho x_1, \rho x_2) = (x_1, x_2)$ 表示 l 上同一点.

因此 $x_2 = 0$ 的有序数对 $(x_1, 0)$ 在 l 上没有点与之对应. 我们正好用它来作为 l^* 上无穷远点 P_∞ 的坐标. 所以, 我们规定: l^* 上无穷远点的齐次坐标为 $(x_1, 0) = (1, 0)$.

定义　设在平面 π 上 P 点的坐标为 (x, y), 那么满足

$$\frac{x_1}{x_3} = x, \quad \frac{x_2}{x_3} = y$$

的三个有序实数 (x_1, x_2, x_3) 称为 P 点的**齐次坐标.**

同样我们有:

(i) $x_3 \neq 0$ 的三个有序数 (x_1, x_2, x_3) 确定平面 π 上的一个点;

(ii) 若 $\rho \neq 0$, 则 $(\rho x_1, \rho x_2, \rho x_3) = (x_1, x_2, x_3)$ 表示平面 π 上同一点.

下面我们来讨论平面 π 上一条直线 l 的无穷远点的齐次坐标如何来规定.

设直线 l 的方程为 $y = \lambda x + b$, 则 l 上点的坐标可写为

$$(x, \lambda x + b).$$

于是它的齐次坐标应该为

$$(x, \lambda x + b, 1) \quad \text{或} \quad \left(1, \lambda + \frac{b}{x}, \frac{1}{x}\right).$$

当 $x \to \infty$ 时, 就表示直线 l 上的无穷远点, 因此我们可以规定: l 上无穷远点的齐次坐标为 $(1, \lambda, 0)$ 或 $(x_1, x_2, 0)$, 其中

$$\lambda = \frac{x_2}{x_1}.$$

在平面 π 上加上一条无穷远直线 l_∞ 后成为射影平面 π^*, 因此在 π^* 上规定: $(x_1, x_2, 0)$ 为无穷远点的齐次坐标, 其方向为

$$\lambda = \frac{x_2}{x_1}.$$

当 (x_1, x_2) 表示笛卡儿直角坐标时, λ 就是直线的斜率.

因为在平面 π 上, 直线 l 的方程可以写为

$$Ax + By + C = 0.$$

因此用齐次坐标来表示时, 直线 l 的方程可以写为

$$A\frac{x_1}{x_3} + B\frac{x_2}{x_3} + C = 0 \quad \text{或} \quad Ax_1 + Bx_2 + Cx_3 = 0.$$

如果在 l 上引入无穷远点而成为 l^*, 那么 l^* 的方程就可用 $Ax_1 + Bx_2 + Cx_3 = 0$ 来表示了.

现在再来讨论射影平面上的对偶原则. 为了得到与对偶元素相应的解析关系, 我们引进直线坐标.

设在 π^* 上建立了齐次坐标, 那么每个点可以由三个有序数 (x_1, x_2, x_3) 决定, 每条直线可由方程

$$u_1 x_1 + u_2 x_2 + u_3 x_3 = 0$$

来决定. 我们把直线方程的系数 (u_1, u_2, u_3) 称为该直线的**直线坐标**, 简称**线坐标**. 显然, (u_1, u_2, u_3) 与 $(\rho u_1, \rho u_2, \rho u_3)$ $(\rho \neq 0)$ 决定同一条直线. 换言之, 要决定一条直线只需知道 $u_1 : u_2 : u_3$ 就足够了. 而任意三个有序实数 (u_1, u_2, u_3), 只要不全为零, 总可以作为某条直线的线坐标.

如果 (x_1, x_2, x_3) 是 P 点的坐标, 而 (u_1, u_2, u_3) 是直线 p 的线坐标, 则关系 $u_1x_1 + u_2x_2 + u_3x_3 = 0$ 就是 P 点在直线 p 上 (或说直线 p 通过 P 点) 的条件.

其次, 如果 (p_1, p_2, p_3) 和 (q_1, q_2, q_3) 是两点 P 和 Q 的坐标. 容易知道, 直线 PQ 上任意点的坐标可以写成

$$(p_1 + \lambda q_1, p_2 + \lambda q_2, p_3 + \lambda q_3),$$

其中 λ 是参数. 同样地, 如果 (v_1, v_2, v_3) 和 (w_1, w_2, w_3) 是两条直线 v 和 w 的线坐标, 则通过 v 和 w 交点的任意一条直线的线坐标也可以写成

$$(v_1 + \lambda w_1, v_2 + \lambda w_2, v_3 + \lambda w_3).$$

请读者自己证明之.

由此可知, 在射影平面上引入点的齐次坐标及直线的线坐标之后, 点和直线完全处于相同的解析表示式中. 因此, 如果在射影平面上一个命题可以用点的坐标的一个解析式来表示, 那么我们把这个解析式中点坐标改成直线坐标, 改变后 (其实形式并没有改变) 的解析式就表示该命题的对偶命题的解析表示式. 反之亦然. 所以在射影几何中, 一个命题与其对偶命题是同时成立的.

第三节　锥线的射影性质

远在两千多年前, 古希腊的几何学家如 Menaechmus, Euclid, Archimedes, Apollonius, Pappus 等人都热衷于研究圆锥截线的几何, 并且已获得深刻的了解. 其实, 由圆锥截线的定义 (参看第二章) 知道, 它们就是圆的各种透视投影. 所以 (非蜕化的) 锥线的射影性质其实也就是圆的射影性质. 在射影几何的观点下, 任何两条 (非蜕化的) 锥线都是等价的. 换句话说, 在射影几何中, 各种各样的锥线得到了完全的统一. 因此, 射影几何也自然地成为研究锥线通性或共性的合适场所. 锥线可以说是最简单的射影曲线, 它具有既简洁又完美的射影性质, 本节只打算简单扼要地介绍一些这方面的基本定理.

一、圆周角定理的射影观点

圆周角定理, 即同弧的圆周角都等于其圆心角之半, 是圆的基本特征性质, 但是它并不是一个射影几何中的定理. 因为角度并非射影不变量. 但圆周角定理

的背后却隐含着一个有趣的射影定理. 要发现它我们需要做一番分析工作, 把圆周角相等这个结论改写成一种射影不变的形式.

分析 设 X 是在圆弧上的动点, A,B 是圆弧上两个定点, 这样可得到两个线束 $\mathscr{L}_A$ 和 $\mathscr{L}_B$. 我们规定一个对应 $AX \mapsto BX$, 这就是把线束 $\mathscr{L}_A$ 映射到 $\mathscr{L}_B$ 的一个对应, 记作

$$\rho_{(A,B)} : \mathscr{L}_A \to \mathscr{L}_B.$$

我们可以用斜率作为 $\mathscr{L}_A$ 和 $\mathscr{L}_B$ 这两个线束的坐标, 那么圆周角定理也就是说明: 两条互相对应的直线的斜率之间存在一种分式线性关系. 详言之,

设 $\mathscr{L}_A$ 中直线 AX 的斜率用 m 表示;

$\mathscr{L}_B$ 中直线 BX 的斜率用 n 表示.

如图 7–16 所示,

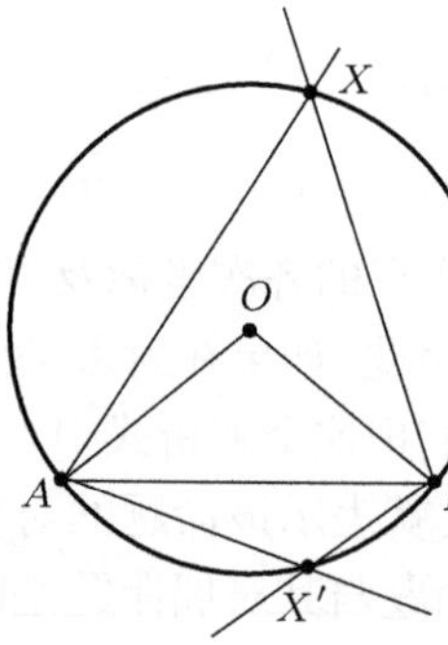

图 7–16

$$\angle X = \angle B - \angle A = \frac{1}{2}\angle AOB, \text{ 而 } \tan A = m, \tan B = n.$$

所以

$$\tan(B - A) = \tan\frac{1}{2}\angle AOB = k \text{ (常数)}.$$

由此可得

$$\frac{\tan A - \tan B}{1 + \tan A \tan B} = k,$$

即

$$\frac{m-n}{1+mn} = k. \tag{29}$$

解之即得

$$n = \frac{m-k}{1+km}, \tag{30}$$

亦即 n 是 m 的分式线性函数. 用射影几何的术语, 那就是说

$$\rho_{(A,B)}: \mathscr{L}_A \to \mathscr{L}_B$$

是一个**射影对应!**

事实上, 利用 (30) 式易证 $\rho_{(A,B)}$ 是一个射影. 为此只需证 $\mathscr{L}_A$ 中四条直线 m_i 与 $\mathscr{L}_B$ 中对应直线 n_i $(i=1,2,3,4)$ 的交叉比相等即可. 但是易证

$$(n_1n_2;n_3n_4)=\frac{n_3-n_1}{n_3-n_2}\cdot\frac{n_4-n_2}{n_4-n_1}.$$

把 (30) 式代入上式便知

$$(n_1n_2;n_3n_4)=(m_1m_2;m_3m_4).$$

所以 $\rho_{(A,B)}$ 是射影对应.

从上面的分析可得到圆锥曲线的一个基本射影性质, 它就是圆周角定理的射影化, 所以不必另加证明了.

定理 4 (Steiner)　*在一圆锥曲线 Γ 上任取相异两点 A,B. 令 X 为 Γ 上的动点, 则下述对应*

$$\begin{aligned}\rho_{(A,B)}: \mathscr{L}_A &\to \mathscr{L}_B,\\ AX &\mapsto BX\end{aligned}$$

是一个射影对应. 反之, 任给一个射影对应

$$\rho: \mathscr{L}_A \to \mathscr{L}_B,$$

则其对应线的交点 $X=l\cap\rho(l), l\in\mathscr{L}_A$, 构成一个锥线.

证明　定理的前半部分是圆周角定理的射影化, 其证明业已在分析中说明白了, 现证明后半部分如下:

在 $\mathscr{L}_A$ 中取三条直线 l_1,l_2,l_3, 使得

$$P_1=l_1\cap\rho(l_1),\quad P_2=l_2\cap\rho(l_2),\quad P_3=l_3\cap\rho(l_3),$$

且都与 A,B 相异. 令 Γ 为过 A,B,P_1,P_2,P_3 的锥线 (五点定一锥线), 则

$$\rho_{(A,B)}: \mathscr{L}_A \to \mathscr{L}_B$$

是一个和 ρ 在 l_1,l_2,l_3 这三条直线上取同 "值" 的射影对应, 由定理 2′ 得知

$$\rho_{(A,B)}\equiv\rho.$$

有了定理 4, 我们可以对圆锥曲线下一个射影定义了, 即

定义　成射影对应两个线束的对应直线交点的轨迹称为圆锥曲线.

二、圆幂定理的射影化

圆幂定理, 亦即切割线定理, 是圆的另一基本性质. 圆周角定理是从角的观点来描述圆; 圆幂定理是从长度的观点来描述圆, 在第三章中我们业已用向量来加以论证. 现在我们再进一步把上述向量的证明加以分析, 进而达到把这个基本定理射影化的目的.

如图 7–17 所示, 设 P 为圆外一点, r 为圆 O 的半径. PT 为切线长. 圆幂定理就是说过 P 点的割线 l 交圆 O 于 Q_1, Q_2 两点, 则

$$PT^2 = PQ_1 \cdot PQ_2.$$

我们现在分析用向量来证明上述结果的过程.

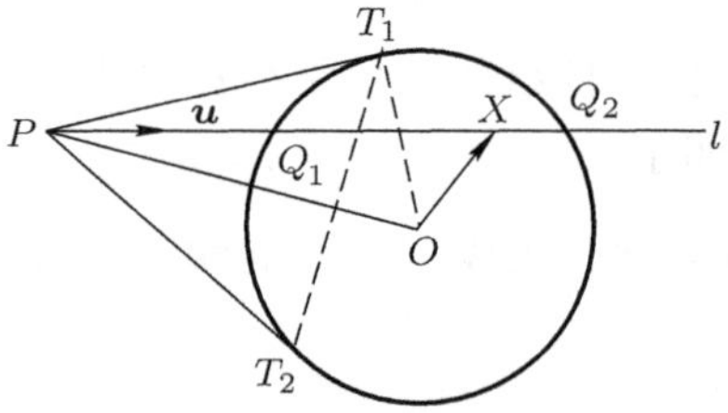

图 7–17

设 $\boldsymbol{u}$ 为线束 $\mathscr{L}_P$ 中动线 l 上的单位向量, X 为 l 上的动点. 令 $\overrightarrow{PX} = x\boldsymbol{u}$. 设 l 交圆于 Q_1, Q_2 两点, 令

$$\rho_i = |\overrightarrow{PQ_i}| \quad (i = 1, 2).$$

如果 l 上一点 X 落在圆周上, 则

$$|\overrightarrow{OX}|^2 = r^2, \text{ 即 } (\overrightarrow{OP} + x\boldsymbol{u})^2 = r^2,$$

于是得到

$$x^2 + 2(\overrightarrow{OP} \cdot \boldsymbol{u})x + (|\overrightarrow{OP}|^2 - r^2) = 0. \tag{31}$$

因为 l 上的 Q_i 点落在圆周上, 因此 ρ_1, ρ_2 是方程 (31) 的两个根! 由根与系数的关系, 即得

$$\begin{cases} \rho_1 \rho_2 = |\overrightarrow{OP}|^2 - r^2, \\ \rho_1 + \rho_2 = -2\overrightarrow{OP} \cdot \boldsymbol{u}. \end{cases} \tag{32}$$

令 Y 为 l 上的点, 使得 $(PY; Q_1Q_2) = -1, \overrightarrow{PY} = y\boldsymbol{u}$. 由调和点列的定义知

$$\frac{PQ_1}{YQ_1} \cdot \frac{YQ_2}{PQ_2} = \frac{\rho_1}{y - \rho_1} \cdot \frac{y - \rho_2}{\rho_2} = -1$$

$$\Longrightarrow y = \frac{2\rho_1 \rho_2}{\rho_1 + \rho_2}. \tag{33}$$

结合 (32), (33) 式, 即得

$$\overrightarrow{PY}\cdot\overrightarrow{OP}=\frac{2\rho_1\rho_2}{\rho_1+\rho_2}\boldsymbol{u}\cdot\overrightarrow{OP}=-(|\overrightarrow{OP}|^2-r^2)=\text{常数}. \tag{34}$$

上式的几何意义是: 当 l 在 $\mathscr{L}_P$ 中变动时, $\overrightarrow{PY}\cdot\overrightarrow{OP}$ 是不变的, 因此 Y 点属于一条和直线 OP 垂直的直线. 其次, 这条垂线显然应该过两个切点 T_1,T_2, 所以它其实就是 T_1T_2.

因为切点、两个切点的连线、调和点列等都是射影性质, 所以我们就达到了将圆幂定理射影化的目的 ((32) 式中第一式就表示圆幂定理). 于是我们得出圆锥曲线的另一个射影性质.

定理 5 设 P 是锥线 Γ 之外任一点, l 是线束 $\mathscr{L}_P$ 中的动线, 它和 Γ 交于 Q_1,Q_2 两点, 在 l 上取 Y 点, 使得

$$(PY;Q_1Q_2)=-1,$$

即四点 P,Y,Q_1,Q_2 成调和点列, 则 Y 点的轨迹是一条直线 p.

我们称此直线 p 为点 P 关于锥线 Γ 的**极线**. 反之, 称 P 点为直线 p 关于 Γ 的**极点**.

注 从图 7–17 上看, 极线应该是两切点之间的线段 T_1T_2, 但是, 如果我们认为线束 $\mathscr{L}_P$ 中所有的直线 l 均与锥线 Γ 有交点 (实交点或虚交点), 那就可以把 Y 点的轨迹理解成整条直线 T_1T_2. 关于这样的理解从下面的例 1 中可以更清楚地看到.

例 1 设 Γ 在 xOy 平面上的方程为

$$Ax^2+2Bxy+Cy^2+2Dx+2Ey+F=0. \tag{35}$$

P 点的坐标为 (x_0,y_0), 试证上述 P 点对于 Γ 的极线方程为

$$Axx_0+B(xy_0+yx_0)+Cyy_0+D(x+x_0)+E(y+y_0)+F=0. \tag{36}$$

证明 设过 P 点的任意直线 l 交 Γ 于 Q_1,Q_2 两点. l 上一点 Y 的坐标为 (x_1,y_1).

设 l 上动点 X 的坐标为 (x,y), 令

$$\frac{PX}{XY}=\lambda,$$

则

$$x=\frac{x_0+\lambda x_1}{1+\lambda},\quad y=\frac{y_0+\lambda y_1}{1+\lambda}.$$

若 $X \in \Gamma$, 则成立

$$\begin{aligned}&A(x_0+\lambda x_1)^2+2B(x_0+\lambda x_1)(y_0+\lambda y_1)+C(y_0+\lambda y_1)^2\\&+2D(x_0+\lambda x_1)(1+\lambda)+2E(y_0+\lambda y_1)(1+\lambda)+F(1+\lambda)^2=0.\end{aligned}$$

上述方程是关于 λ 的二次方程. 设它的两个根为 λ_1, λ_2. 因此 Q_1, Q_2 的坐标应该为

$$Q_i\left(\frac{x_0+\lambda_i x_1}{1+\lambda_i}, \frac{y_0+\lambda_i y_1}{1+\lambda_i}\right) \quad (i=1,2),$$

且
$$\frac{PQ_i}{Q_iY}=\lambda_i.$$

另一方面,

$$(PY;Q_1Q_2)=\frac{PQ_1}{YQ_1}\cdot\frac{YQ_2}{PQ_2}=\frac{\lambda_1}{\lambda_2},$$

因此由 $(PY;Q_1Q_2)=-1$ 可得

$$\frac{\lambda_1}{\lambda_2}=-1 \quad 或 \quad \lambda_1+\lambda_2=0.$$

但是 λ_1, λ_2 是上述二次方程的两个根, 再由根与系数的关系便得

$$Ax_0x_1+B(x_0y_1+x_1y_0)+Cy_0y_1+D(x_0+x_1)+E(y_0+y_1)+F=0.$$

再把 Y 点看成动点, 即得极线方程 (36).

如果在 xOy 平面上引入齐次坐标, 令

$$x=\frac{x_1}{x_3}, \quad y=\frac{x_2}{x_3}.$$

因此锥线 Γ 的方程为

$$a_{11}x_1^2+2a_{12}x_1x_2+a_{22}x_2^2+2a_{13}x_1x_3+2a_{23}x_2x_3+a_{33}x_3^2=0,$$

简记作

$$\sum_{i,j=1}^{3}a_{ij}x_ix_j=0 \quad (a_{ij}=a_{ji}).$$

设 P 点的齐次坐标为 (p_1,p_2,p_3). 所以

$$x_0=\frac{p_1}{p_3}, \quad y_0=\frac{p_2}{p_3},$$

再由 (36) 式便得 P 点关于 Γ 的极线方程为

$$\sum_{i,j=1}^{3} a_{ij}p_i x_j = 0.$$

引入齐次坐标后, 锥线 Γ 的方程为 x_i $(i=1,2,3)$ 的二次齐次式, 因此研讨锥线 Γ 的问题与高等代数中三个变量的二次齐次式 (或称二次型) 的不变量问题有同样的意义. 我们也说它与二次齐次式的不变量的代数问题是等价的.

如果我们引进记号

$$\Phi(x_1,x_2,x_3) = \sum_{i,j=1}^{3} a_{ij}x_i x_j,$$

利用微积分中偏微分的记号, 极线方程就可以写成如下的形式:

$$\frac{\partial\Phi}{\partial p_1}x_1 + \frac{\partial\Phi}{\partial p_2}x_2 + \frac{\partial\Phi}{\partial p_3}x_3 = 0,$$

这里 $\dfrac{\partial\Phi}{\partial p_i}$ 表示 $\dfrac{\partial\Phi(p_1,p_2,p_3)}{\partial x_i}$ $(i=1,2,3)$.

从所写的形式来看, 它与齐次坐标里的曲线

$$\Phi(x_1,x_2,x_3) = 0$$

在点 (p_1,p_2,p_3) 处的切线方程没有不同, 但是在微积分中, 曲线的切线是用割线的极限来定义的, 而这样定义切线的概念在射影几何里也适用 (因为只涉及相交问题). 所以我们能够得出下述结论:

推论　*如果点 $P \in \Gamma$, 则它的极线就是在 P 点与 Γ 相切的直线.*

另外, 如果我们知道直线 l 上三点的位置, 那么可以单用直尺作图找出与此三点成调和的第四个点 (参阅图 7–10). 因此我们单用直尺就可作出 P 点关于锥线 Γ 的极线. 由此可知, 单用直尺可以作出椭圆外一点到椭圆的两条切线.

例 2　若 P 点关于锥线 Γ 的极线通过 Q 点, 则 Q 点关于 Γ 的极线通过 P, 亦即如果以 $l(\Gamma,P)$ 表示 P 点关于 Γ 的极线, 当 X 在 $l(\Gamma,P)$ 上变动时, $\{l(\Gamma,X)\} = \mathscr{L}_P$. 这个结果称为**配极原则**. 请读者自证之.

利用配极原则, 我们立刻可以得到: 任何一条直线 p 关于锥线 Γ 存在着唯一极点 P. 我们只要找到极点 P 即可. 为此在直线 p 上任取两点 A,B. 设它们关于 Γ 的极线分别为 a,b. 令 a 与 b 的交点为 P, 则由配极原则易知 P 点就是直线 p 的极点.

因此, 在射影平面上给定了一条锥线 Γ, 那么任意一点关于 Γ 必有一直线 (极线) 与它对应. 反之, 任意一条直线必有一点 (极点) 与它对应, 并且

(i) 不同的点对应不同的直线 (极线);

(ii) 不同的直线对应不同的点 (极点);

(iii) 两点连线对应的是它们极线的交点;

(iv) 两直线的交点对应的是它们极点的连线.

若图形 F 仅由点和直线构成, 那么 F 关于 Γ 必有一个对应的图形 F'. 我们称 F 与 F' 是关于 Γ 成**互相配极的图形**. 如果 $F = F'$, 那么称 F 为**自配极**的. 例如, 设 P 是任意点, 直线 p 是 P 点关于 Γ 的极线, 在 p 上任取一点 Q, 用 q 表示 Q 点关于 Γ 的极线, 用 R 表示 p 与 q 的交点. 容易证明 $\triangle PQR$ 是自配极的.

我们还可以看到, 两个互相配极的图形是互相对偶的. 而 Poncelet 正是从互相配极的图形着手研讨对偶原则的.

三、Pascal 定理

对于一个锥线 Γ 上的一个任给内接六边形 $AB'CA'BC'$, 其三对对边的交点

$$P = AB' \cap BA', \quad Q = AC' \cap CA', \quad R = BC' \cap CB'$$

必定共线, 此直线称为 Pascal 线.

注　Pascal 定理和 Pappus 定理是二次曲线上同一定理分别在非蜕化和蜕化这两种情形的表现.

证明　依 Steiner 定理, 直线束 $A'(B', C, B, A)$ 和直线束 $C'(B', C, B, A)$ 成射影对应. 直线 $l_1(B', V, P, A)$ 和 $l_2(B', C, R, U)$ 成射影对应. 如图 7–18 所示. 由于 B' 是自对应点, 所以由定理 3 知此射影对应是透视投影, 即 CV, PR, AU 共点, 换言之, PR 过 AU 和 CV 的交点 Q, 因而 P, Q, R 共线.

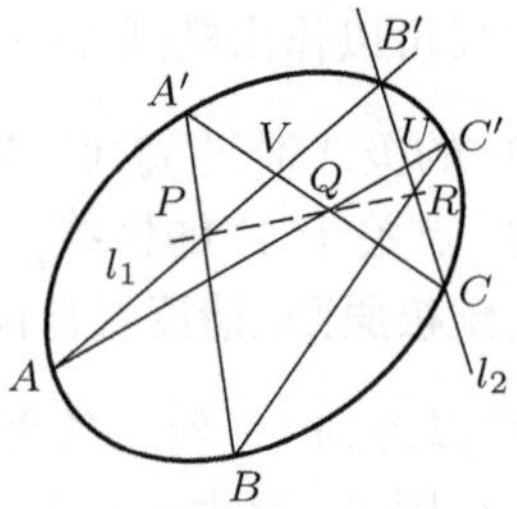

图 7–18

请读者自己比较上述 Pascal 定理的证明和第二节中对 Pappus 定理的证明的共同之处.

为了便于记忆和表达 Pascal 定理, 我们常把六边形记为 123456 (即用数字来表达六边形的顶点), 如图 7–19 所示. 显然边 12 的对边为 45; 边 23 的对边为 56; 边 34 的对边为 61. 故

$$P = 12 \cap 45, \quad Q = 23 \cap 56, \quad R = 34 \cap 61$$

三点共线.

Pascal 定理是锥线的一个特征性质, 它有许多引人入胜的推论, 下面举例说明之.

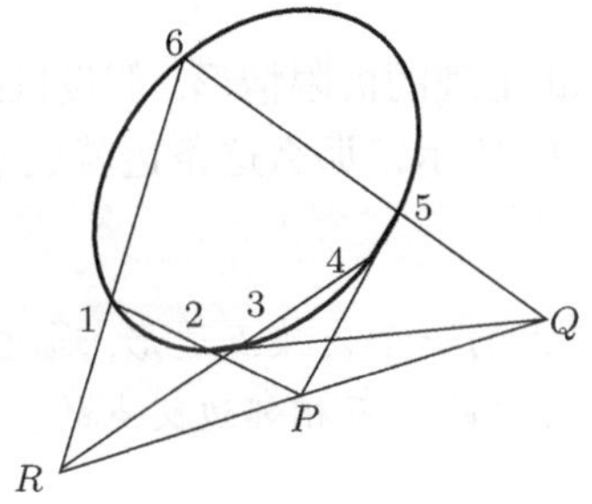

图 7–19

首先, 在锥线 Γ 上, 任意六个定点因为其排列不同, 可能得出不同的六边形. 例如 123456 与 165234 就是两个不同的六边形. 但是 123456 与 234561 虽然其排列不同, 却仍表示同一个六边形. 对于不同的六边形应该有不同的 Pascal 线. 可以证明在给定锥线 Γ 上的六个定点可以得出 60 条 Pascal 线. 并且还可证明: 125436, 165234, 123654 这三个六边形的 Pascal 线必共点, 此点称为 Steiner 点. 这些作为习题留给读者自己去证明.

例 3 过五点定一锥线的逐点作图法.

如图 7–20 所示, 设 Γ 为由 A_1, A_2, A_3, A_4, A_5 所决定的锥线, l 是过 A_3 的任意一线, 则 l 和 Γ 的另一交点 X 可以用下述作图法求得:

$$\begin{aligned} A_1A_4 \cap l &= Q, \\ A_2A_4 \cap A_3A_5 &= R, \\ RQ \cap A_1A_5 &= P, \\ A_2P \cap l &= X. \end{aligned}$$

试用 Pascal 定理说明上述作图的合理性.

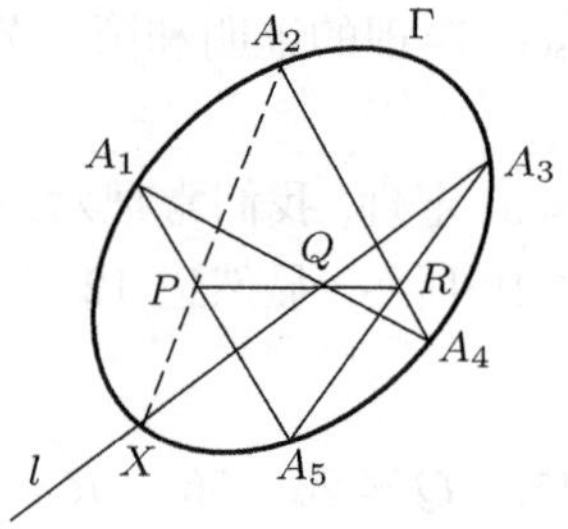

图 7–20

注　上述作图充分说明 Pascal 定理也是六点共一锥线的充要条件.

最后, 简单提一下 Pascal 定理的极限情形. 假设锥线 Γ 的内接六边形的某条边两个端点重合 (如图 7–21 所示), 那么这条边就成了一条切线. 于是我们可以得出结论:

推论　对于一个锥线 Γ 上的一个内接五边形, 通过它的一个顶点的切线与这个顶点的对边相交点落在其余两对不相邻边交点的直线上.

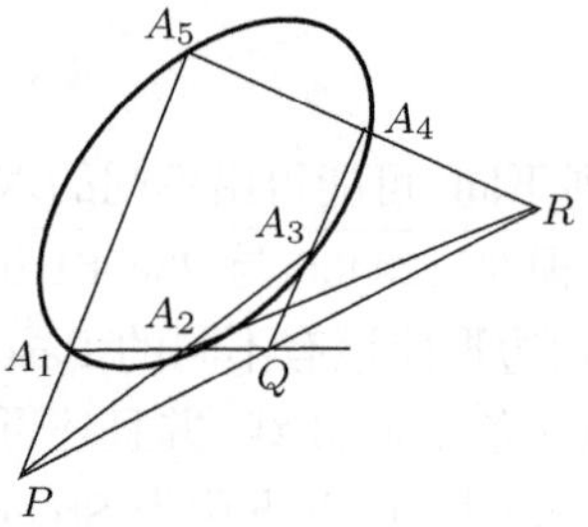

图 7–21

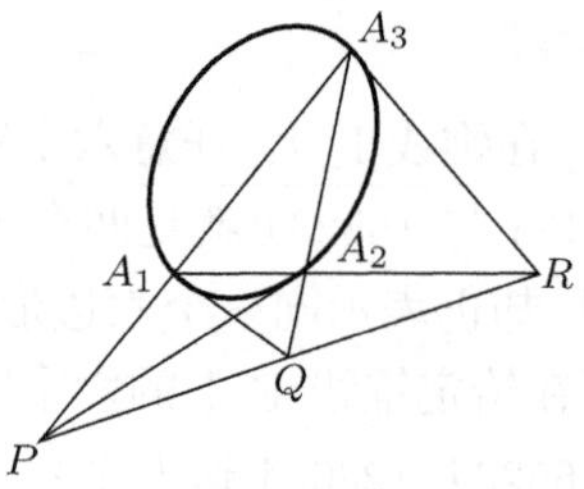

图 7–22

特别地, 六边形中如果有三条边的端点分别重合, 就可得到如图 7–22 所示的图形. 这里不再详述了, 请读者自己讨论之.

习　　题

1. 利用射影变换试证:

OX, OY, OZ 为三条直线, A 与 B 为两定点, 其连线过 O. 设 R 为 OZ 上的动点, 且 RA, RB 分别交 OX, OY 于 P 点和 Q 点, 则 PQ 必过 AB 上一定点.

2. 试证线束 $\mathscr{L}_P$ 中四条不同直线 a,b,c,d 的交叉比为

$$(ab;cd)=\frac{\sin(\widehat{a,c})}{\sin(\widehat{b,c})}\cdot\frac{\sin(\widehat{b,d})}{\sin(\widehat{a,d})}=\frac{m_3-m_1}{m_3-m_2}\cdot\frac{m_4-m_2}{m_4-m_1},$$

其中 m_1,m_2,m_3,m_4 为直线 a,b,c,d 的斜率.

3. 试证圆上四定点与圆上任意一点的连线所成的交叉比为定值.

4. 试证一个角的两边及其内、外角平分线成调和线束.

5. 在四边形 $ABCD$ 的边 AD,BC 上分别取 E,F 两动点, 使

$$\frac{AE}{AD}=\frac{BF}{BC},$$

则 AE 与 BF 交点的轨迹是一直线.

6. 设共面两直线 l 与 l' 上的点 $A,B,C,D,\cdots$ 与 $A',B',C',D',\cdots$ 成射影对应, 试证 AB' 与 $A'B$ 的交点、AC' 与 $A'C$ 的交点、AD' 与 $A'D$ 的交点 $\cdots\cdots$ 共线.

7. 设 P 和 Q 的齐次坐标为 (p_1,p_2,p_3) 和 (q_1,q_2,q_3), 直线 PQ 上另两点 A 和 B 的坐标为

$$p_i+\lambda q_i,\quad p_i+\mu q_i\quad (i=1,2,3),$$

试证其交叉比为

$$(PQ;AB)=\frac{\lambda}{\mu}.$$

8. 设 $ABCDEF$ 是一个锥线的内接六边形, AB 与 CD 交于 P; CD 与 EF 交于 Q; EF 与 AB 交于 R; DE 与 FA 交于 U; FA 与 BC 交于 V; BC 与 DE 交于 W. 试证 PU,QV,RW 共点.

9. 设锥线上有六个点 A,B,C,D,E,F, 则由此六点形成的三个内接六边形

$$ABEDCF,\quad AFEBCD,\quad ABCFED$$

的三条 Pascal 线共点 (此点称为 Steiner 点).

10. 利用对偶原理证明下述 Brianchon 定理:

对于任意外切锥线的六边形, 联结它对顶点的三条直线共点. 并讨论它的极限情形.

11. 试证一个锥线的内接四边形的三对对应边的交点成自配极三角形.

12. 任意一个三角形与它的关于锥线 Γ 的配极三角形 (不是自配极的) 必形成透视对应.

13. 已知两个透视三角形, 试证存在一个锥线 Γ 使它们成配极三角形.

14. 试证: 若两个三角形中第一个的顶点依次落在第二个的边上, 则存在一个锥线内切于第二个而外接于第一个的充要条件是这两个三角形成透视对应.

15. 设三角形 ABC 关于锥线 Γ 是自配极的. 过 A 作直线与 Γ 相交于 Q, R 两点, 又 BR 交 Γ 于 P, 试证 PQ 通过 C 点.

16. 试证: 若两条锥线有四个不同交点, 则这两条锥线有一个而且只有一个公共的自配极三角形.

17. 试证: 关于同一锥线 Γ 的两个自配极三角形的六个顶点必在另一条锥线 Γ' 上.

第八章　圆的几何与保角变换

圆与角是密切相关的两种几何事物, 例如圆与角是平面上旋转对称的两种表现, 角的度量离不开圆, 而圆的种种基本性质, 如圆周角定理、圆幂定理、四点共圆条件等, 都离不开角. 说圆与角的关系简直是形影不离的, 这也是颇为切实的. 本章将采用变换的观点, 对圆与角之间的关联作进一步的探讨. 这方面一个耐人寻味的基本事实是: 任何保圆变换都必然是保角的; 反之, 任何 "加点平面" 的保角变换也都一定是保圆的.

再者, 可以把直线看成半径是无穷大的圆. 于是, 关于直线的反射对称就融合于关于圆的反射对称之中, 而后者组合生成的变换群恰是 "加点平面" 上的保圆保角变换群. 在本章第三节中将显示: 这个群的三个特殊子群恰好分别同构于球面几何、欧氏几何和非欧几何中的自同构群. 按照 F.Klein 的 "Erlanger 纲领" 中的观点, 它们又分别完全决定了球面、欧氏和非欧三种几何. 这样, 我们又从圆的几何模型及保圆保角变换群的研究中重新获得上述三种几何的一种新的解释和新的统一观点 (参看第六章).

第一节　圆的反射对称与极投影映射

一、圆的反射对称

在讨论什么是平面上关于一个给定圆 Γ 的反射对称之前, 让我们先从圆与角的观点来分析一下平面上关于一条直线 l 的反射对称的几何特征.

分析　如图 8–1 所示, 设 P, P' 是关于直线 l 成反射对称的任给两点. 由定义, l 是 PP' 的垂直平分线, 所以任何过 P,P' 两点的圆, 如 Γ_1,Γ_2 等, 其圆心总在直线 l 上, 因此和 l 正交. 反之, 若过 P,P' 两点的任何圆都一定和 l 正交, 则 P,P' 必定关于 l 成反射对称.

很自然地, 我们可以把直线看成圆的特例, 亦即是半径为无穷大的圆. 基于上述分析, 自然就会问一问: 对于一个定圆 Γ 和不在圆上的一点 P, 是否存在另一点 P', 使得任何过 P,P' 点的圆都和 Γ 正交 (见图 8–2)?

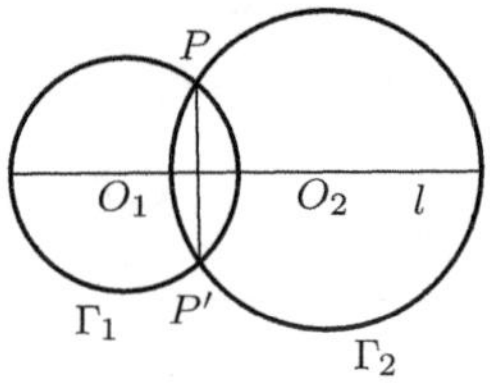

图 8–1

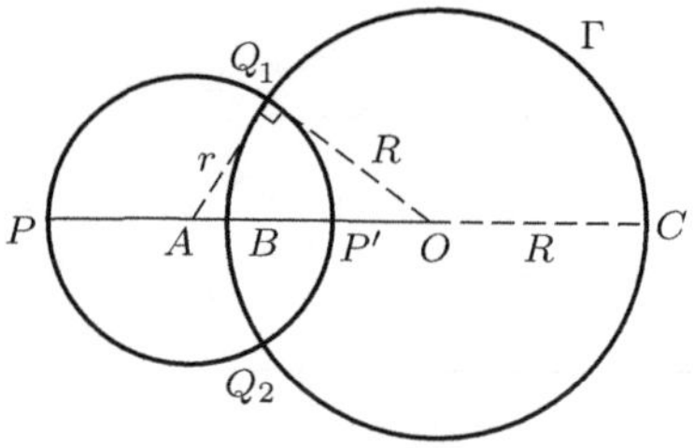

图 8–2

分析　假设有这样一点 P', 则直线 PP' 应该和 Γ 正交 (因为它是过 P,P' 两点的圆的一个特例). 因此 P' 应该在 O,P 连线上. 再者, 设 A 点为线段 PP' 的中点, $\odot A$ 是以 PP' 为直径的圆, 交圆 Γ 于 Q_1,Q_2 两点, 它也应该和 Γ 正交, 亦即 OQ_i 和 $\odot A$ 相切于 Q_i 点, $i=1,2$. 由此即得条件

$$OP\cdot OP'=R^2\quad (R\text{ 为 }\Gamma\text{ 的半径}). \tag{1}$$

上述分析说明, 假设这样一个对称点 P' 存在的话, 它必定就是那个在射线 $\overrightarrow{OP}$ 上而且满足 $OP\cdot OP'=R^2$ 的点! 下述命题则说明这样的 P' 点的确具有所求的性质.

命题 1　对于定圆 $\Gamma=\odot(O,R)$ 和不在 Γ 上的定点 P, 令 P' 是在射线 $\overrightarrow{OP}$ 上满足条件 $OP\cdot OP'=R^2$ 的那个点, 则任何过 P,P' 的圆都一定和 Γ 正交 (见图 8–3).

证明　设 Γ' 是任给一个过 P,P' 两点的圆, 交 Γ 于 Q_i 点, $i=1,2$. 由假设知

$$OP\cdot OP'=R^2=OQ_i^2. \tag{2}$$

再者, 根据关于 Γ' 的圆幂定理, 有

$$OP\cdot OP'=\text{ 切线长的平方 }=OQ_i^2.$$

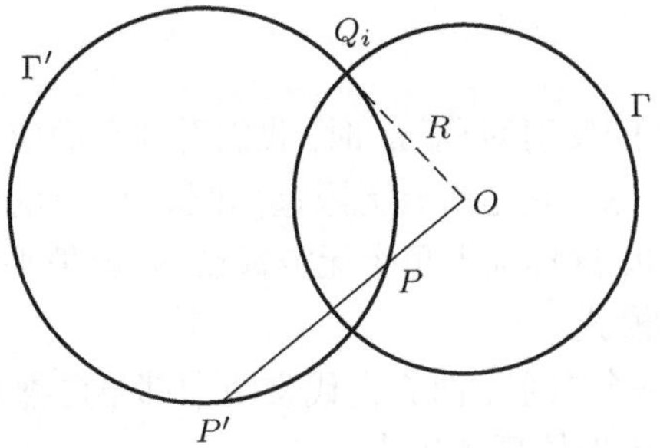

图 8–3

所以 $OQ_i =$ 由 O 到 Γ' 的切线长, $Q_i \in \Gamma'$, 即 OQ_i 就是 Γ' 的切线, 因此 Γ, Γ' 正交.

定义　对于定圆 $\Gamma = \odot(O, R)$ 和任意点 $P \neq O$, 定义 P **点关于** Γ **的反射对称点**为射线 $\overrightarrow{OP}$ 上满足 $OP \cdot OP' = R^2$ 的那个 P' 点.

分析　(i) 在 $P \in \Gamma$ 时, 显然有 $P' = P$. 所以圆 Γ 本身就是这个反射对称的定点所构成的子集.

(ii) 在平面上, 圆心 O 点不可能有关于 Γ 的反射对称点. 再者, 当 P 点趋于 O 点为极限时, 其对称点 P' 和 O 点的距离趋向无穷大; 反之, 当 P 点和 O 点距离无限增大时, 其对称点 P' 趋于 O 点为极限, 即

$$OP \text{ 的长度 } \to 0 \Longleftrightarrow OP' \text{ 的长度 } \to \infty. \tag{3}$$

因此, 要把关于圆 Γ 的反射对称 ρ_Γ 在圆心 O 点无定义的 "缺点" 补充起来, 自然的做法是引进一个 "无穷远点" ∞, 并且把它定义为任何 $\lim OP_n = \infty$ 的点列 $\{P_n\}$ 的极限点, 则 O 点和这个新点 ∞ 就可以定义为对于 Γ 互相反射对称的对称点偶.

定义　对于定圆 $\Gamma = \odot(O, R)$ 的反射对称 ρ_Γ 是一个加点平面 $\pi^* = \pi \bigcup \{\infty\}$ 上的对合映射:

$$\begin{aligned} &\rho_\Gamma : \pi^* \to \pi^*, \rho_\Gamma^2 = \text{ 恒等映射}, \\ &\rho_\Gamma(P) \text{ 在射线 } \overrightarrow{OP} \text{ 上, 而且 } O\rho_\Gamma(P) \cdot OP = R^2, \\ &\rho_\Gamma(O) = \infty, \rho_\Gamma(\infty) = O. \end{aligned} \tag{4}$$

再者, 对于任给一条直线 l, 我们把 $l \bigcup \{\infty\}$ 看成一个半径为无穷大的圆. 对于这样的 "圆" 的反射对称把 $l \bigcup \{\infty\}$ 中的点固定不动. 而且 P, P' 两点的联结线段被 l 所垂直平分.

二、极投影映射

在讨论对于定圆 Γ 的反射对称 ρ_Γ 时, 我们看到平面应该适当地补充, 那就是加上一个 "无穷远点" ∞. 它是所有无限远离圆心 O 点的分散点列 $\{P_n\}$ 的极限点. 从拓扑的观点来说, 这样加上单个无穷远点 ∞ 就把平面封闭起来, 构成了一个紧致的二维空间的模式.

现在, 让我们介绍一个在东、西方古代文明中都早已熟用的**极投影映射**, 它恰好把上述拓扑观点完美地体现了出来.

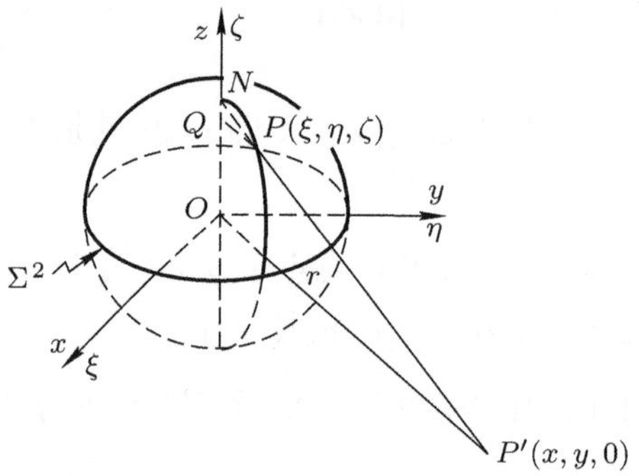

图 8–4

如图 8–4 所示, Σ^2 是以原点 O 为球心的单位球面, π 为 xOy 坐标面, 我们以 (ξ,η,ζ) 表示 Σ^2 上动点 P 的坐标. N 为坐标 $(0,0,1)$ 的点. 令 P' 为直线 NP 和 π 的交点, 以 $(x,y,0)$ 表示 P' 点的坐标, $\rho=QP$ ($\overrightarrow{PQ}$ 垂直 z 轴, Q 为垂足), $r=OP'$. 不难看出 $\triangle NPQ\sim\triangle NP'O$. 用坐标表示上述几何关系, 即有

$$\begin{aligned}&\text{(i)}\ \xi^2+\eta^2+\zeta^2=1 \text{ 或 } \xi^2+\eta^2=1-\zeta^2,\\&\text{(ii)}\ \frac{\rho}{r}=\frac{1-\zeta}{1}\ (\text{因为 } \triangle NPQ\sim\triangle NP'O),\\&\text{(iii)}\ \frac{x}{\xi}=\frac{y}{\eta}=\frac{r}{\rho}=\frac{1}{1-\zeta},\ r^2=x^2+y^2.\end{aligned}\tag{5}$$

由 (5) 式就可以解得 (ξ,η,ζ) 和 (x,y) 之间的变换式:

$$x=\frac{\xi}{1-\zeta},\quad y=\frac{\eta}{1-\zeta};\tag{6}$$

$$\xi=\frac{2x}{1+x^2+y^2},\quad \eta=\frac{2y}{1+x^2+y^2},\quad \zeta=\frac{-1+x^2+y^2}{1+x^2+y^2}.\tag{7}$$

定义 极投影就是上述把 $P(\xi,\eta,\zeta)$ 点映射到 $P'(x,y,0)$ 点的映射, 并且定义 N 点的像点为 ∞, 即

$$\tau:\Sigma^2\to\pi\bigcup\{\infty\},\quad \tau(N)=\infty.\tag{8}$$

命题 2 上述极投影 $\tau: \Sigma^2 \to \pi^* = \pi \bigcup \{\infty\}$ 具有下列优良性质:

(i) 保圆性, 即 Σ^2 上的圆的像也是圆 (或直线);

(ii) 保角性, 即 Σ^2 上两条相交曲线的交角 $= \pi^*$ 上像曲线的交角.

证明 (i) 保圆性: 设 Γ 是 Σ^2 上任给一圆, 则 Γ 中的动点 $P(\xi,\eta,\zeta)$ 除了满足球面方程 (5) 中 (i) 之外, 还满足一个线性方程:

$$A\xi + B\eta + C\zeta + D = 0. \tag{9}$$

用变换式 (6), 即得 Γ 的像

$$\Gamma' = \{P'(x,y,0)\},$$

其中的动点 $P'(x,y,0)$ 满足下述方程:

$$A \cdot \frac{2x}{1+x^2+y^2} + B \cdot \frac{2y}{1+x^2+y^2} + C \cdot \frac{-1+x^2+y^2}{1+x^2+y^2} + D = 0,$$

亦即

$$(C+D)(x^2+y^2) + 2Ax + 2By + (D-C) = 0. \tag{9$'$}$$

当 $C+D \neq 0$ 时, $(9')$ 说明 Γ' 是 π^* 中的一个圆; 当 $C+D=0$ 时, 亦即 $N \in \Gamma$, 则 $(9')$ 说明 Γ' 是 π^* 中的 "直线圆", 亦即包含 ∞ 的直线.

(ii) 保角性: 设 γ_1, γ_2 是 Σ^2 上两条相交于 P 点 $(P \neq N)$ 的平滑曲线; T_1, T_2 分别是 γ_1, γ_2 在 P 点的切向量. 令 π_1, π_2 分别是过 N 点、P 点而且分别包含 T_1, T_2 的平面, Γ_1, Γ_2 分别是 π_1, π_2 和球面 Σ^2 的交截圆, 由所作容易看出 Γ_1 和 Γ_2 在 P 点的夹角等于 γ_1 和 γ_2 在 P 点的夹角, 也等于 Γ_1 和 Γ_2 在 N 点的夹角. 再者, 因为极投影显然保持相交与相切关系, 所以 $\gamma_1, \gamma_2, \Gamma_1, \Gamma_2$ 的像 $\gamma_1', \gamma_2', \Gamma_1', \Gamma_2'$ 也有

$$\gamma_1' \text{ 和 } \gamma_2' \text{ 在 } P' \text{ 点的夹角 } = \Gamma_1' \text{ 和 } \Gamma_2' \text{ 在 } P' \text{ 点的夹角}$$

(因为 γ_i 和 Γ_i 相切, 所以 γ_i' 和 Γ_i' 也相切).

令 π_0 是 Σ^2 在 N 点的切平面, 则 π_0 和 π 平行, 而 Γ_1 和 Γ_2 在 N 点的切线就是 $\pi_0 \bigcap \pi_1$ 和 $\pi_0 \bigcap \pi_2$. 再者 Γ_1' 和 Γ_2' 本身就是直线 $\pi^* \bigcap \pi_1$ 和 $\pi^* \bigcap \pi_2$. 这样就容易看出, Γ_1 和 Γ_2 在 N 点的夹角等于 Γ_1' 和 Γ_2' 在 P' 点的夹角, 因此 γ_1 和 γ_2 在 P 点的夹角等于 γ_1' 和 γ_2' 在 P' 点的夹角, 这就证明了 τ 的**保角性**.

上述命题 2 充分地说明: 在圆与角的研讨上,

$$\Sigma^2 \quad \text{和} \quad \pi^* = \pi \bigcup \{\infty\}$$

可以说是完全 "同构" 的两个几何模式, 极投影也是**同构映射**! 在以后对圆与角的几何问题进行研讨时, 我们可以选用其中之一, 或动用两者之长来加以解答.

既然 τ 是同构的, 我们自然地就可利用 τ 来定义 Σ^2 上关于圆的反射对称, 方法如下: 设 Γ 是 Σ^2 中的一个定圆,

$$\tau(\Gamma) = \Gamma' \subset \pi^*,$$

令 $\rho_\Gamma : \Sigma^2 \to \Sigma^2$ 为使下图可交换的变换, 即

$$\begin{array}{ccc} \Sigma^2 & \xrightarrow{\rho_\Gamma} & \Sigma^2 \\ \tau \downarrow & & \downarrow \tau \\ \pi^* & \xrightarrow{\rho_{\Gamma'}} & \pi^* \end{array}, \quad \rho_\Gamma = \tau^{-1} \cdot \rho_{\Gamma'} \cdot \tau,$$

称 ρ_Γ 为 Σ^2 关于 Γ 的反射对称.

命题 3 设 ρ_Γ 为 Σ^2 中关于定圆 Γ 的反射对称, 则对于 $X \in \Sigma^2$, 所有直线 $X\rho_\Gamma(X)$ 都通过空间中的一个定点 C_Γ. C_Γ 的几何特征是 $\{C_\Gamma Y : Y \in \Gamma\}$ 都和 Σ^2 相切 (如图 8–5 所示).

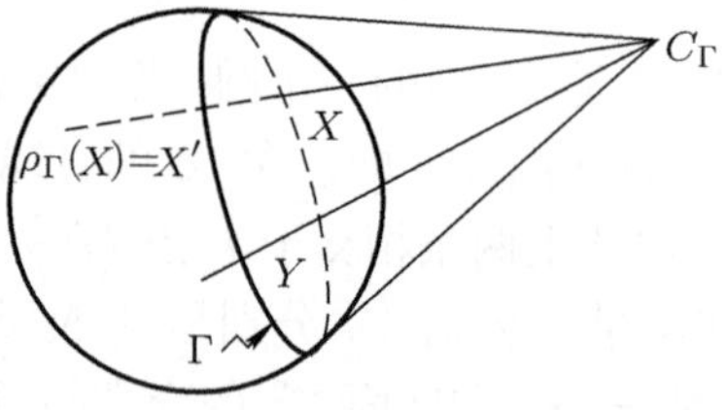

图 8–5

证明 因为 τ 是既保圆又保角的, 所以由命题 1 所证的 ρ_Γ 的特征性质就可以看出 $\rho_\Gamma(X)$ 和 X 之间的关系是: 任何过 X 与 $\rho_\Gamma(X)$ 的 Σ^2 上的圆都和 Γ 正交. 再者, Σ^2 上的圆都是 Σ^2 和一个平面的交截. 在 Γ 上每点作和 Γ 正交的 Σ^2 的切线, 它们必交于一点 C_Γ. 令 X' 为直线 $C_\Gamma X$ 和 Σ^2 的另一交点, 则 Σ^2 上一个过 X 和 X' 的圆也是一个过 X 和 X' 的平面和 Σ^2 的交截. 设它和 Γ 的交点是 Y_1, Y_2, 则它在 Y_i 的切线就是 $C_\Gamma Y_i$, 显然是和 Γ 正交的. 因此 X 和 X' 满足 X 和 $\rho_\Gamma(X)$ 所应有的特征性质. 这也就证明了 $X' = \rho_\Gamma(X)$ 对任何 $X \in \Sigma^2$ 皆成立. 若 Γ 是 Σ^2 上大圆, 则 $C_\Gamma = \infty$, 同样可证.

定理 1 对于任给一圆 $\Gamma \subset \Sigma^2$ 或 $\Gamma' \subset \pi^*$, 其对应的反射对称

$$\rho_\Gamma : \Sigma^2 \to \Sigma^2 \quad 或 \quad \rho_{\Gamma'} : \pi^* \to \pi^* \tag{10}$$

都是既保圆又保角的.

证明 由命题 2 和 ρ_Γ 与 $\rho_{\Gamma'}$ 之间的关系, 我们只需要证明 ρ_Γ 或 $\rho_{\Gamma'}$ 的保圆、保角性.

再者, 由于球面在空间的旋转对称性和 ρ_Γ 在命题 3 中所证的立体几何解释, 我们可以把 ρ_Γ 或 $\rho_{\Gamma'}$, 对于一般的 Γ 的证明归于那种过 N 点的 Γ 的特殊情形加以证明. 但是在这种情形, $\tau(\Gamma)=\Gamma'$ 是 "直线圆", 所以 $\rho_{\Gamma'}$ 显然是既保圆又保角的, 这样也就简洁、灵巧地证明了任何 ρ_Γ 或 $\rho_{\Gamma'}$ 都是既保圆又保角的!

上述定理 1 显示了圆的反射对称是圆与角的几何模型的基本同构, 它是圆的几何的基础性要点, 有广泛多样的用法, 下面只是几个初步的例题.

例 1 试作一平面 π 上的圆 Γ, 它过定点 P, 而且和定圆 $\Gamma_i=\odot(O_i,R_i)(i=1,2)$ 正交.

解 作射线 $\overrightarrow{O_1P}$ 和 $\overrightarrow{O_2P}$. 如图 8–6 所示, 分别在其上取点 P_1,P_2, 使得

$$\begin{aligned}O_1P_1\cdot O_1P=R_1^2,\\ O_2P_2\cdot O_2P=R_2^2,\end{aligned}\tag{11}$$

则由 P,P_1,P_2 三点所定的圆即为所求.

(随 P 点与 Γ_i 的位置不同, 如 P 点在圆周上或在 O_1O_2 上, 会得出不同的解, 这里不作详细讨论.)

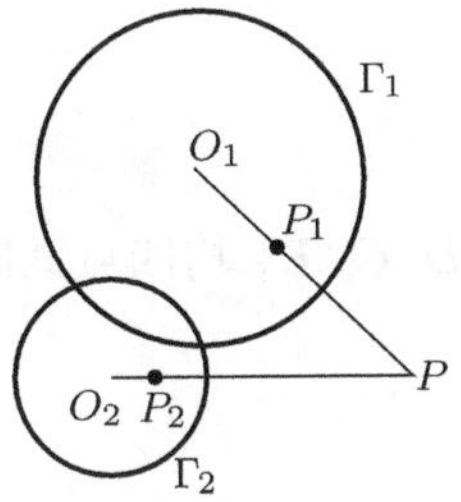

图 8–6

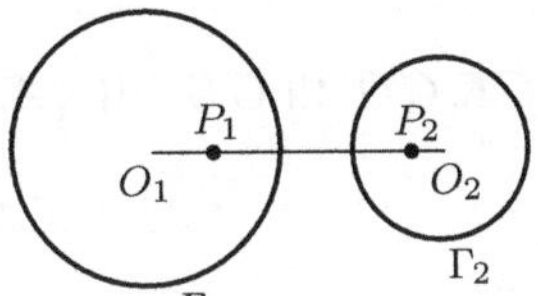

图 8–7

例 2 设 Γ_1,Γ_2 是给定的两个相离的圆, 试作所有和 Γ_1,Γ_2 都正交的最小的那个圆.

解 如图 8–7 所示, 在线段 O_1O_2 上分别取 P_1,P_2 两点, 使得

$$\begin{aligned}O_1P_1\cdot O_1P_2=R_1^2,\\ O_2P_2\cdot O_2P_1=R_2^2,\end{aligned}\tag{12}$$

则所求作的圆就是以 P_1P_2 为直径的那个圆!

注 和 Γ_1, Γ_2 都正交的圆组成一个圆系, 它们也是所有过上述 P_1, P_2 两点的圆, 其中最小者显然就是以 P_1P_2 为直径的那个圆.

例 3 设有 π^* 上 (或 Σ^2 上) 的八个点 A, B, C, D, E, F, G, H, 若有下列五组的四点分别共圆:

$$\{A, F, B, H\}, \{B, D, C, H\}, \{C, E, A, H\}, \{A, F, G, E\}, \{B, D, G, F\}, \tag{13}$$

则 $\{C, E, G, D\}$ 这四点亦必共圆.

证明 因为上述命题中只涉及圆的概念, 所以我们可以运用保圆变换把它归于 $H=\infty$ 这种特殊情况加以论证. 在这种情形, (13) 式中的前三组共圆条件就是 $\{A, F, B\}, \{B, D, C\}, \{C, E, A\}$ 各自三点共线, 即有如图 8–8 所示的情况.

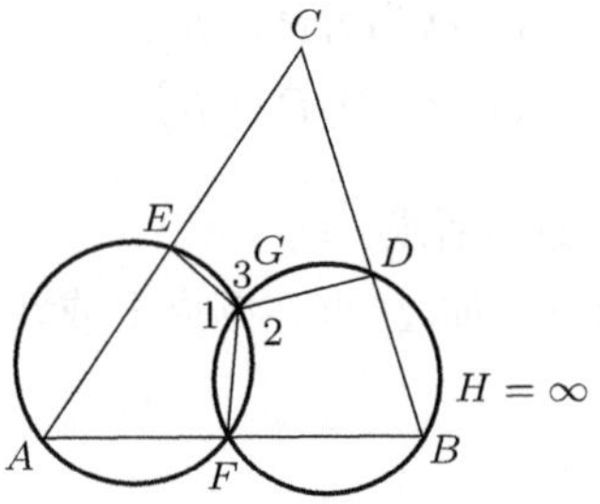

图 8–8

联结 GF, GD 和 GE. 由 $\{A, F, G, E\}$ 和 $\{B, D, G, E\}$ 均四点共圆, 即得

$$\angle 1+\angle A=\pi, \quad \angle 2+\angle B=\pi.$$

又因

$$\angle 1+\angle 2+\angle 3+\angle A+\angle B+\angle C=3\pi,$$

故有 $\angle 3+\angle C=\pi$, 即得 $\{C, E, G, D\}$ 四点共圆.

例 4 若在上述命题中的 H, A 两点逐渐接近到重合的极限情形, 即得

$\{A, F, B\}$ 确定的圆和 $\{A, E, C\}$ 确定的圆相切于 A 点,
$\{B, D, C, A\}, \{A, F, G, E\}, \{B, D, G, E\}$ 均四点共圆,

则 $\{C, E, G, D\}$ 四点共圆.

注 若将 A 点设为 ∞, 则上述命题就成图 8–9 所示的情况: $BF//CE$. $\{B, D, G, F\}$ 四点共圆, 所以很容易直接证明之.

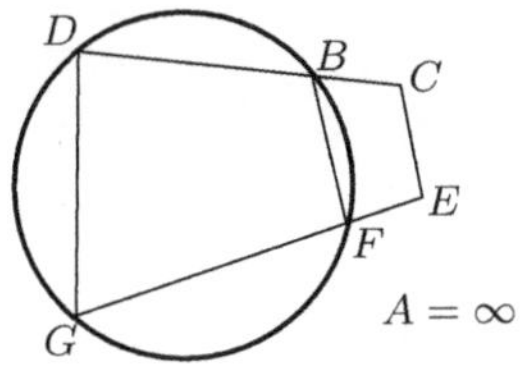

图 8–9

第二节　复坐标、交叉比与保圆变换群

本节将引进坐标, 并对 π^* 上 (或 Σ^2 上) 的保圆保角**变换群**从解析的观点加以研讨. 对于一个欧氏平面, 通常可以采用笛卡儿坐标系 $\{(x,y)|x,y\in\mathbf{R}\}$, 也可以采用复坐标系 $\{z=x+\mathrm{i}y|z\in\mathbf{C}\}$. 坐标系是用来讨论几何问题的一种工具, 所以究竟应该选用哪一种的唯一依据当然是看哪一种坐标系对于所要讨论的几何问题 (或性质) 来得**合用**! 在上一章讨论射影问题时, 主角是直线 (透视投影中的 "光线"), 而且每条直线都要加上一个无穷远点才能合用无缺, 因此在上一章中, 用来坐标化的数系当然以 $\mathbf{R}\bigcup\{\infty\}$ 为合用、好用. 在这一章讨论圆与角的几何中, 由第一节的结果充分说明只应该对全平面加单个无穷远点, 所以不难看出用来坐标化的数系当然应该是 $\mathbf{C}\bigcup\{\infty\}$.

定义　在平面 π 上任取一个笛卡儿坐标系 $\{(x,y)|x,y\in\mathbf{R}\}$, 则 $\{z=x+\mathrm{i}y|z\in\mathbf{C}\}$ 就叫做 π 上的一个**复坐标系**. $\{z\in\mathbf{C}\bigcup\{\infty\}\}$ 则是 $\pi^*=\pi\bigcup\{\infty\}$ 的一个复坐标系. 从这个观点来看, π^* 本身也就可以想成是一条 "**复射影直线**"!

再者, 我们可以利用极投影映射 $\tau:\Sigma^2\cong\pi^*$ 把上述 π^* 上的复坐标系 "移植" 到 Σ^2 上, 亦即令在极投影映射下相应之点取同一复坐标.

定义　在 π^* 上 (或 Σ^2 上) 由所有 "圆的反射对称" (或称反射) 的有限组合所构成的**变换群**叫做 π^* 上 (或 Σ^2 上) 的**保圆保角变换群**. 我们将用 $A(\pi^*)$ (或 $A(\Sigma^2)$) 表示这个变换群. 本质上, 它就是圆的几何模型的自同构群.

下面, 我们研究 $A(\pi^*)$ 或 $A(\Sigma^2)$ 的解析表示.

在 π^* 或 Σ^2 上取定了一个复坐标系, 也就是选定了一个好用的逐一对应 $\Sigma^2\cong\pi^*\cong\mathbf{C}^*=\mathbf{C}\bigcup\{\infty\}$. 设 Γ 是 Σ^2 中的一个定圆, $\Gamma'=\tau(\Gamma)$, 则 ρ_Γ 和 $\rho_{\Gamma'}$ 就可以用一个 "复函数" $f_\Gamma=f_{\Gamma'}:\mathbf{C}^*\to\mathbf{C}^*$ 来表达, $f_\Gamma=f_{\Gamma'}$ 就是使得下述图解

可换的那个函数:

$$
\begin{array}{ccc}
\Sigma^2 & \xrightarrow{\rho_\Gamma} & \Sigma^2 \\
\updownarrow & & \updownarrow \\
\pi^* & \xrightarrow{\rho_{\Gamma'}} & \pi^* \\
\cong\updownarrow & & \cong\updownarrow \\
\mathbf{C}^* & \xrightarrow{f_\Gamma = f_{\Gamma'}} & \mathbf{C}^*
\end{array}
\quad \leftarrow \text{这里 “}\cong\text{” 随复坐标系的选定而定} \qquad (14)
$$

这样, 圆的反射的组合就可以通过上述复变函数的组合来表达, 这种解析表示法不但简明, 而且便于用计算来探讨 $A(\pi^*)$ 和 $A(\Sigma^2)$ 的性质.

注 这一段的讨论类似于用矩阵表示法来讨论线性变换群; 群中元素的复函数表示法是依赖于复坐标系的选定的. 不同坐标系的表示法之间存在着 (类似于矩阵的) 变换式.

例如, 对于一个选定的复坐标系 $\pi^* \cong \mathbf{C}^*$, 让我们来看一看 $A(\pi^*)$ (或 $A(\Sigma^2)$) 中某些元素的 “**复函数表达式**”.

对于 $g \in A(\pi^*)$ (或 $\tau^{-1}g\tau \in A(\Sigma^2)$) 我们用**符号** “$w = g(z)$” 表示它的复函数表达式.

(i) 设 $\Gamma' \subset \pi^*$ 就是由实轴所成的圆, 即 $\Gamma' = \{z \in \mathbf{C} | z = \bar{z}\}$, 则 $g = \rho_{\Gamma'}$ 的函数表达式是 $w = \bar{z}$.

(ii) 设 $\Gamma' \subset \pi^*, \Gamma' = \{z \in \mathbf{C} || z| = R\}$, 则 $g = \rho_{\Gamma'}$ 的函数表达式是

$$w = \frac{R^2}{\bar{z}}. \tag{15}$$

(iii) **平移**: π^* 上的一个平移可以由两个关于平行直线的反射对称组合而成. 它的函数表达式是

$$w = z + a, \quad a \in \mathbf{C}. \tag{16}$$

(iv) **放大**: 设 $\Gamma'_i = \{z \in \mathbf{C} || z| = R_i\} \subset \pi^*$ $(i = 1, 2)$, 则

$$\rho_{\Gamma_1} : z \to \frac{R_1^2}{\bar{z}},$$

$$\rho_{\Gamma_2} : \frac{R_1^2}{\bar{z}} \to R_2^2 \bigg/ \left(\frac{R_1^2}{z}\right) = \left(\frac{R_2}{R_1}\right)^2 z,$$

所以,

$$\rho_{\Gamma_2} \cdot \rho_{\Gamma_1} : z \to \left(\frac{R_2}{R_1}\right)^2 z,$$

即放大变换可以由两个关于同心圆的反射对称组合而成, 它的函数表达式为

$$w = kz, \quad k > 0. \tag{17}$$

(v) **旋转**: π^* 上绕原点的 α 角旋转可以由关于两条交于原点、夹角为 $\alpha/2$ 的直线的反射组合而成, 其函数表达式为

$$w = \mathrm{e}^{\mathrm{i}\alpha} z. \tag{18}$$

定理 2 $A(\pi^*)$ (或 $A(\Sigma^2)$) 中的任给元素 g 的函数表达式都可以写成下述两种形式之一:

$$w = \frac{az+b}{cz+d} \quad 或 \quad w = \frac{a\bar{z}+b}{c\bar{z}+d}, \tag{19}$$

其中 $a, b, c, d \in \mathbf{C}, ad - cb = 1$. 反之, 任何能用上式之一表达的变换都是 $A(\pi^*)$ (或 $A(\Sigma^2)$) 中的一个元素.

证明 不难看出, 任何两个可以写成 (19) 式所示形式的函数的复合, 依然是这种形式的一个函数. 再者, 由 $A(\pi^*)$ 的定义, 它的任一元素都是圆的反射的组合, 所以我们只需证明, 对于任给一圆 $\Gamma_1 = \{z \in \mathbf{C} || z - a_0| = R\}$ 的反射都能写成如下的形式:

$$w = \frac{a\bar{z}+b}{c\bar{z}+d}, \quad ad - bc = 1. \tag{19$'$}$$

现证明如下:

如图 8–10 所示, 由圆的反射的几何定义得知

$$(w - a_0)(\bar{z} - \bar{a}_0) = R^2. \tag{20}$$

解出即得

$$\begin{aligned} w &= \frac{R^2}{\bar{z} - \bar{a}_0} + a_0 = \frac{a_0\bar{z} + (R^2 - |a_0|^2)}{\bar{z} - \bar{a}_0} \\ &= \frac{\mathrm{i}\dfrac{a_0}{R}\bar{z} + (R^2 - |a_0|^2)\dfrac{\mathrm{i}}{R}}{\dfrac{\mathrm{i}}{R}\bar{z} - \mathrm{i}\dfrac{\bar{a}_0}{R}}. \end{aligned} \tag{21}$$

反之, 任何一个能用 (19) 式表达的变换, 都不难分解成前述 (i)—(v) 的组合, 所以它当然是一个属于 $A(\pi^*)$ 的变换.

注 一个 $g \in A(\pi^*)$ (或 $A(\Sigma^2)$) 能写成

$$w = \frac{az+b}{cz+d} \tag{22}$$

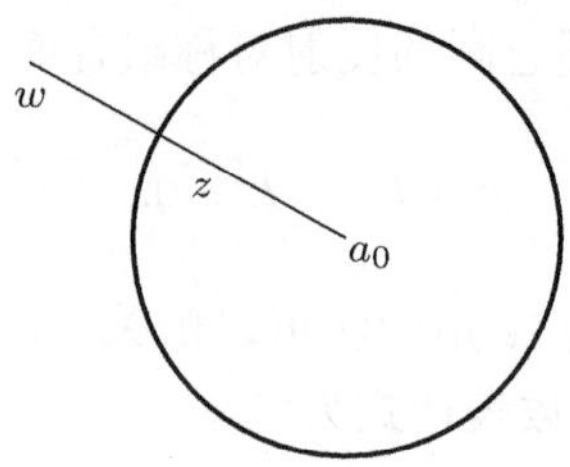

图 8–10

这种形式的充要条件是它能分解成偶数个圆的反射的组合, 所以叫做**偶元素**. 同理, 它能写成

$$w = \frac{a\bar{z} + b}{c\bar{z} + d}$$

这种形式的充要条件是它能分解成奇数个圆的反射的组合, 所以叫做**奇元素**.

现在对 π^* 上任给有序四点 A, B, C, D, 设它们的坐标分别是 z_1, z_2, z_3, z_4, 我们定义

$$R(AB; CD) = R(z_1 z_2; z_3 z_4) = \frac{z_3 - z_1}{z_3 - z_2} \cdot \frac{z_4 - z_2}{z_4 - z_1}.$$

称 $R(AB; CD)$ 为 A, B, C, D 的**交叉比**, 其中若有一点 (例如 D) 为无穷远点 ∞, 则可定义

$$R(AB; C\infty) = R(z_1 z_2; z_3 \infty) = \frac{z_3 - z_1}{z_3 - z_2}.$$

不难看出, 上述定义的交叉比和前一章中的直线上四点的交叉比有着相同的性质, 并且 $R(AB; CD)$ 的值是实数的充要条件是 A, B, C, D 四点共圆 (读者自证).

由于 $R(AB; CD)$ 在线性分式变换之下是不变的, 因此, 结合定理 2, 立即可得下面的

推论 设 $g \in A(\pi^*)$ 为一偶 (或奇) 元素, 则有

$$\begin{aligned} &R(AB; CD) = R(g(A)g(B); g(C)g(D)), \\ \text{或 } &R(AB; CD) = \bar{R}(g(A)g(B); g(C)g(D)). \end{aligned} \tag{23}$$

定理 3 一个偶元素 $g \in A(\pi^*)$ 由它在三点所取之 "值" 唯一确定. 再者, 设 $\{A, B, C\}$ 和 $\{A', B', C'\}$ 是任给的两个三点组, 则存在一个唯一的偶元素 $g \in A(\pi^*)$, 使得

$$g(A) = A', \quad g(B) = B', \quad g(C) = C'. \tag{24}$$

证明 设 A, B, C 为 π^* 上任意取定的三点, X 为 π^* 的动点. 若有两个偶元素 $g_1, g_2 \in A(\pi^*)$ 具有关系

$$g_1(A) = g_2(A), \quad g_1(B) = g_2(B), \quad g_1(C) = g_2(C), \tag{25}$$

亦即 $g_2^{-1} \cdot g_1$ 是一个使 A, B, C 固定不动的偶元素, 则由推论知

$$R(AB;CX) = R(AB;Cg_2^{-1} \cdot g_1(X)) \Longrightarrow g_2^{-1} \cdot g_1(X) = X. \tag{26}$$

再者, 设 A, B, C 的复坐标分别为 a, b, c; 而 A', B', C' 的复坐标分别为 a', b', c'. 由推论可知求作的元素 $g \in A(\pi^*)$ 的坐标应该满足

$$R(ab;cz) = R(a'b';c'w). \tag{27}$$

其实, 我们也可以从 (27) 式将 w 表示成 z 的分式线性函数. 由定理 2, 这样一个分式线性函数也就唯一地给定了所求的变换.

通过上面的分析我们看到, $A(\pi^*)$ (或 $A(\Sigma^2)$) 中的任意元素 g 是 π^* (或 Σ^2) 上的点之间的一对一变换, 并且具有保圆保角性. 自然地我们要问: π^* (或 Σ^2) 上的点之间的任何一个一对一的且保圆保角的变换是否必定属于 $A(\pi^*)$ (或 $A(\Sigma^2)$)? 也就是问: 这种变换是否必定是圆的反射对称的有限组合? 事实上确实如此, 即我们有

定理 4 设 $f: \pi^* \to \pi^*$ 是一个保圆保角的一对一变换, 则 $f \in A(\pi^*)$.

证明 因为 f 是一对一变换, 所以必定存在点 $A \in \pi^*$, 使得 $f(A) = \infty$, 先假定 $A \neq \infty$. 记 $B = f(\infty)$. 再任取一点 $f(C) \neq B, \infty$, 因而 $C \neq A, \infty$. 由定理 3 可知, 唯一存在偶元素 $g \in A(\pi^*)$, 满足

$$g(\infty) = A, \quad g(B) = \infty, \quad g(f(C)) = C.$$

于是 $\tilde{g} = g \cdot f: \pi^* \to \pi^*$ 是一个保圆保角的一对一变换, 且

$$\tilde{g}(A) = A, \quad \tilde{g}(\infty) = \infty, \quad \tilde{g}(C) = C.$$

由于 $\tilde{g}(\infty) = \infty$, 所以从 $\tilde{g}$ 的保圆性可知 $\tilde{g}$ 将任何直线变为直线. 设 l 为过 A, C 的直线, 那么由 $\tilde{g}(A) = A$ 和 $\tilde{g}(C) = C$, 可得 $\tilde{g}(l) = l$. 更进一步可以断定, 对 l 上任意点 D, 都有 $\tilde{g}(D) = D$; 反之, 若 $D \in l$, $\tilde{g}(D) = D' \neq D$, 如图 8–11 所示, 设 l_1 和 l_2 分别为过 D 和 D' 与 l 垂直的直线, 则由保角性可知, $\tilde{g}(E)$ 应为直线 AE 与 l_2 的交点 F, 或是 F 关于 l 的反射对称点 G; 但根据同样的理由, $\tilde{g}(E)$ 又应该为直线 CE 与 l_2 的交点 H, 或 H 关于 l 的反射对称点 I; 但这是矛盾的, 所以 $\tilde{g}$ 保持 l 上点点不动 (如图 8–11 所示).

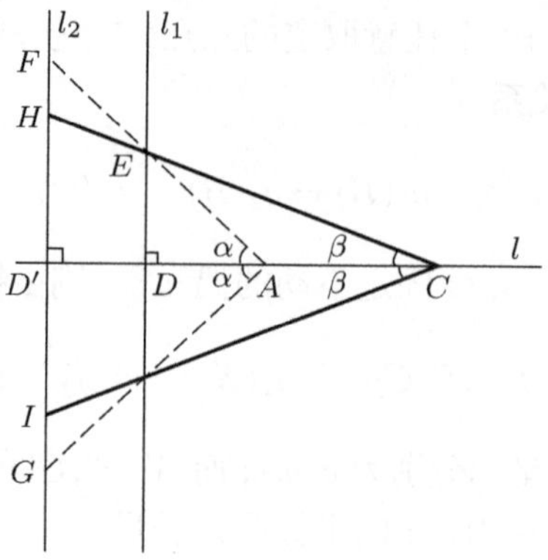

图 8–11

现在分两种情况来考虑:

(i) 设存在 l 外的一点 D 使得 $\tilde{g}(D) = D$. 如图 8–12 所示, 记 l' 为过 D, C 的直线, 由上面的分析可知 l' 上的任何点在 $\tilde{g}$ 变换下都不动. 于是, 对任意给定点 $P \in \pi^*$, 从 P 分别向 l, l' 作垂线, 垂足分别为 E, F, 则由于 $\tilde{g}(E) = E, \tilde{g}(F) = F$ 以及保角性, 立即可以断定 $\tilde{g}(P) = P$. 也就是说, 在这种情况下, $\tilde{g}$ 是 π^* 上的恒等变换, 即 $g \cdot f = \mathrm{id}_{\pi^*}$, 所以 $f = g^{-1} \in A(\pi^*)$.

(ii) 对任意点 $P \notin l$, 都有 $\tilde{g}(P) \neq P$. 如图 8–13 所示, l_1, l_2 分别表示过 P, A 和 P, C 的直线, 则由保角性, $\tilde{g}(l_1)$ 和 $\tilde{g}(l_2)$ 分别为 l_1 和 l_2 关于 l 的反射对称像直线, 因此 $\tilde{g}(P)$ 为这两条像直线的交点 P', 即是 P 关于 l 的反射对称点. 所以 $g \cdot f = \rho_l$, 从而 $f = g^{-1} \cdot \rho_l \in A(\pi^*)$.

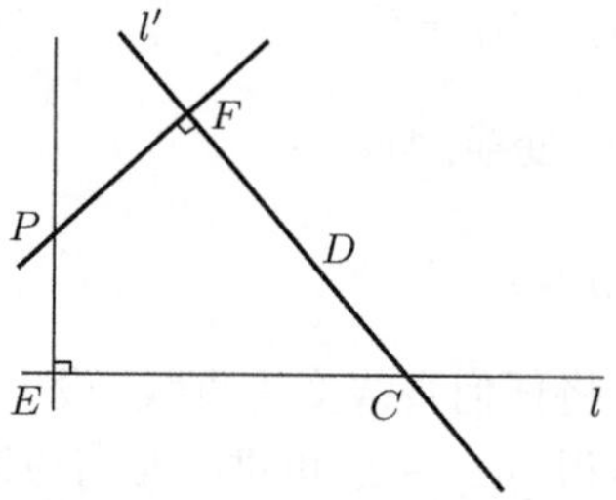

图 8–12

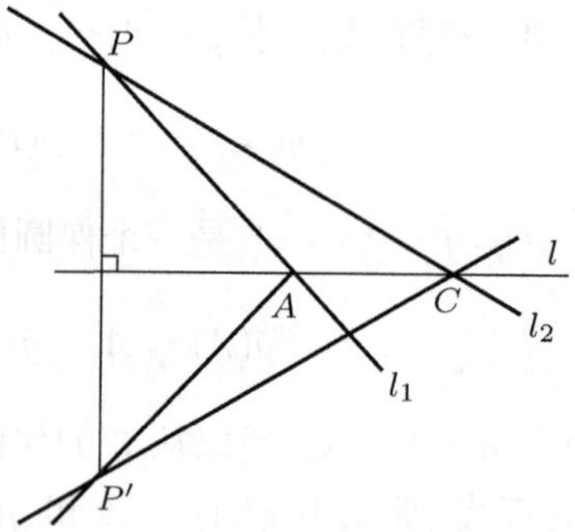

图 8–13

仿照上述讨论, 读者不难完成对 $f(\infty) = \infty$ 的情况的证明.

第三节 圆系与圆丛

一、共轴圆系

在解析几何中, 我们曾学过**共轴圆系**, 其解析的定义如下:

定义 设 π^* 中的两个圆 Γ_1, Γ_2, 其方程分别为

$$\begin{aligned} &x^2+y^2+2D_1x+2E_1y+F_1=0,\\ &x^2+y^2+2D_2x+2E_2y+F_2=0. \end{aligned} \tag{28}$$

则所有能表示成

$$(x^2+y^2+2D_1x+2E_1y+F_1)+\lambda(x^2+y^2+2D_2x+2E_2y+F_2)=0 \tag{29}$$

的圆所组成的圆系 (λ 是参数) 叫做由 Γ_1, Γ_2 所产生的**共轴圆系**.

命题 4 设 Γ_1, Γ_2 为 π^* 中的两个圆, 其方程为

$$x^2+y^2+2D_ix+2E_iy+F_i=0 \quad (i=1,2),$$

则 Γ_1 和 Γ_2 互相正交的条件为

$$2D_1D_2+2E_1E_2-(F_1+F_2)=0. \tag{30}$$

证明 由 Γ_i 的方程得知其圆心坐标为 $(-D_i, -E_i)$, 其半径平方 $R_i^2=D_i^2+E_i^2-F_i$ $(i=1,2)$. 因此, Γ_1, Γ_2 互相正交的条件是

$$(D_1-D_2)^2+(E_1-E_2)^2=R_1^2+R_2^2=(D_1^2+E_1^2-F_1)+(D_2^2+E_2^2-F_2). \tag{31}$$

整理后, 即得条件式 (30).

推论 设 Γ, Γ' 是相异两圆, 则所有和 Γ, Γ' 都正交的圆组成一个共轴圆系.

证明 设 Γ, Γ' 的方程分别为

$$\begin{aligned} &x^2+y^2+2Dx+2Ey+F=0,\\ &x^2+y^2+2D'x+2E'y+F'=0. \end{aligned}$$

Γ_i $(i=1,2,3)$ 是任给三个和 Γ, Γ' 都正交的圆, 其方程为

$$x^2+y^2+2D_ix+2E_iy+F_i=0 \quad (i=1,2,3).$$

则由命题 4, 我们有下列关系式:

$$\begin{cases} 2D_iD + 2E_iE - (F_i + F) = 0, \\ 2D_iD' + 2E_iE' - (F_i + F') = 0. \end{cases} \tag{32}$$

亦即 (D_i, E_i, F_i) 是上述两个线性方程的三组解. 所以是线性相关的, 这就证明了 Γ_3 属于由 Γ_1, Γ_2 所生成的共轴圆系.

推论 设 $\{\Gamma, \Gamma'\}$, $\{\Gamma_1, \Gamma_2\}$ 是两组相异两圆. 若 Γ_1, Γ_2 和 Γ, Γ' 都正交, 则 Γ, Γ' 当然也和 Γ_1, Γ_2 都正交. 因此, 任何一个属于 Γ, Γ' 所生成的共轴圆系的圆都和任何一个属于 Γ_1, Γ_2 所生成的共轴圆系的圆正交.

上述两个共轴圆系之间的关系叫做互相**共轭**. 例如,

(i) 若 Γ, Γ' 相切于一点 P, 则 Γ_1, Γ_2 也相切于 P, 如图 8–14 所示.

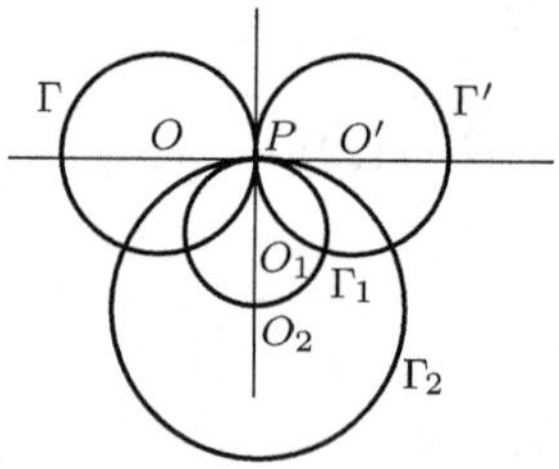

图 8–14

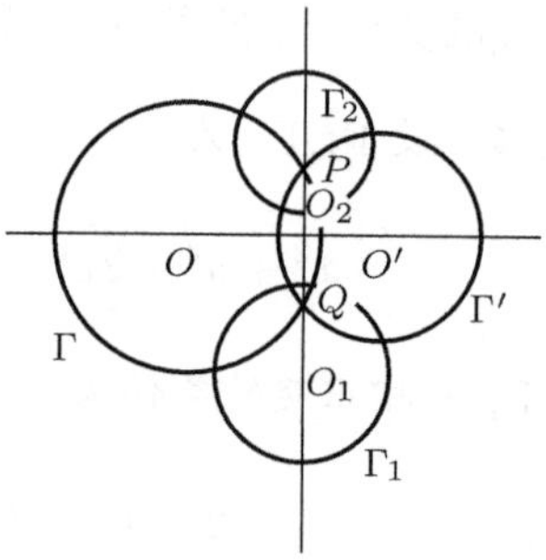

图 8–15

(ii) 若 Γ, Γ' 相交于 P, Q 两点, 则 Γ_1, Γ_2 的圆心 O_1, O_2 都在直线 PQ 上. 再者, P, Q 两点各自可以看成一个**点圆**, 它们都属于 Γ_1, Γ_2 所生成的共轴圆系, 如图 8–15 所示.

设 l, l' 是空间中和 Σ^2 具有下列关系的两条直线, 即:

(i) 若 l 和 Σ^2 相切于 P 点, 则 l' 也和 Σ^2 相切于 P 点, 而且 l, l' 互相垂直.

(ii) 若 l 和 Σ^2 相交于 P, Q 两点, 则 l' 就是 Σ^2 在 P, Q 点的两个切面的交截线; 反之, 若 l 和 Σ^2 不相交, 则过 l 能作 Σ^2 的两个切面, 分别切 Σ^2 于 P, Q 点, 则 l' 就是直线 PQ.

我们称 l, l' 为对于 Σ^2 互相**共轭**的两条直线.

命题 5 (i) Σ^2 上的一个圆系 $\{\Gamma_t | t \in \mathbf{R}\}$ 对应于 π^* 上的一个共轴圆系 (即 $\{\tau(\Gamma_t) | t \in \mathbf{R}\}$ 是个共轴圆系) 的充要条件是 Γ_t $(t \in \mathbf{R})$ 所定的平面 π_t^* $(t \in \mathbf{R})$ 都过一条直线 l.

(ii) 设 $\{\Gamma_t|t\in\mathbf{R}\}$ 和 $\{\Gamma'_t|t\in\mathbf{R}\}$ 是 Σ^2 上的两个共轴圆系 (即如 (i) 中所述的 l 叫做它们的轴), 则 $\{\tau(\Gamma_t)|t\in\mathbf{R}\}$ 和 $\{\tau(\Gamma'_t)|t\in\mathbf{R}\}$ 互相共轭的充要条件是 l 与 l' 互相共轭 (读者试自证之).

二、圆丛

定义 对于空间的一个定点 P, 所有过 P 的平面组成一个**面丛** (bundle of planes), 我们将以符号 Π_P 表示, 即

$$\Pi_P=\{\pi|P\in\pi\}. \tag{33}$$

定义 一个面丛 Π_P 中的平面和 Σ^2 的**交截圆**所组成的圆的集合叫做 Σ^2 上的一个圆丛; 和 Σ^2 上的一个圆丛相应的 π^* 上的圆的集合叫做 π^* 上的一个圆丛. 例如,

(i) 设 $P=N$ (Σ^2 上的北极), 则 Π_P 中的平面和 Σ^2 的交截圆就是一个过 N 点的圆, 它所对应的 π^* 上的圆就是一条直线. 所以, 所有过 N 点的圆组成 Σ^2 上的圆丛, 它所对应的 π^* 上的圆丛由所有直线圆组成.

(ii) 设 $P=O$ (Σ^2 的球心), 则 Π_P 中的任一平面和 Σ^2 的交截圆就是一个大圆. 所以, 所有 Σ^2 上的大圆组成一个圆丛.

(iii) 设 P 为位于球面 Σ^2 的外部的一个定点, 如图 8–5 所示, 在 Σ^2 上存在一个定圆 Γ_P, 它是由 P 点向 Σ^2 作切线的切点的集合. 在命题 3 的证明中, 我们曾说明任何过 P 点的平面和 Σ^2 的交截圆都和 Γ_P 正交. 这也就表明: 在 Σ^2 上和定圆 Γ_P 正交的所有圆组成一个圆丛. 同样地, 在 π^* 上和定圆正交的所有圆也组成一个圆丛.

$A(\Sigma^2)$ (或 $A(\pi^*)$) 是由所有圆的反射的复合所构成的变换群, 换句话说: $\{\rho_\Gamma|\Gamma$ 是 Σ^2 中的圆 $\}$ (或 $\{\rho_{\Gamma'}|\Gamma'$ 是 π^* 中的圆$\}$) 组成 $A(\Sigma^2)$ (或 $A(\pi^*)$) 的 "**生成系**". 在 $A(\Sigma^2)$ 或 $A(\pi^*)$ 的变换之下, **圆**是基本的不变事物, **角**则是基本的**不变量**.

令

$$\begin{aligned}&B_0=\pi^* \text{ 中由所有直线圆组成的圆丛 (上述之 (i))},\\&B_1=\Sigma^2 \text{ 中由所有大圆组成的圆丛 (上述之 (ii))},\\&B_2=\pi^* \text{ 中由所有和单位圆正交的圆组成的圆丛 (上述之 (iii))}.\end{aligned} \tag{34}$$

$$\begin{aligned}&G_0 \text{ 为 } A(\pi^*) \text{ 中由 } \{\rho_\Gamma|\Gamma\in B_0\} \text{ 生成的子群},\\&G_1 \text{ 为 } A(\Sigma^2) \text{ 中由 } \{\rho_\Gamma|\Gamma\in B_1\} \text{ 生成的子群},\\&G_2 \text{ 为 } A(\pi^*) \text{ 中由 } \{\rho_\Gamma|\Gamma\in B_2\} \text{ 生成的子群}.\end{aligned} \tag{35}$$

不难看出, 在上述子群 G_0, G_1 和 G_2 的变换之下还有更多的不变量:

(i) 因为 $\infty \in \pi^*$ 在所有 G_0 的元素之下不变, 所以 G_0 也是 π 上的变换群. 由于 G_0 是由所有关于直线的反射对称生成的, 所以 G_0 就是欧氏平面 π 上的保长变换群, 欧氏长度也是 G_0 的基本不变量. 按 F.Klein 在著名的 Erlanger 纲领中提出的观点, G_0 决定的几何学就是 Euclid 几何.

(ii) 由于 G_1 恰为平面 Σ^2 中所有关于大圆的反射对称生成的, 所以由第四章球面几何的讨论, 得知 G_1 是球面几何的保长变换群, 球面弧长是 G_1 的基本不变量. G_1 决定的几何学就是球面几何.

(iii) 由于 G_2 是由 π^* 中关于所有和单位圆正交的圆的反射对称生成的, 但是每一个关于这种圆的反射对称显然将单位圆的内部变为单位圆的内部 (读者自证), 因此, G_2 的作用保持单位圆的内部不变, 即 G_2 可以视为在单位圆的内部上的变换群. 而且, 如果将每一条在单位圆 δ 内部且与 δ 正交的开圆弧 (如图 8–16 所示) 视为新的几何模型 (单位圆内部) 的 “直线”, 那么 G_2 就是关于 “直线” 的反射对称生成的变换群.

设 Γ 是与单位圆 δ 正交的任一圆, ρ_Γ 表示关于 Γ 的反射对称, 我们来求 ρ_Γ 的复表示式 (如图 8–16 所示).

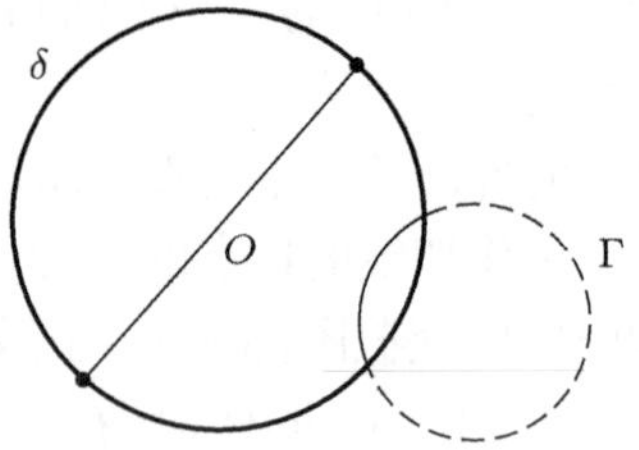

图 8–16

因为 ρ_Γ 将 δ 内部 D 变为 δ 内部 D, 不妨设 ρ_Γ 将 D 中复坐标为 a 的点变到圆心 O, 于是, ρ_Γ 必将该点关于 δ 的反射对称点 $\left(\text{复坐标为 } \dfrac{1}{\bar{a}}\right)$ 变到点 ∞, 所以 ρ_Γ 可以表示成

$$w = z_0 \frac{\bar{z} - \bar{a}}{\bar{z} - \dfrac{1}{a}} = z_1 \frac{\bar{z} - \bar{a}}{a\bar{z} - 1}, \tag{36}$$

其中 $z_1 \in \mathbf{C}, |a| < 1$. 由于当 $|z| = 1$ 时, $|w| = 1$, 特别取 $z = 1$, 即有

$$1 = |z_1| \left|\frac{1 - \bar{a}}{a - 1}\right| = |z_1|,$$

所以, $z_1 = \mathrm{e}^{\mathrm{i}\theta_0}$, 从而由 (36), ρ_Γ 的复表示式为

$$w = \mathrm{e}^{\mathrm{i}\theta_0} \frac{\bar{z} - \bar{a}}{a\bar{z} - 1}, \quad a \in \mathbf{C}, |a| < 1. \tag{37}$$

直接计算得到

$$\frac{4|dw|^2}{(1-w\overline{w})^2}=\frac{4|dz|^2}{(1-z\bar{z})^2}, \tag{38}$$

这就表明度量微分形式

$$ds^2=\frac{4|dz|^2}{(1-z\bar{z})^2} \tag{39}$$

在 ρ_Γ 下不变, 从而也在 G_2 下不变! 因此上述 ds^2 定义了单位圆内部 D 的一种 G_2 不变弧长. 在这种几何模型 D 中, 一个正交于单位圆 δ 的圆弧就是它的一条"直线" (亦即测地线), 而且 D 关于任给一条直线都是反射对称的, 从而是一个齐性抽象旋转面. 现在来看一看它决定的是何种几何:

如第六章所示, 采用极坐标系 (r,θ), 于是

$$z=r(\cos\theta+\mathrm{i}\sin\theta).$$

(39) 式化为

$$ds^2=\frac{4(dr^2+r^2d\theta^2)}{(1-r^2)^2},\quad r<1. \tag{40}$$

令 $d\bar{r}=\dfrac{2dr}{1-r^2}$, 即取 $(\bar{r},\theta)$ 为新的极坐标. 那么, 坐标变换式为

$$\begin{cases}\bar{r}=\ln\dfrac{1+r}{1-r},\\ \theta=\theta,\end{cases}\qquad \begin{cases}r=\tanh\dfrac{\bar{r}}{2},\\ \theta=\theta.\end{cases} \tag{41}$$

从而, 将 $\bar{r}$ 仍记为 r, 则 ds^2 化为

$$ds^2=dr^2+\sinh^2 r d\theta^2. \tag{42}$$

由第六章即知, G_2 在 D 中决定的几何恰是 $K=-1$ 的非欧平面几何. 上述几何模型通常称为非欧几何的 Poincaré 单位圆模型.

习　题

1. 试证: 关于圆 Γ 的反射对称中不共线两对的对应点必共圆.
2. 利用上面习题 1 证明关于圆的反射对称是保角的.
3. 试证: 同时与圆 Γ 正交的两圆的两个交点是关于 Γ 的反射对称点.
4. 试证: 不过圆 Γ 中心的直线, 它关于 Γ 反射对称的像是过 Γ 中心的一个圆. 反之亦然.
5. 试证: 不过圆 Γ 中心的圆其反射对称的像仍是圆.

6. 试证: $w = \mathrm{e}^{\mathrm{i}\alpha}\dfrac{z-a}{z-\bar{a}}$ (α 是实数) 是把上半平面变到单位圆内的线性变换; $w = \mathrm{e}^{\mathrm{i}\alpha}\dfrac{z-a}{1-az}$ 是把单位圆变到单位圆的线性变换.

7. 找出 $0, \mathrm{i}, -\mathrm{i}$ 分别与 $1, -1, 0$ 对应的线性变换.

8. 找出圆周 $|z| = 2$ 到 $|z+1| = 1$ 的线性变换, 且使 $-2, 0$ 与 $0, \mathrm{i}$ 对应.

9. 试证: π^* 上四个点共圆的充要条件是它们的复交叉比是实数.

结语

几何学是一门源远流长的学问, 它所研讨的课题就是我们生活所在的空间. 对于空间的探讨, 我们的确是得天独厚的; 我们生活的环境是高度透明的大气层, 阳光普照的大地; 我们又各具一双明亮的眼睛以及光这个 “好助手”, 使我们既能明察秋毫又能远望苍穹, 因此我们从小就对空间累积了丰富的感性认识; 世界上每一古代文明也都很早就具备了充实的实验几何的知识. 但是从另一方面来看, 空间的内在性质却往往是非常深奥的, 从本书各章各节所概括的几何学进化历程来看, 我们现在对于空间所有的理性认识的确是历经艰辛得来不易的. 例如不可公度问题在几何基础论上的根本重要性和历史转折, 欧都克斯逼近法的深远影响, 连续性的明确和解析描述, 平行公设的探讨 (历时近两千年), 非欧几何与绝对几何的发现, 射影几何学的兴起和变换群在古典几何学中的主导地位的明确认识, 都是历经一代代几何学家废寝忘食锲而不舍地钻研的成果, 称它们为人类理性文明的瑰宝和里程碑是当之无愧的.

再者, 正因为空间兼具丰富的直观和深奥的内在本质这种完美的组合, 在几何学中, 那种既自然又基本, 而且叙述简明、内容深刻的问题真是多极了, 而且是非常引人入胜的. 这些耐人寻味、发人深省的几何问题激发了世世代代的几何学家精益求精地开展对于空间概念的研究与探索. 而且在研讨的过程中, 创造了多姿多彩的科学方法, 拓展了人类在思想领域的视野. 例如 Euclid 的《几何原本》(或者说得更确切些, 它所记录和体现的古希腊在几何学上的辉煌成就), 一直是千百年来科学家们治学的典范和启蒙的园地. 总之, 古典几何学是人类理性文明的一个宝库, 它蕴含着丰富的数学思想, 体现着绚丽多彩的治学方法, 是值得读者细读多想、欣赏体会的.

现代数学基础图书清单

序号	书号	书名	作者
1	9787040217179	代数和编码（第三版）	万哲先 编著
2	9787040221749	应用偏微分方程讲义	姜礼尚、孔德兴、陈志浩
3	9787040235975	实分析（第二版）	程民德、邓东皋、龙瑞麟 编著
4	9787040226171	高等概率论及其应用	胡迪鹤 著
5	9787040243079	线性代数与矩阵论（第二版）	许以超 编著
6	9787040244656	矩阵论	詹兴致
7	9787040244618	可靠性统计	茆诗松、汤银才、王玲玲 编著
8	9787040247503	泛函分析第二教程（第二版）	夏道行 等编著
9	9787040253177	无限维空间上的测度和积分 —— 抽象调和分析（第二版）	夏道行 著
10	9787040257724	奇异摄动问题中的渐近理论	倪明康、林武忠
11	9787040272611	整体微分几何初步（第三版）	沈一兵 编著
12	9787040263602	数论 I —— Fermat 的梦想和类域论	[日]加藤和也、黑川信重、斎藤毅 著
13	9787040263619	数论 II —— 岩泽理论和自守形式	[日]黑川信重、栗原将人、斎藤毅 著
14	9787040380408	微分方程与数学物理问题（中文校订版）	[瑞典]纳伊尔·伊布拉基莫夫 著
15	9787040274868	有限群表示论（第二版）	曹锡华、时俭益
16	9787040274318	实变函数论与泛函分析(上册,第二版修订本)	夏道行 等编著
17	9787040272482	实变函数论与泛函分析(下册,第二版修订本)	夏道行 等编著
18	9787040287073	现代极限理论及其在随机结构中的应用	苏淳、冯群强、刘杰 著
19	9787040304480	偏微分方程	孔德兴
20	9787040310696	几何与拓扑的概念导引	古志鸣 编著
21	9787040316117	控制论中的矩阵计算	徐树方 著
22	9787040316988	多项式代数	王东明 等编著
23	9787040319668	矩阵计算六讲	徐树方、钱江 著
24	9787040319583	变分学讲义	张恭庆 编著
25	9787040322811	现代极小曲面讲义	[巴西]F. Xavier、潮小李 编著
26	9787040327113	群表示论	丘维声 编著
27	9787040346756	可靠性数学引论（修订版）	曹晋华、程侃 著
28	9787040343113	复变函数专题选讲	余家荣、路见可 主编
29	9787040357387	次正常算子解析理论	夏道行
30	9787040348347	数论 —— 从同余的观点出发	蔡天新

续表

序号	书号	书名	作者
31	9787040362688	多复变函数论	萧荫堂、陈志华、钟家庆
32	9787040361681	工程数学的新方法	蒋耀林
33	9787040345254	现代芬斯勒几何初步	沈一兵、沈忠民
34	9787040364729	数论基础	潘承洞 著
35	9787040369502	Toeplitz 系统预处理方法	金小庆 著
36	9787040370379	索伯列夫空间	王明新
37	9787040372526	伽罗瓦理论 —— 天才的激情	章璞 著
38	9787040372663	李代数（第二版）	万哲先 编著
39	9787040386516	实分析中的反例	汪林
40	9787040388909	泛函分析中的反例	汪林
41	9787040373783	拓扑线性空间与算子谱理论	刘培德
42	9787040318456	旋量代数与李群、李代数	戴建生 著
43	9787040332605	格论导引	方捷
44	9787040395037	李群讲义	项武义、侯自新、孟道骥
45	9787040395020	古典几何学	项武义、王申怀、潘养廉
46	9787040404586	黎曼几何初步	伍鸿熙、沈纯理、虞言林
47	9787040410570	高等线性代数学	黎景辉、白正简、周国晖
48	9787040413052	实分析与泛函分析（续论）（上册）	匡继昌
49	9787040412857	实分析与泛函分析（续论）（下册）	匡继昌
50	9787040412239	微分动力系统	文兰
51	9787040413502	阶的估计基础	潘承洞、于秀源
52	9787040415131	非线性泛函分析（第三版）	郭大钧
53	9787040414080	代数学（上）（第二版）	莫宗坚、蓝以中、赵春来
54	9787040414202	代数学（下）（修订版）	莫宗坚、蓝以中、赵春来
55	9787040418736	代数编码与密码	许以超、马松雅 编著
56	9787040439137	数学分析中的问题和反例	汪林
57	9787040440485	椭圆型偏微分方程	刘宪高
58	9787040464832	代数数论	黎景辉
59	9787040456134	调和分析	林钦诚
60	9787040468625	紧黎曼曲面引论	伍鸿熙、吕以辇、陈志华
61	9787040476743	拟线性椭圆型方程的现代变分方法	沈尧天、王友军、李周欣

续表

序号	书号	书名	作者
62	9787040479263	非线性泛函分析	袁荣
63	9787040496369	现代调和分析及其应用讲义	苗长兴
64	9787040497595	拓扑空间与线性拓扑空间中的反例	汪林
65	9787040505498	Hilbert 空间上的广义逆算子与 Fredholm 算子	海国君、阿拉坦仓
66	9787040507249	基础代数学讲义	章璞、吴泉水
67.1	9787040507256	代数学方法（第一卷）基础架构	李文威
68	9787040522631	科学计算中的偏微分方程数值解法	张文生
69	9787040534597	非线性分析方法	张恭庆
70	9787040544893	旋量代数与李群、李代数（修订版）	戴建生
71	9787040548846	黎曼几何选讲	伍鸿熙、陈维桓
72	9787040550726	从三角形内角和谈起	虞言林
73		流形上的几何与分析	张伟平、冯惠涛
74	9787040562101	代数几何讲义	胥鸣伟